Heidelberger Taschenbücher   Band 168

W0245421

Ehrlich/Ehrlich/Holdren

Humanökologie

Der Mensch im Zentrum einer neuen Wissenschaft

Übersetzt und bearbeitet von H. Remmert

Mit 36 Abbildungen

Springer-Verlag
Berlin Heidelberg New York 1975

Übersetzer der deutschen Ausgabe:

Professor Dr. Hermann Remmert
Institut für Zoologie
der Universität Erlangen-Nürnberg
8520 Erlangen
Bismarckstraße 10

Titel der englischen Originalausgabe: Ehrlich/Ehrlich/Holdren: Human Ecology. First published
in the United States by W. H. Freeman and Company, San Francisco and London. © 1973 by
W. H. Freeman and Company

ISBN 3-540-07250-0 Springer-Verlag Berlin · Heidelberg · New York
ISBN 0-387-07250-0 Springer-Verlag New York · Heidelberg · Berlin

Library of Congress Cataloging in Publication Data. Ehrlich, Paul R., Humanökologie. (Heidelberger Taschenbücher; Bd. 168) Translation of Human ecology. Includes bibliographies and index. 1. Human ecology. 2. Environmental policy. I. Ehrlich, Anne H., joint author, II. Holdren,
John P., joint author. III. Title. GF41.E3715 1975 301.31 75-8988.

Satz, Druck und Bindearbeiten: Ritter, Wiesbaden

Vorwort des Übersetzers

> . . . aber wir vermehren uns weiter wie die Kaninchen. Der
> große Fortschrittsphallus stößt sein Sperma aus und der gro-
> ße Gedanke der Askese ist noch nicht gedacht. Als unvor-
> stellbar gilt, der Mensch könne sich aus freiem Entschluß
> zurückziehen. Grenzen sind dazu da, überschritten zu wer-
> den: Dies gilt als Lehrsatz und als Schicksal, am unerbittlich-
> sten bei denen, die von Freiheit sprechen; den furchtbaren
> Gegensatz zu ihr, der in einem Zwang zum Überschreiten
> steckt, bemerken sie nicht. Freiheit wäre da, wo wir an einer
> Grenze sagten: Es ist genug.
>
> Alfred Andersch, Hohe Breitengrade, S. 60

Vor 40 Jahren erschien im Springer-Verlag Goldschmidts Buch „Ascaris,
oder die Lehre vom Leben". Und so, wie Goldschmidt am Beispiel eines
Tieres eine allgemeine Biologie entwickelte, so haben die Autoren dieses
Buches am Beispiel des ökologisch bedeutungsvollsten Organismus, des
Menschen, eine allgemeine Ökologie geschaffen. Dieses Buch ist kein Um-
weltreport. Die Autoren gehen den Ursachen nach, die die Massenvermehrung eines einzigen Organismus so sehr gefördert haben, sie machen auf
die Konsequenzen dieser Massenvermehrung aufmerksam und sie zeigen
Lösungsmöglichkeiten für die Folgen dieser Massenvermehrung.

Vor hundert Jahren schrieb Wilhelm Raabe in „Pfisters Mühle", daß
die Verschmutzung der Flüsse eines der größeren Probleme der Zeit sei —
und prompt lehnte der Verleger das Buch ab. Dieses Buch fand einen
Verleger: ich danke meinem Freund Dr. Konrad F. Springer, daß er es in
seinen Verlag übernahm, und seinem Mitarbeiter Dr. Harald K. Wiebking
für Rat und Hilfe. Ich danke Paul Ehrlich für die Erlaubnis zu einer freien
Übertragung; danke meiner Frau, die mich auch während dieser Arbeit
mit gleichbleibender Heiterkeit ertrug; danke Dagmar Weidinger, die mit
unerschütterlicher Fröhlichkeit und Akkuratesse das Manuskript ein ums
andere Mal neu tippte.

Nun hoffe ich, daß mir die Übersetzung gelungen ist, so daß Menschen
sie lesen mögen — und praktische Folgerungen ziehen!

Erlangen, Mai 1975   Hermann Remmert

Vorwort der englischen Ausgabe

Seit vor drei Jahren unser Buch „Population, Resources, Environment" erschien, hat sich gezeigt, daß großes Interesse auch an einer weniger detaillierten Einführung in die Humanökologie besteht. Wir legen mit diesem Band eine kurze Zusammenfassung der biologischen und physikalischen Aspekte der Probleme vor, mit denen sich die Menschheit heute konfrontiert sieht, und zeigen Möglichkeiten zur Lösung dieser Probleme auf.

Im ersten Teil des Buches haben wir versucht, die Ergebnisse der Demographie darzustellen, den Abbau der Ressourcen, das Welternährungsproblem und die Anschläge des Menschen auf seine eigene Gesundheit und die der ökologischen Systeme. Unsere Diskussion dieser Probleme endet mit einer Analyse der Beziehungen zwischen Bevölkerungswachstum, Lebensstandard und technischen Irrtümern als Ursachen der schwersten Krise, der sich *Homo sapiens* jemals gegenüber sah. Im zweiten Teil halten wir nach Lösungen Ausschau. Wir analysieren, was hinsichtlich eines Stopps des Bevölkerungswachstums getan wird, und was zu tun nötig wäre. Wir diskutieren, auf welche Weise dem Wachstum der Erdbevölkerung Einhalt geboten werden kann, und untersuchen, was hinsichtlich anderer Parameter menschlichen Verhaltens zu tun ist: Wie können die Ansprüche des Individuums an die Ressourcen begrenzt werden? Wie läßt sich der schädliche Einfluß eines jeden Individuums auf seine Umwelt minimieren? Wie kann man dem Menschen klarmachen, daß die schwersten ökologischen Probleme unentwirrbar miteinander verflochten sind und nur gelöst werden können, wenn gleichzeitig auch Rassismus, Armut, Ausbeutung und Krieg unterbunden werden?

Wenn der Mensch sein Verhalten rechtzeitig ändert, wenn er von rigoroser Erschöpfung der Ressourcen zu langfristigem Denken gelangt, dann vielleicht kann die Zivilisation die kritischen Jahrzehnte überleben, die vor uns liegen. Doch selbst wenn es gelingt, den Übergang zu stabiler Bevölkerungsgröße und zu stabilem Verbrauch der Ressourcen zu finden, so bedeutet dies noch nicht das Ende der ökologischen Probleme. Es wird dauernder Anstrengungen bedürfen, eine konstante Weltbevölkerung menschenwürdig zu erhalten. Die Humanökologie, d. h. das Studium der Beziehung zwischen Mensch und Umwelt, wird auf viele Jahre hinaus als Disziplin bestehen — wenn die Zivilisation überlebt.

Oktober 1972   Paul R. Ehrlich
                                               Anne H. Ehrlich
                                               John P. Holdren

Inhaltsverzeichnis

VIII

Teil 1 Probleme

Kapitel 1
Bevölkerung, Rohstoffquellen und Umwelt

Unsere Wertvorstellungen und unsere Einrichtungen haben die Menschheit auf einen Kollisionskurs mit den Gesetzen der Natur gebracht. Menschliche Wesen bestehen eifersüchtig auf ihrem Vorrecht, sich zu vermehren, wie es ihnen gefällt — und es gefällt ihnen, jede Generation größer als die vorherige werden zu lassen. Doch unbegrenzte Vermehrung ist auf einem begrenzten Planeten unmöglich. Fast alle Menschen streben größeren materiellen Wohlstand an. Aber die Anzahl der Menschen, die von der Erde erhalten werden kann, wenn jeder reich ist, ist natürlich kleiner, als wenn jeder arm ist. Man erzählt uns, wirtschaftliches Wachstum könne die Armut lindern oder die ungleiche Verteilung des Wohlstandes abschwächen. Aber wir wissen, daß die Menge der menschlichen Güter ebenso wie die menschliche Bevölkerung nicht unbegrenzt wachsen kann. Noch ist nicht endgültig klar, wann und in welcher Form Wachstumsmythos und natürliche Grenzen kollidieren werden. Aber es gibt keinen Zweifel über das Resultat. Menschliche Wertvorstellungen und menschliche Einrichtungen werden bezwungen oder zerstört werden durch biologische und physische Realitäten.

Gibt es Gründe anzunehmen, daß die Kollision uns bald bevorsteht? Was ist heute von Grund auf verschieden gegenüber den 20er Jahren dieses Jahrhunderts oder den 70er Jahren des vorigen? Haben nicht Wissenschaft und Technologie immer wieder die natürlichen Grenzen zurückgeschoben? Sind die heutigen Umweltprobleme die ersten Symptome einer grundsätzlichen Unordnung oder sind sie nur Begleiterscheinungen eines vernünftigen Fortschritts der Technik? Was würden wir gewinnen und was würden wir verlieren, wenn wir mit dem Handeln warten würden bis wir diese Fragen genau beantworten können?

Einige zentrale Punkte müssen wir in den folgenden Kapiteln etwas näher betrachten:

1. Das Ausmaß der Abhängigkeit des Menschen von der natürlichen Umwelt und den grundsätzlichen Charakter unserer Entfernung von dieser Umwelt;

2. das exponentielle Wachstum der menschlichen Bevölkerung und seinen Einfluß auf unsere Umwelt;

3. die Bedeutung zeitlicher Verzögerungen und irreversibler Veränderungen in dem System Mensch und Umwelt;

4. die Interdependenz der heute sich stellenden Probleme der Umweltzerstörung, des Verbrauchs der Rohstoffe und der sozialen Ordnung;

5. die Grenzen der technischen Möglichkeiten.

Mensch und Umwelt

Unsere Umwelt ist eine einzigartige Haut von Boden, von Wasser, gasförmiger Atmosphäre, mineralischen Nährstoffen und Organismen, die den im übrigen wenig bemerkenswerten Planeten umhüllt. Die Bedingungen, die die Erde für menschliches Leben bewohnbar machen, resultieren aus äußerst komplexen und möglicherweise leicht zerstörbaren Gleichgewichten zwischen den großen chemischen Zyklen — Wasser, Stickstoff, Kohlenstoff, Sauerstoff, Phosphor, Schwefel — die alle von der Energie der Sonne angetrieben werden. Die tödliche ultraviolette Strahlung, die von demselben lebenspendenden Stern ausgeht, wird durch die winzige Schicht Ozon in der Atmosphäre abgehalten. Eine Spur Kohlendioxyd hält die Erde bei angenehm warmen Temperaturen, indem sie den Abfluß der Wärme in den Weltenraum verhindert. Die Organismen regulieren die Konzentrationen von giftigen Nitraten, Ammoniak und Schwefelwasserstoff in der Umwelt; auf viel längere Sicht regulieren sie die Konzentration des atmosphärischen Stickstoffes und Sauerstoffes (Kapitel 6).

In den paar tausend Jahren, in denen der Mensch auf diesem Planeten die Oberhand gewonnen hat, hat er gelernt, seine Umwelt zu modifizieren und auszubeuten: er rodet die Wälder, er sät ihm genehme Pflanzen, er treibt Bergbau und baut Dämme. Er domestiziert Tiere und züchtet Pflanzen und Tiere, die seinen Bedürfnissen entsprechen. Er erhöht die Getreideernten, den Fischfang und zieht Nutzen aus den natürlichen Systemen unseres Planeten. Dennoch kann der Mensch im letzten Drittel des 20. Jahrhunderts nicht behaupten, daß er das System unserer Umwelt, von dem er abhängig ist, verstanden oder gar unter Kontrolle hat. Dies ist die grundlegende Wahrheit in der Beziehung zwischen Mensch und Umwelt heutzutage: der Mensch ist noch immer ein Teil der Natur und nicht ihr Meister. Er nutzt 40% der festen Oberfläche der Erde, er hat die Landvegetation auf ein Drittel verringert, er hat mehr Macht und mehr Gewalt über das natürliche System als jeder andere Einfluß vor ihm. Aber Macht und Gewalt bedeutet nicht Kontrolle oder Beherrschung.

Dieser Punkt wird gern übersehen von all denen, die die Umweltbelange für nichts anderes halten als eine fixe Idee oder den Kampf eines reichen Mannes um die Bewahrung eines romantischen Plätzchens, an dem er jagen oder fischen kann. Solche Leute glauben offenbar, daß die Menschheit die sich ständig vermehrenden Milliarden für alle Zeiten genauso ernähren kann, wie eine Handvoll Menschen für ein paar Wochen in einer Apollokapsel ernährt werden konnten, d.h. mit lebenserhaltenden Systemen nach unserem eigenen Plan. Aber diese Annahme ist barste Naivität. Tatsache ist, daß wir aufs äußerste abhängig sind von natürlichen Prozessen für die Beseitigung des größten Teils unserer Abfälle; für den Kreislauf der chemischen Nährstoffe, die unsere Nahrungsproduktion erhalten; für die Erhaltung einer Reserve an genetischer Information für die Zucht neuer Getreidesorten; für die Entwicklung biologischer Schädlingsbekämpfung und für die Entwicklung neuer Antibiotika. Im übrigen werden fast alle Schädlinge von der Natur selbst in Grenzen gehalten und nicht vom Menschen. Fast der gesamte Fisch, der vom Menschen verzehrt wird — das sind 10 bis 20% des vom Menschen verzehrten

4

tierischen Eiweißes — wird in natürlichen Ökosystemen produziert (siehe Kasten 1). Die natürliche Vegetation hemmt Überschwemmungen und hilft, Erosionen zu verhindern. Der Boden ist ein Produkt aus organischer Substanz und verwittertem Gestein, der von Bakterien, Pilzen und Bodenorganismen aufgebaut wird.

Unser Wissen ist unvollständig. Dennoch scheint heute festzustehen, daß die Fähigkeit von Ökosystemen, trotz unabweisbarer Änderungen der Umwelt weiterzubestehen und ihre Funktionen auszuüben, zu der Komplexität dieser Ökosysteme in Beziehung steht. Je mehr Arten gedeihen, und je mehr Arten teilhaben an dem Fluß der Energie durch das Ökosystem, um so stabiler scheint ein solches System zu sein. Mit anderen Worten: Um so weniger ist es wahrscheinlich, daß relativ kleine Änderungen der Bedingungen relativ große Folgen für das Ökosystem haben.

Der Mensch ist, spätestens seit er zum Ackerbau überging, ein Feind komplexer Ökosysteme geworden. Landwirtschaft besteht ja darin, komplexe natürliche Ökosysteme durch einfache künstliche Systeme, die auf wenigen Stämmen hochproduktiver Kulturen basieren, zu ersetzen. Diese Anbauflächen bedürfen in der Regel dauernder Wartung und dauernder Zufuhr von Energie (in der Form von Kultivierung, von Düngern, Pestiziden usw.), um den Zusammenbruch zu verhindern, der aufgrund ihrer biologischen Einfachheit unweigerlich kommen müßte. Dennoch ist es unwahrscheinlich, daß — auch bei größter Anstrengung — dieser Zusammenbruch ohne weitere Hilfe aufgehalten werden kann. Viele Ökologen halten es heute für ungeheuer wichtig, daß gleichzeitig mit der intensiven Nutzung des festen Landes und in zunehmendem Maße auch der Ozeane durch den Menschen Anstrengungen unternommen werden zur Erhaltung ausgedehnter, kaum genutzter natürlicher Gemeinschaften, die als Pufferzonen und als Reservoire der Artenmannigfaltigkeit dienen.

Die zentrale Frage, von der aus betrachtet viele andere Probleme nur als Symptome erscheinen, ist diese: Der Mensch verringert systematisch die Fähigkeit der natürlichen Umwelt, mit den eigenen Abfällen fertig zu werden und die Möglichkeit zum Stoffkreislauf in dieser Umwelt, während andererseits die wachsende menschliche Bevölkerung und ihr steigender Einfluß gleichzeitig immer höhere Ansprüche an diese natürlichen Vorgänge stellt. Maisfelder ersetzen Wälder, riesige Monokulturen neuer hochproduzierender Stämme ersetzen ein breites Spektrum der traditionellen Pflanzenvaritäten. Dieser vereinfachende Effekt der Landwirtschaft wird verstärkt durch die Ausdehnung der Städte, durch Autobahnsysteme, durch das Freisetzen toxischer Chemikalien durch die Industrie. Viele Pflanzen- und Tierarten werden dezimiert oder ausgerottet durch absichtliche oder unabsichtliche Vergiftung, durch zu intensive Landwirtschaft und vor allem durch die Zerstörung ihrer Lebensräume.

Dies sind nicht irgendwelche Verluste, die jemand beklagt, der die Natur liebt, sie repräsentieren vielmehr gefährliche und irreversible Eingriffe in die natürlichen Systeme, von denen die Tragfähigkeit dieses Planeten für menschliche Wesen abhängig ist. Ökologie ist keine Weltanschauung, sondern eine naturwissenschaftliche Disziplin, deren Praktiker versuchen, die komplexen Beziehungen zwischen den Organismen und ihrer Umwelt zu dechiffrieren. Langsam und beschwerlich zwar, aber unaufhörlich, stellen die Ökologen wissenschaftliche Substanz für das Argument der Naturschützer bereit: Daß man nicht leichtherzig eine Population oder Art ausrotten kann, daß des Menschen Schicksal unauflöslich mit der Natur verknüpft ist, daß alle Menschen — auch die Milliarden, die niemals einen Fuß in echte Wildnis gesetzt haben — ungenutztes Land brauchen.

Kasten 1 Ökologische Terminologie

Die Biologen teilen die Welt des Lebendigen oft nach der Organisationshöhe ein. Die niedrigste Stufe ist dabei die molekulare. Hier setzt die Forschung der Biochemie ein. Mit zunehmender Komplexität kommen wir zur Ebene der Zellen und Organismen, wo die Grundstruktur allen Lebens bzw. der individuellen Organismen (Pflanzen, Tiere und Mikroorganismen) lokalisiert ist. Dieses Buch beschäftigt sich vor allem mit der höchsten Komplexitätsstufe biologischer Organisation, mit der Stufe der Population, der Organismen-Gemeinschaft und des Ökosystems.

Eine Population ist eine Gruppe von Individuen derselben Art. Beispielsweise wäre ein Entenschwarm oder wären alle Menschen auf Manhattan eine Population. Wichtig ist, die zur Diskussion stehende Population jeweils genau zu definieren. Die Forellen eines einzelnen Sees bilden gemeinsam eine Population. Alle Forellen der Welt bilden eine andere Population (die die erstere einschließt).

Alle Individuen verschiedener Populationen, die zusammen in einem bestimmten Gebiet leben, bilden zusammen eine Organismen-Gemeinschaft (Biozönose). Eine solche Organismen-Gemeinschaft zusammen mit ihrer unbelebten physikalischen Umwelt ist als ökologisches System oder als Ökosystem bekannt. Man spricht von einem Ökosystem, wenn man Wert darauf legt, die physikalischen, chemischen und biologischen Beziehungen zu unterstreichen, die Organismen-Gemeinschaften und ihre physische Umwelt zu funktionalen Einheiten verbinden. Die Ökosysteme der Welt sind miteinander durch die Bewegung von Energie, durch chemische Stoffe und durch

Organismen hindurch zu einem großen globalen Ökosystem verbunden. Dieses wird oft die Biosphäre oder Ökosphäre genannt.

Ökologie ist eine Unterdisziplin der Biologie. Sie beschäftigt sich mit Interaktionen zwischen Organismen und ihrer Umwelt auf der Stufe der Population, der Gemeinschaft und des Ökosystems. Termini wie etwa Populationsdynamik, Tierökologie und Ökosystemanalyse bezeichnen Teile des Gesamtgebietes der ökologischen Forschung. Humanökologie konzentriert sich spezifisch auf die Beziehung zwischen menschlichen Populationen und dem Ökosystem, von dem sie ein Teil sind.

Der Fluß der Energie und der mineralischen Nährstoffe in Ökosystemen ist eines der wesentlichsten Interessensgebiete der Ökologen. Diese Vorgänge werden als Nahrungsketten beschrieben, in denen die aus der Sonne stammende Lichtenergie eingefangen und auf dem Wege der Photosynthese durch grüne Pflanzen in chemische Energie verwandelt wird. Diese chemische Energie wird an Pflanzenfresser (Herbivore), an primäre Karnivore (Tiere, die von Pflanzenfressern leben) und sekundäre Karnivore (Tiere, die von Fleischfressern leben) weitergegeben. Jede Stufe in einer solchen Nahrungskette wird als trophische Ebene bezeichnet. Organismen, die als Dekompositoren bezeichnet werden, nutzen die Energie, die in toten Pflanzen und toten Tieren aller trophischen Stufen gespeichert ist und setzen die mineralischen Nährstoffe wieder frei, die damit wiederum für Pflanzen aufnehmbar werden. Vielfach wird der Ausdruck „Nahrungsnetz" anstelle von Nahrungskette benutzt. Denn gewöhnlich gibt

Exponentielles Wachstum

Die menschliche Bevölkerung, der Verbrauch an natürlichen Hilfsquellen und der nachteilige Einfluß der menschlichen Bevölkerung auf die Umwelt wachsen exponentiell. Jeder Zuwachs trägt bei zu neuem Zuwachs. Wenn der prozentuale Zu-

es viele Arten auf jeder trophischen Stufe, und die Nahrungsketten sind ineinander verzahnt — das bedeutet: jede Pflanzenart wird von mehr als einer Tierart gefressen, und jeder Pflanzenfresser frißt mehr als eine einzige Pflanzenart. Bei jedem Transfer von Energie in der Nahrungskette tritt ein gewisser Verlust ein, der als Wärme freigesetzt wird. Die greifbare Energie wird damit auf jeder trophischen Stufe weniger. Aus diesem Grunde sind Raubtierpopulationen kleiner als Pflanzenfresserpopulationen.

Jede Organismenpopulation, die sich unbeschränkt vermehren könnte, würde in kurzer Zeit die ganze Erde bedecken. Dies wird durch Todesfälle aufgrund von Raubtieren, Krankheiten, Nahrungsmangel und vielen anderen Faktoren verhindert. Welcher dieser Faktoren oder welche Faktorenkombination die Populationsgröße determiniert, unterscheidet sich von Art zu Art, von Platz zu Platz und von Zeit zu Zeit. Die Maximalgröße einer Population, die in einer gegebenen Zeitspanne unter gegebenen ökologischen Bedingungen leben kann, wird als Kapazität eines Lebensraumes für diesen Organismus bezeichnet.

Eine kritische Frage der Ökologie ist die Beziehung zwischen Komplexität und Stabilität in Ökosystemen. Stabilität wird im allgemeinen definiert als die Fähigkeit eines Systems, nach einer Störung wieder zu den Verhältnissen zurückzukehren, die vor der Störung vorhanden waren. Nah verwandt mit dieser Bedeutung ist die Annahme, daß stabile Ökosysteme große, rasche Schwankungen der Populationsgröße ihrer Organismen ertragen können. Wenn solche Schwankungen (die Fluktuationen genannt werden) auftreten, wird der Fluß der Ener-

gie und der Nährstoffe verändert. Diese Änderungen können die menschliche Bevölkerung tangieren. Die Komplexität kann in vielen Formen auftreten: als Diversität der physikalischen Umwelt, als Variabilität einzelner Arten und als Variabilität in der räumlichen Verteilung der Arten oder in vielen anderen Formen. Aufgrund theoretischer Überlegungen, aufgrund allgemeiner Beobachtungen und einiger weniger Experimente nehmen die Ökologen heute an, daß eine größere Komplexität auch eine größere Stabilität bedeutet. Auf diesem Gebiet sind die Arbeiten jedoch sehr im Fluß. Artenreichtum bedeutet nicht immer Komplexität. Artenreiche Lebensräume sind vielfach konstant, sie reagieren gegenüber ungewöhnlichen Belastungen durch Außenfaktoren oft durchaus nicht elastisch. So müssen Konstanz, Elastizität und Stabilität unterschieden werden.

Ökologische Änderungen gehen auch über viel längere Zeitspannen vor sich als die Fluktuationen von Monat zu Monat oder von Jahr zu Jahr. Ökologische Sukzession bezieht sich auf die normale Folge verschiedener Gemeinschaften über lange Zeiträume — etwa bei der Entwicklung von einem See zu festem Land. Der Endzustand wird als Klimax bezeichnet. Dieser Klimax wird in der Hauptsache durch das Klima und die Bodenstruktur determiniert. Im Laufe langer Zeiträume treten Änderungen der genetischen Information von Arten auf, die durch natürliche Selektion hervorgerufen werden. Wir bezeichnen das als Evolution.

wachs in zwei aufeinanderfolgenden Perioden gleich ist, so ist der absolute Zuwachs in der zweiten Periode größer. Zwischen 1960 und 1970 wuchs die Weltbevölkerung mit ungefähr 2% pro Jahr um etwa 650 Millionen Menschen. Wenn diese 2%-Zuwachsrate in den 70er Jahren anhält, so wird das Populationswachstum für diese Dekade 800 Millionen betragen. (Abb. 1).

Das exponentielle Wachstum bei gleichbleibender prozentualer Vermehrung kann charakterisiert werden durch die Zeit, die für eine Verdoppelung nötig ist. Die Verdoppelungszeit für eine Population, die mit 2% pro Jahr anwächst, beträgt ungefähr 35 Jahre. Der Verbrauch von Energie — ein brauchbares Maß für den

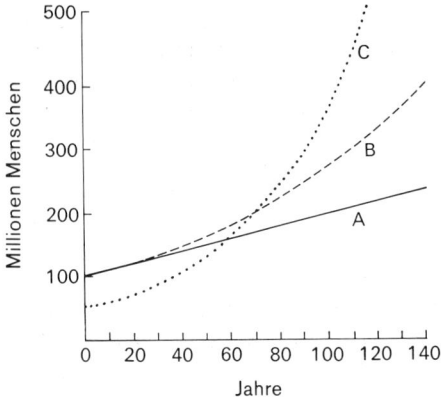

Abb. 1. Exponentielles und arithmetisches Wachstum. *A.* Anfangsbevölkerung von 100 Millionen wächst arithmetisch mit einer Million pro Jahr. *B.* Anfangsbevölkerung von 100 Millionen wächst exponentiell mit einem Prozent pro Jahr. *C.* Anfangsbevölkerung von 50 Millionen wächst exponentiell mit 2 Prozent pro Jahr. Beim Vergleich von *A* und *B* fällt auf, daß der Unterschied zunächst vernachlässigbar klein ist, aber dann dramatisch anwächst. Dies ist der Effekt von „Zins und Zinseszins". Beim Vergleich von *B* und *C* fällt auf, daß eine höhere Wachstumsrate sehr schnell einen niedrigeren Ausgangspunkt kompensiert

Verbrauch von Ressourcen und für unseren Einfluß auf die Umwelt — wächst weltweit mit 5% pro Jahr. Das bedeutet: die Verdoppelungszeit beträgt nur 14 Jahre (die allgemeine Beziehung ist: 70 Jahre geteilt durch die Prozente des jährlichen Wachstums = Verdoppelungszeit).

Das Konzept des regelmäßigen Verdoppelns betont die für unsere Zwecke wichtigste Eigenschaft des exponentiellen Wachstums: Die Geschwindigkeit, mit der ein solches Wachstum jede Grenze überspringen kann, nachdem es offenbar für lange Zeit durchaus klein gewesen ist. Nehmen wir an, wir hätten ein großes Aquarium, welches den Bedürfnissen von 1000 Guppys vollauf genügt. Wir setzen zwei Guppys in dieses Aquarium, und nun beginnt eine Vermehrung mit einer Verdoppelung jeden Monat. Bereits nach acht Verdoppelungen oder acht Monaten ist die Hälfte der Kapazität unseres Aquariums erschöpft (2 — 4 — 8 — 16 —

32 — 64 — 128 — 256 — 512). Durch diese ganze Periode scheint die Population relativ klein zu sein. Irgendwelche Gefahrensymptome sind nicht erkennbar, doch ist die Population weit über die halbe Kapazität unseres Aquariums angewachsen. Die kritische Phase des Wachstums, nämlich der Sprung von 512 auf über 1000 Tiere, tritt im nächsten Monat ein; die letzten hundert Guppys kommen in weniger als fünf Tagen hinzu. Nach 265 Tagen offenbaren Reichtums tritt die Population in eine selbstzerstörerische Massenentwicklung — und das im Verlauf kaum einer Woche.

Wenn wir anstelle eines Aquariums mit Fischen vom Menschen sprechen, so sind die Grenzen zwar nicht so deutlich erkennbar, doch die verräterischen Eigenschaften des exponentiellen Wachstums sind die gleichen. Ein langes ruhiges Wachstum bedeutet nicht eine lange Zukunft. Grenzen existieren, und das exponentielle Wachstum trägt die Menschheit mit zunehmender Geschwindigkeit an diese Grenzen. Wahrscheinlich ist es kein Zufall, daß bestimmte Umweltprobleme ganz plötzlich in den letzten zwei Jahrzehnten aufgetreten sind. Wahrscheinlich ist vielmehr, daß die Plötzlichkeit, mit der diese Probleme aufgetreten sind, ein Beweis für das Erreichen einer Grenze ist. Ob es nun die letzten Grenzen des Wachstums der menschlichen Bevölkerung oder die Grenzen des Einflusses des Menschen auf die Ökosysteme unseres Planeten sind, die sich durch Mißernten, Zusammenbrüche der Weltfischerei, Krankheiten oder zunehmende politische Konfrontationen äußern: Die Zeit zwischen dem Erscheinen der unverwechselbaren Symptome und dem wirklichen Zusammenbruch ist in der Geschichte des Menschen wahrscheinlich nur noch ein Augenblick.

Trägheit, Zeitverzögerung und Irreversibilität

Wie wir am Beispiel der Guppys gesehen haben, werden beim exponentiellen Wachstum vorhandene Grenzen mit ungeahnter Geschwindigkeit erreicht und übersprungen. Die Wahrscheinlichkeit, daß das Überspringen solcher Grenzen katastrophale Folgen haben wird, wird durch eine Reihe von Faktoren noch vergrößert. Einmal haben wir die Trägheit des menschlichen Populationswachstums, zum zweiten die zeitliche Verzögerung zwischen Ursache und Wirkung in vielen Ökosystemen und drittens die Tatsache, daß viele Schäden bereits dann irreversibel sind, wenn sie erstmals sichtbar werden.

Die Trägheit kann definiert werden als die Tendenz eines Systems, in der Richtung fortzuschreiten, in der es sich sowieso bewegt. Die Trägheit des Wachstums der menschlichen Bevölkerung hat zwei Ursachen: Zum einen hat unser Verhältnis zu Kindern tiefe biologische und kulturelle Wurzeln. Daher widersteht es jeder Änderung. Zum zweiten hat die heutige Bevölkerung ein Übergewicht an jungen Menschen; 37% der menschlichen Bevölkerung ist unter 15 Jahre alt. Das bedeutet: es gibt viel mehr junge Menschen, die Kinder haben, als alte Menschen, die demnächst sterben werden. Selbst wenn durch ein Wunder unser Verhältnis zu Kindern geändert werden könnte, so daß jedes Elternpaar auf dieser Erde nur so viele Kinder haben würde, daß es selbst ersetzt würde, selbst dann würde das Ungleichgewicht zwischen Jung und Alt das Populationswachstum für weitere 50 bis 70 Jahre fortsetzen. Natürlich würde die exponentielle Phase des Bevölkerungswachstums in dem Augenblick enden, wo „Ersatzvermehrung" (im Durchschnitt zwei Kinder pro Familie, wenn jeder heiratet und alle Kinder bis zum fortpflanzungsfähigen Alter überleben) zur universellen Realität würde. Jedoch würde vor der Stabilisierung noch eine Vermehrung um etwa 30% stattfinden (Abb. 2). Selbst wenn wir von der extrem optimistischen Annahme ausgehen, daß etwa in 30 Jahren die Zweikind-Familie eine weltweite Norm würde, selbst

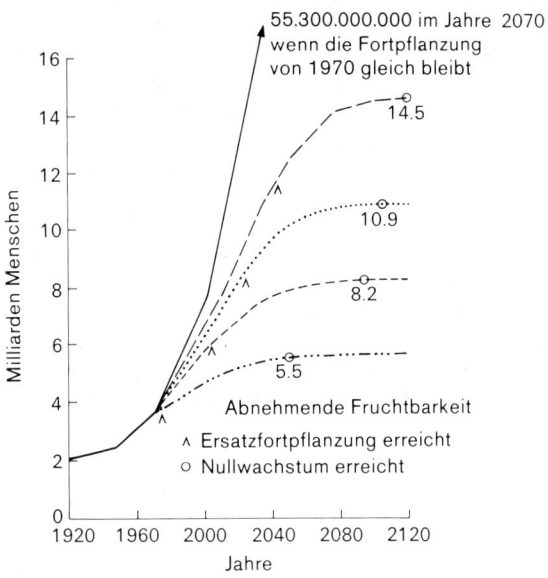

Abb. 2. Trägheit beim Wachstum der Weltbevölkerung. Wenn im Jahre 2000 keine Ersatzfortpflanzung erreicht worden ist, wird die Weltbevölkerung sich nicht unterhalb von 8 Milliarden stabilisieren lassen

dann muß man schließen, daß sich die Weltbevölkerung nicht unter 8 Milliarden stabilisieren wird. D. h. also, daß die Menschheit sich, bei extrem optimistischer Betrachtung, von den jetzigen 3,8 Milliarden ausgehend noch einmal verdoppeln würde.

Die Trägheit des Populationswachstums wird sich daher manifestieren als Zeitverzögerung zwischen dem Augenblick, wo die Notwendigkeit zum Stopp des Populationswachstums allgemein anerkannt ist, und dem Zeitpunkt, zu dem die Stabilisierung wirklich erreicht ist. Dabei haben wir die Beziehungen zum ökonomischen Wachstum noch gar nicht beachtet. Auch im ökonomischen Wachstum und im Mißbrauch von Technologien haben wir ein solches Trägheitsmoment. Hier werden ähnliche Zeitverzögerungen auftreten, bevor der Verbrauch von natürlichen Hilfsquellen pro Person auf einen konstanten Wert eingependelt werden kann und bevor ökologisch gefährliche Techniken korrigiert werden können.

Jede Vorhersage wird durch Zeitverzögerungen zwischen dem Beginn von Eingriffen in die Umwelt und dem Auftreten der daraus resultierenden Folgen noch mehr erschwert. Solche Zeitverzögerungen in unserer Umwelt entstehen auf mannigfache Weise. Viele Umweltgifte persistieren in gefährlicher Form für lange Zeiten. Sie akkumulieren in biologischen Systemen und zerstören sie. Die Zeitverzögerung zwischen Ursache und Wirkung bedeutet vielfach, daß korrigierende Maßnahmen wirkungslos oder unmöglich sind. Wenn Tier- und Pflanzenarten erst einmal ausgerottet sind, können sie nicht wieder beschafft werden. Der radioaktive Abfall von nuklearen Waffen läßt sich nicht konzentrieren und aus unserer Umwelt herausnehmen. Wenn morgen der Verbrauch aller persistierenden Pestizide wie DDT angehalten werden könnte, würde dennoch die Konzentration dieser Stoffe in vielen Organismen weiter ansteigen, und das über Jahre hinaus. Die Trägheit des Bevölkerungswachstums, die Zeitverzögerung zwischen Ursache und Wirkung und die Irreversiblität vieler Schäden können daher zusammenwirken und dazu führen, daß die Menschheit über viele ihrer natürlichen Grenzen hinausschießt. Tatsächlich sind wir gar nicht so sicher, ob wir nicht bereits einige Grenzen überschritten haben; die Methoden, mit der die heutige Weltbevölkerung erhalten wird, haben möglicherweise bereits so große Schäden verursacht, daß langfristig nur noch eine kleinere Bevölkerung ernährt werden kann. Zoologen wissen genau, daß Tierpopulationen oft über die Kapazität ihrer Umwelt hinausschießen — und daß dieses Phänomen unweigerlich den Zusammenbruch der Population nach sich zieht.

Ineinandergreifende Krisen — ineinandergreifende Ursachen

Unsere Umweltzerstörung ist nicht die Summe von voneinander unabhängigen Ursachen. Vielmehr wirken viele untereinander verbundene Ursachen zusammen und erzeugen durch Multiplikation das Produkt. Die Beziehung läßt sich wie eine mathematische Gleichung ausdrücken: Die gesamte Umweltzerstörung ist gleich der Population mal der Höhe des Einflusses pro Person mal dem Umweltschaden durch Technik. Diese Faktoren stehen in Beziehung zueinander und auch zu dem ökonomischen und sozialen Rahmen, in dem die Entscheidungen getroffen werden. Eine hohe Wachstumsrate der Population kann unter Umständen den schädigenden Einfluß jeder Einzelperson verringern: Ein Einkommen, welches in einer kleinen Familie für alle möglichen unnützen Dinge ausgegeben wird, reicht in einer großen Familie nur für die absolut notwendigen Dinge. Eine reiche große Population wirkt schädigender pro Kopf der Bevölkerung als eine kleine arme. Beispiele sind der Ersatz von Holz durch Aluminium und Plastik, oder die Notwendigkeit hoher Gaben von Düngern und Pestiziden in der Landwirtschaft, um relativ kleine Erträge zu erzielen (vgl. Kapitel 7). Ein sozio-ökonomisches System, welches langfristiges Planen nicht fördert oder keine Steuern für den Verbrauch öffentlicher Güter wie saubere Luft und sauberes Wasser erhebt, ermuntert Gedankenlosigkeit und verschwenderische Technik.

Die Komplexität dieser Fragen bedeutet, daß es keine einfachen Wege gibt, die Eskalation der Umweltprobleme zum Halten zu bringen. Das Wachstum der Population muß gestoppt werden. Aber das allein genügt nicht. Der Pro-Kopf-Verbrauch an natürlichen Hilfsmitteln in den Vereinigten Staaten und in anderen reichen Ländern muß stabilisiert oder reduziert werden und das genügt nicht. Versuche, den Einfluß der Technik auf die Umwelt zu reduzieren, sind notwendig, aber sie werden vergeblich sein, wenn Population und Populationsverbrauch ungehindert weiterwachsen. Wenn es irgendeine Aussicht auf Erfolg gibt, dann müssen alle Komponenten des Problems gleichzeitig angegangen werden. Eine solche „konzentrierte Aktion" ist unwahrscheinlich, aber nichts anderes wird nützen.

Ebenso wie die Ursachen der Umweltzerstörung nicht völlig getrennt behandelt werden können, genauso wenig können die Umweltprobleme und ihre Gründe isoliert von anderen schweren Problemen, die die Menschheit plagen, betrachtet werden: Auf der einen Seite verbreitete Armut und auf der anderen Seite eine Überkonzentration von Reichtum, schneller Verbrauch der natürlichen Hilfsmittel durch die reichen Nationen, innere und äußere Spannungen rassischer, religiöser und ideologischer Herkunft. Das Populationswachstum in den armen Ländern verbraucht einen Großteil dessen, was durch ökonomisches Wachstums gewonnen wurde. Was pro Kopf bleibt ist ungleichmäßig verteilt; so bleibt die Armut bestehen. Die schnelle Verwandlung von Rohstoffen in Müll in den reichen Ländern läßt eines der ernstesten Umweltprobleme der Welt genau in dem Augenblick entstehen, wo die Armen Hoffnung auf einen vernünftigen Lebensstandard haben. Die Reichen werden es sich vielleicht leisten können, schlechtere Rohstoffqualitäten zu verwenden, nachdem die besseren verbraucht sind, aber die armen Länder werden dazu nicht in der Lage sein.

In der Zwischenzeit bleibt der Zugang zu den besten natürlichen Hilfsquellen ein echter internationaler Konfliktstoff. Unbestritten ist dies zum Teil die Ursache für das intensive Interesse der Vereinigten Staaten sowohl im nahen Osten (Öl) als auch in Südost-Asien (Öl, Nickel, Zinn). Der immer größer werdende Unterschied zwischen reichen und armen Ländern ist ebenfalls eine wahrscheinliche Ursache politischer Instabilität, genauso wie der bloße Druck der Überbevölkerung in manchen Teilen der Erde. Die Überfischung der Ozeane in einer eiweißhungrigen Welt ist ein anderes internationales Pulverfaß. Die Ozeane sind vermutlich das Ökosystem, welches durch menschliche Eingriffe am stärksten verwundbar ist. Japan entnimmt dem Meer mehr als die Hälfte seines Eiweißes für die Ernährung: Was wird Japan tun, wenn Umweltvergiftung, Überfischung und Zerstörung der Flußmündungen und Gezeitenbereiche die ozeanische Fischerei zum Zusammenbruch bringen?

Unter diesen Umständen ist die fortgesetzte Erhöhung der militärischen Ausgaben (in den unterentwickelten Ländern noch stärker als in den entwickelten) unverständlich und tragisch. Die Milliarden, die in die Rüstungsindustrie gehen, werden verzweifelt benötigt, um vernünftige Programme zu finanzieren, um genau die Spannungen und Ungerechtigkeiten zu mildern, für deren Ausgleich man offenbar Waffen haben will.

Grenzen der technischen Hilfsmöglichkeiten

Man könnte einwenden, daß die Technik bisher noch immer alle Grenzen zurückgeschoben hat, die einem Wachstum der Bevölkerungszahlen und des Wohlstandes gesetzt zu sein schienen, und daß dies auch in der weiteren Zukunft so sein wird. Diese Ansicht behauptet im Prinzip, daß die billige und reichliche Energie aus Kernreaktoren und kontrollierten Kernverschmelzungsanlagen die menschliche Gesellschaft in die Lage setzen wird, eine Population zu ernähren, zu kleiden und zu beherbergen, die vielfach größer ist als die jetzige, und gleichzeitig die Umwelt für den Menschen lebenswert zu erhalten. Tatsache aber ist, daß wir schon jetzt nicht mehr in der Lage sind, die 3,8 Milliarden Menschen, die heute existieren, zu ernähren, zu kleiden und unterzubringen. Die Technik muß zunächst aufholen, ehe sie sich an die Spitze des Populationswachstums setzen kann. Und im Augenblick sieht es nicht so aus, als ob sie dies könnte. Die Kluft zwischen dem Bruttoeinkommen pro Kopf in den reichen und in den armen Ländern hat sich in den letzten Jahren wieder vertieft. Wenn man Umweltprobleme und soziale Probleme ignoriert, kann man möglicherweise annehmen, daß eine konstante Population von 8 bis 10 Milliarden Menschen für einige Zeit auf dieser Welt unterhalten werden kann. Fortgeschrittene Techniken für die Entsalzung von Seewasser, für steigende landwirtschaftliche Produktion und für die Gewinnung von Metallen aus gewöhnlichem Fels wären dazu nötig. Dies ist jedoch reine Hypothese. Neue Techniken dieser Art brauchen Jahrzehnte und den Einsatz von mehreren Billionen Dollar, bis sie so entwickelt sind, wie sie benötigt werden. Wenn die augenblickliche Bevölkerungszunahme anhält, werden wir 8 Milliarden Menschen haben, lange bevor die hypothetische Technologie für diese Menschen Lösungen bereithält — genauso wie unsere heutige Technologie nicht ausreicht für unsere heutige Zeit. Natürlich können Umweltprobleme und soziale Probleme nicht ignoriert werden. Neue Technologien tun so, als ob solche Probleme nicht existierten. Vielfach sind Pläne entwickelt worden, die die Nahrungsproduktion erhöhen sollten, die aber aufgrund ökologischer Gesetzmäßigkeiten auf die lange Sicht zu einer Senkung der Produktivität führen. So führt der Dammbau für die Bewässerung zur Überflutung guten Landes, senkt die Produktivität bisher fruchtbarer Deltaregionen und führt zur Salzakkumulation in dem neu berieselten Land. Unbedachter Gebrauch von Pestiziden rottet die natürlichen Feinde der Schädlinge aus und beschleunigt die Entwicklung resistenter Stämme. Selbst die Kontrolle der Umweltverschmutzung hat ihre Probleme. Viele Lösungen verschieben den Einfluß auf die Umwelt lediglich anstatt ihn zu beseitigen. Die Beseitigung von Blei im Benzin bringt einen vermehrten Ausstoß von gefährlichen Kohlenwasserstoffverbindungen. Verhinderung der Abgabe fester Abfallstoffe führt zur Luftverschmutzung, und die Entnahme von Asche und Schwefeldioxyd aus den Abgasen von Elektrizitätswerken führt zu mehr festen Abfallstoffen. Es gibt keine „Null-Emission" irgendeines Schadstoffes. Je größer die menschliche Bevölkerung wird, um so schwieriger und um so nötiger ist es, unsere Umwelt konstant zu halten. Das bedeutet, daß wir sehr große Ausgaben für die Umweltreinhaltung tätigen müssen und daß wir sehr viel Energie für diese Umweltreinhaltung benötigen. Aber gerade diese Energie selbst ist für einen großen Teil der schwierigsten Umweltprobleme verantwortlich.

Auf der sozialen Seite hat die Einführung der Mechanisierung in der Landwirtschaft in einigen Teilen der Welt große Arbeitslosigkeit hervorgerufen. Die sogenannte Grüne Revolution (die zum Teil auf der Verwendung neuer Getreidesorten und dem starken Einsatz von Düngemitteln beruht) hat die Kluft zwischen reichen Farmern und armen Landarbeitern vergrößert.

Ein schnelles Wachstum der Population und ein schnelles Wachstum des Verbrauchs an natürlichen Hilfsquellen führt — in dem Bemühen, den steigenden Ansprüchen gerecht zu werden — zu einer hastigen und unüberlegten Anwendung neuer Technologien. Aber Hast gebiert Fehler. Je größer die Zahl der Menschen auf der Welt ist und je größer ihr Verbrauch, um so umfassender muß die Technik sein, und um so ernster sind die Fehler, die gemacht werden.

Der Ausblick

Manche Leute wenden ein, die gleichen Argumente hätten schon vor 50 oder 100 Jahren vorgebracht werden können, die Warnung vor unbegrenztem Wachstum sei schon damals falsch gewesen, und sie sei auch heute falsch. Aber zwischen den 70er Jahren und den 20er Jahren oder den 70er Jahren des vorigen Jahrhunderts bestehen fundamentale Unterschiede. Die absolute Zahl der Menschen, um die die Weltbevölkerung heute in jedem Jahr größer wird, ist gegenwärtig etwa doppelt so groß wie um 1920. Die Einwirkung des Menschen auf die Umwelt beträgt heute ungefähr das Fünf- bis Zehnfache von damals.

Als eine globale geologische und biologische Macht ist die Menschheit heute vielen natürlichen Prozessen vergleichbar, wenn sie diese nicht sogar übertrifft. Durch den Menschen kommt ungefähr 20mal soviel Öl in die Ozeane wie durch natürliche Vorgänge. Die Aktivität des Menschen hat die Kohlendioxydkonzentration seit der Jahrhundertwende um etwa 10% ansteigen lassen. Ungefähr 5% der Energie, die durch Photosynthese auf der Erde gebunden wird, geht nun in landwirtschaftliche Ökosysteme ein und dient damit dem Stoffwechsel des Menschen und seiner Haustiere — und die machen nur einige wenige von mehreren Millionen Arten auf der Erde aus. Der Fluß vieler Metalle und Chemikalien durch die Industriegesellschaft übertrifft natürliche Flüsse dieser Stoffe bei weitem. Die Wärme, die der Mensch in Stadtregionen von tausenden von Quadratkilometern freisetzt, beträgt über 5% der auf diese Gebiete fallenden Sonnenenergie. Solche Zahlen beweisen nicht, daß der Zusammenbruch schon über uns ist, aber sie zwingen uns zum Nachdenken. In der zweiten Hälfte des 20. Jahrhunderts operiert der Mensch zum ersten Mal an einem Pegel, an dem durch seine Fehler globale Gleichgewichte zerstört werden können. Unser Wissen um die Höhe dieser Pegel entspricht in keiner Weise unserer Fähigkeit, diese Pegel zu erreichen und zu überrennen.

Diese Voraussage wird vertieft durch zwei gegensätzliche Eigenschaften des Wachstums. Auf der einen Seite beschleunigt das Wachstum der Populationen die

Rate, mit der neue Probleme auftauchen und zu riesenhaften Dimensionen auswachsen. Das Populationswachstum verlangt also eine Gesellschaft, die in der Lage ist, schnell und rational auf neue Situationen zu reagieren. Aber die Schwierigkeiten von Management und Verwaltung steigen mit deren absoluter Größe. Bürokratische Strukturen und Vorschriften werden komplexer, weniger flexibel, weniger reaktionsfähig; die Regierenden entfernen sich von den Regierten. Auch wenn die übrigen Dinge gleichbleiben, wird die Zeitverzögerung zwischen dem Erkennen eines Problems und dem Einsatz von Maßnahmen zu seiner Korrektur immer größer, je größer die Population ist.

Unsere Situation ist also einem Auto vergleichbar, das bei ausfallenden Bremsen mit zunehmender Geschwindigkeit eine glatte Straße hinab fährt. Bisher haben wir es geschafft, auf der Straße zu bleiben, aber die Aufgabe wird schwieriger und schwieriger, weil bei zunehmender Geschwindigkeit die Bremsen immer weniger wirksam werden. Um das Bild weiterzuführen: Da der Mensch nichts Exaktes über die Tragfähigkeit unserer Erde weiß, erinnert das ganze Unternehmen an die Fahrt mit einem defekten, aber beschleunigenden Auto bergab auf einer glatten Straße im dichten Nebel. In dieser Situation erinnern Politiker, Ökonomen und Techniker, welche meinen, es sei keine Krise zu erkennen, an blinde Fahrgäste auf dem Rücksitz, die uns zureden, den Fuß nicht vom Gaspedal zu nehmen. Niemand weiß, wann bei unserer Fahrt im Nebel plötzlich ein unüberwindliches Hindernis vor uns aufsteigt. Wird es jetzt gleich sein, oder haben wir noch 30 oder 50 Jahre Zeit? Sollen wir warten bis die Kollision absolut unvermeidlich geworden ist? Wenn wir warten, liefern wir unsere Kinder und Kindeskinder einem Zusammenbruch aus, dem ins Auge zu schauen wir selbst nicht die Nerven hatten. Wir lassen sie vielleicht in einer reichen Welt, aber wir hinterlassen ihnen weniger Zeit als uns heute bleibt, um diese Welt wieder in Ordnung zu bringen. Unsere Chance ist nicht ermutigend, ihre wird noch kleiner sein.

Es fehlt nicht an Leuten, die den Status quo verteidigen. Wir können es ihnen überlassen, die Wohltaten der jetzigen Trends aufzuzählen und nur noch immer mehr von dem Gleichen zu versprechen.

Kapitel 2
Die menschliche Bevölkerung

Die erste kleine Population des Menschen tauchte vor etwa 1 bis 2 Millionen Jahren, vermutlich in Afrika, auf. Seit damals hat sich der Mensch ausgebreitet und praktisch die gesamte Landoberfläche des Planeten bevölkert. In den letzten ein bis zwei Jahrhunderten ist die Zahl der Menschen explosionsartig auf fast 4 Milliarden angewachsen. Da es keine verläßlichen Zahlen gibt, auf deren Basis man die Größe der menschlichen Bevölkerung vor etwa 1650 schätzen könnte, müssen Schätzungen auf ganz anderen Quellen beruhen. Zum Beispiel war Ackerbau vor etwa 8000 v. Chr. unbekannt. Bis zu dieser Zeit waren alle Menschen Jäger und Sammler. Nur etwa 52 Millionen von insgesamt 150 Millionen Quadratkilometern konnten unsere frühen Vorfahren problemlos ernähren. Aus der Bevölkerungsdichte von Stämmen, die noch heute Jäger und Sammler sind, können wir die menschliche Bevölkerung um 8000 v. Chr. auf ungefähr 5 Millionen Menschen schätzen (Abb. 3).

Vom Beginn der landwirtschaftlichen Revolution bis zu den ersten Daten im 17. Jahrhundert sind wir ebenfalls auf pure Schätzungen angewiesen. Dies ist möglich durch Extrapolation von Zahlenangaben, wie sie für primitive landwirtschaftliche Gesellschaften existieren und durch Analyse archäologischer Befunde.

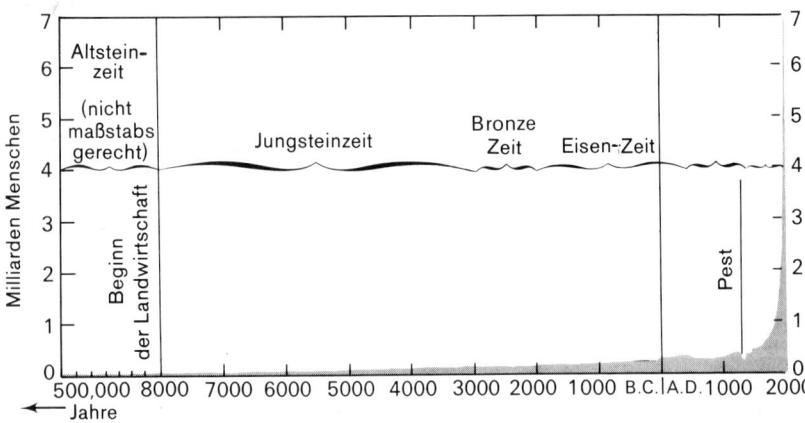

Abb. 3. Wachstum der Weltbevölkerung in den letzten 500 000 Jahren. Wenn die Altsteinzeit maßstabsgerecht gezeichnet wäre, würde ihre Abszisse ungefähr 6 Meter nach links zu verlängern sein. (Nach Population Bulletin, Band 18, Nr. 1)

So nimmt man an, daß um die Zeit von Jesus Christus etwa 200 bis 300 Millionen Menschen lebten, und daß die Zahl bis 1650 auf etwa 500 Millionen anwuchs. Bis 1850 verdoppelte sich die Weltbevölkerung auf eine Milliarde, und bis 1930 verdoppelte sie sich wieder, d. h. auf zwei Milliarden. Aus Abb. 3 geht hervor, daß — von kleineren Unregelmäßigkeiten abgesehen — die Zahl der Menschen ziemlich gleichmäßig stieg und daß die Rate dieses Anstiegs ebenfalls steiler wurde. Vielleicht der beste Weg, diese Wachstumsrate zu beschreiben, ist die Benutzung der Verdoppelungszeit — also der Zeit die notwendig ist, um eine Bevölkerung zu verdoppeln. Von 5 Millionen im Jahre 8000 v. Chr. auf 500 Millionen im Jahre 1650 haben wir also eine Verhundertfachung der Menschenzahl. Dazu waren in einer Zeitspanne von 9000 bis 10 000 Jahren zwischen sechs und sieben Verdoppelungen erforderlich.

Population (Millionen) 5 — 10 — 20 — 40 — 80 — 160 — 320 — 640
Verdoppelung   1   2   3   4   5   6   7

Im Durchschnitt verdoppelte sich also die Population alle 1500 Jahre. Die nächste Verdoppelung von 500 Millionen auf 1 Milliarde benötigte nur 200 Jahre und die Verdoppelung von 1 auf 2 Milliarden benötigte nur 80 Jahre. 1975 wird die menschliche Bevölkerung 4 Milliarden betragen. Sie wird sich somit in 45 Jahren verdoppelt haben. Die darauf folgende Verdoppelung benötigt nur 35 Jahre. Die menschliche Bevölkerung befindet sich also in einer komplizierteren Situation als die Guppys in unserem Beispiel (S. 8): Die Verdoppelungszeiten beim Menschen werden immer kleiner, während sie beim Guppy konstant blieben (und das war kritisch genug).

Eine Zusammenfassung dieser Angaben zeigt Tabelle 1.

Die Gründe für dieses Wachstum sind gut bekannt. Bevor wir sie jedoch im einzelnen untersuchen, müssen wir Daten der Populationsdynamik im allgemeinen besprechen. Die Größe einer Population ist ausschließlich das Resultat von Hinzufügungen — Additionen — und Abzügen — Subtraktionen. Additionen zu lokalen Bevölkerungen bestehen aus Geburten und Zuwanderungen, Subtraktionen resultieren aus Todesfällen und Abwanderungen. Bevölkerungskundler (Demographen), die sich für die gesamte Bevölkerung auf dem Planeten Erde interessieren,

Tabelle 1. Verdopplungszeiten der menschlichen Bevölkerung. (Berechnete Verdopplungszeit 1972)

Jahr	Geschätzte Weltbevölkerung		Für eine Verdopplung notwendige Zeitspanne
8000 B. C.	5 Millionen		1500 Jahre
1650 A. D.	500 Millionen		200 Jahre
1850 A. D.	1000 Millionen	(1 Milliarde)	80 Jahre
1930 A. D.	2000 Millionen	(2 Milliarden)	45 Jahre
1975 A. D.	4000 Millionen	(4 Milliarden)	35 Jahre*

* Errechnete Verdopplungszeit 1972.

untersuchen vor allem die Geburten- und Todesraten, da es ja keine Wanderungen von der Erde weg und zu der Erde hin gibt.

Geburts- und Todesraten

Die Geburtsrate wird gewöhnlich als die Zahl der Säuglinge angegeben, die pro tausend Menschen und Jahr geboren werden. Die Gesamtzahl der Geburten eines Jahres wird durch die geschätzte Populationsgröße in der Mitte der Untersuchungsperiode geteilt. Wenn in einer Population von 10000 Menschen 250 Geburten in einem Jahr aufgetreten sind, so wird die Geburtenrate als 25 pro tausend angegeben. Wenn im gleichen Jahr 150 Menschen starben, dann ist die Todesrate 15 pro tausend. In den Vereinigten Staaten gab es in den 12 Monaten, die am 30. April 1971 endeten, 3729000 Geburten. Am 31. Oktober 1970 — also in der Mitte der Untersuchungsperiode — betrug die Bevölkerung der Vereinigten Staaten 205200000. Die Geburtenrate für diese Periode war also 3729000 : 205200000 = 0,0182. Auf jede Person kamen also 0,0182 Geburten, das heißt 0,0182 × 1000 = 18,2 Geburten pro tausend Menschen. Entsprechend gab es 1000919 Todesfälle in diesem Zeitraum. Das gibt eine Todesrate von 1919000 : 205200000 = 0,0094 × 1000 = 9,4 Todesfälle pro tausend Menschen in dem Jahr vom 1. Mai 1970 bis zum 30. April 1971.

Wachstumsraten

Geburtsraten bedeuten Additionen und Todesraten Subtraktionen. Wir können also Anstieg oder Abnahme einer menschlichen Bevölkerung durch Abzug der Todesrate von der Geburtenrate berechnen. Die gesamte Wachstumsrate würde — wenn vorhanden — auch einen Einwanderungsüberschuß einschließen. Am Ende der 12 Monate, die mit dem 30. April 1971 endeten, betrug die Wachstumsrate der Vereinigten Staaten 18,2 − 9,4 = 8,8 pro tausend. In der Zeitspanne vom 1. Mai 1970 bis zum 30. April 1971 gab es also einen Nettozuwachs von 8,8 auf je tausend Menschen in den Vereinigten Staaten. Hinzu kam ein Zuwachs durch Einwanderung von 2 pro tausend Menschen. Demographen drücken die Wachstumsrate als jährliche prozentuale Zuwachsrate aus — das heißt nicht als Rate pro tausend, sondern als Rate pro hundert. In unserem Beispiel würde der jährliche Zuwachs 0,88% sein. Das ist typisch für ein hochindustrialisiertes Land. Die Dinge ändern sich, wenn wir die Zahlen für die ganze Erde betrachten: Hier lag 1972 die geschätzte Geburtenrate bei 33 pro tausend und die Todesrate bei 13 pro tausend. Das Populationswachstum entspricht daher 20 pro tausend oder 2%.

Bei einem Zuwachs von nur 2% verdoppelt sich die Bevölkerung in 35 Jahren (Tabelle 2). Ein Wachstum von nur 2% bedeutet, daß pro tausend Menschen jedes Jahr 20 Menschen hinzukommen. Wenn man einfach jedes Jahr 20 Personen zu tausend hinzufügt, so braucht man 50 Jahre bis zu einer Verdoppelung (20 × 50 = 1000). Aber unsere Verdoppelungszeit ist in Wirklichkeit viel geringer, weil die

Tabelle 2. Beziehung zwischen jährlichem Zuwachs und Verdopplungszeit

Jährlicher Zuwachs %	Verdopplungszeit (Jahre)
0.5	139
0.8	87
1.0	70
2.0	35
3.0	23
4.0	17

Population exponentiell wächst — in der gleichen Weise wie ein Guthaben wächst, wenn man die Zinsen nicht fortnimmt. Genauso wie Zinsen selbst Zinsen bringen, so produzieren die zu der Population hinzugefügten Menschen mehr Menschen. Dieses exponentielle Wachstum macht die Verdoppelungszeiten so viel kürzer als man anzunehmen geneigt ist.

Geschichte des Bevölkerungswachstums

Die Geschichte des Wachtums der menschlichen Bevölkerung ist nicht eigentlich eine Geschichte von Änderungen in der Geburtenrate, sondern von Änderungen der Todesraten. Die in verschiedenen Zeiten unserer Geschichte zu verzeichnenden deutlichen und dramatischen Anstiege der menschlichen Bevölkerung wurden ausnahmslos durch Bedingungen verursacht, die zu geringeren Sterberaten führten. Zwischengeschaltete Zeiten geringeren Populationsanstieges haben ihre Ursache immer in höheren Todesraten. Große und deutliche Änderungen in Geburtenraten sind erst in den letzten hundert Jahren wichtig geworden.

Kulturelle Änderungen und die landwirtschaftliche Revolution. Vor ein paar Millionen Jahren betrug die Bevölkerungsstärke unserer Vorfahren in Afrika (Australopithecus und Verwandte) nur schätzungsweise 125000 Individuen. Diese unsere Vorfahren hatten bereits die Kultur „erfunden", und die Weitergabe nichtgenetischer Informationen funktionierte von Generation zu Generation. Dieser Besitz eines beträchtlichen Kulturgutes ist es, was den Menschen von anderen Tieren unterscheidet. Während der Evolution des Menschen ist der Besitz von Kulturgut verantwortlich gewesen für die große Zunahme des Gehirns (die Australopithecinen hatten Gehirne, die nur etwa halb so groß wie unsere waren). Der frühe Mensch fügte dem tradierten Kulturbestand immer neues Wissen hinzu. Er entwickelte und erlernte Techniken, die dem Individuum und der Gruppe bessere Überlebenschancen gaben. So erlernte er auch Möglichkeiten für eine optimale soziale Organisation. Auf diese Art und Weise hatten Individuen mit einem größeren Gehirn wesentliche Evolutionsvorteile: Sie konnten tradiertes Wissen am besten nutzen. Größere Gehirne wiederum vergrößerten den möglichen Bestand kultureller Information, und ein Regelkreis mit positiver Rückkopplung zwischen einem Wachstum der Zivilisation und der Gehirngröße war das Ergebnis. Diese Entwicklung dauerte bis vor etwa 200000 Jahren. Von da an ist die Gehirngröße des Menschen bei ungefähr 1350 ccm konstant geblieben. Die Menschen mit dieser Gehirngröße werden als die modernen Menschen, als Homo sapiens, angesehen.

Die Evolution der Zivilisation hatte einen wichtigen Nebeneffekt. Obwohl die Geburtenrate des Menschen bei 40 bis 50 pro tausend blieb, sank die Todesrate infolge von Fortschritten in der Zivilisation. Bis zur landwirtschaftlichen Revolution dürfte die mittlere Todesrate jedoch kaum weniger als 0,02 ‰ unter der Geburtenrate gelegen haben. In prähistorischer Zeit sind zweifellos bedeutende Fluktuationen in Geburten- und Todesraten aufgetreten, besonders während der schwierigen Zeiten, die mit dem Vorrücken des Eises während des Diluviums auftraten. Das Endresultat jedoch war eine Bevölkerung von ungefähr 5 Millionen Menschen um 8000 v. Chr. Um diese Zeit hatten die Menschen schon den ganzen Planeten erobert.

Die Konsequenzen der zivilisatorischen Evolution für die Populationsgröße des Menschen und für die Umwelt des Menschen waren relativ gering verglichen mit denen, die der landwirtschaftlichen Revolution folgten. Es ist nicht sicher, wann die erste Gruppe von Homo sapiens begann, mit einfachen landwirtschaftlichen Methoden zusätzliche Nahrung zu erarbeiten. Archäologische Untersuchungen im nahen Osten zeigen, daß dort zwischen 7000 und 5500 v. Chr. bereits fest etablierte landwirtschaftliche Gemeinwesen existierten. Man wird daher annehmen müssen, daß die Landwirtschaft zwischen 9000 und 7000 v. Chr. begann. Möglicherweise ist unabhängig davon in Südostasien noch einmal eine Landwirtschaftskultur entstanden. Wie unsere modernen Eskimos sammelten die vorlandwirtschaftlichen Menschen intensiv alle mögliche Nahrung, sie waren sicher eng vertraut mit der heimischen Fauna und Flora. Vom Sammeln der Nahrungspflanzen bis zu ihrer Kultivierung war es ein ganz natürlicher Schritt. Dieser Schritt, der mit der Entwicklung relativ stabiler Siedlungen verbunden war, befreite den Menschen von der dauernden Notwendigkeit, nach Nahrung zu suchen. So konnten sich einige Mitglieder dieser landwirtschaftlichen Gemeinden anderen Dingen zuwenden, die den allgemeinen Lebensstandard hoben. Wagen mit Rädern erschienen; Kupfer, Zinn und später Eisen konnte bearbeitet werden, dramatische sozialpolitische Änderungen traten zusammen mit dem ersten Städtebau auf. Die Lebenserwartung, die bis dahin bei 25 bis 30 Jahren gelegen hatte, begann langsam zu steigen.

Doch das nach der landwirtschaftlichen Revolution einsetzende schnellere Wachstum der menschlichen Bevölkerung war nicht konstant. Zivilisationen wuchsen, blühten und zerfielen; Perioden günstiger und schlechter Klimate traten auf; Pest, Hungersnot und Kriege forderten ihren Tribut. Natürlich haben wir keine Zahlen für die damalige Zeit. Selbst heute sind die Bevölkerungsstatistiken vieler Länder unzuverlässig. Dennoch läßt sich ein für unsere Zwecke ausreichendes Bild rekonstruieren. Das Bevölkerungswachstum war bis zur Mitte des 17. Jahrhunderts immer noch relativ langsam. In dieser Zeit führten Neuerungen in der Landwirtschaft und wahrscheinlich auch die Entdeckung Amerikas mit der

Ausnutzung der natürlichen Hilfsquellen Amerikas zu einer explosionsartigen Vermehrung der europäischen Bevölkerung.

Die Welt seit 1650. Es ist relativ einfach, über den Zuwachs der europäischen Bevölkerung zwischen 1650 und 1750 zu spekulieren. Es ist schwieriger, einen ähnlichen Zuwachs in Asien zu erklären. Die Bevölkerung dort wuchs während dieser Periode um 50 bis 75%. In China führte nach dem Zusammenbruch der Ming-Dynastie 1644 die politische Stabilität und neue landwirtschaftliche Politik der Mandschukaiser zu einem Absinken der Sterberate. Der größte Teil des Populationswachstums in Asien während dieser Zeit erfolgte in China; in Indien war der Zuwachs wohl aufgrund des Zerfalls des Mogulimperiums nicht so stark.

Offenbar ist die Weltbevölkerung von 1650 bis 1750 mit einer Rate von ungefähr 0,3% pro Jahr gewachsen. Die Rate verstärkte sich bis zu ungefähr 0,5% zwischen 1750 und 1850. Während dieser letzteren Periode verdoppelte sich die Bevölkerung Europas aufgrund einer Reihe von Entwicklungen: Landwirtschaftliche Techniken machten schnelle Fortschritte, die sanitären Bedingungen wurden verbessert und —

Tabelle 3. Weltbevölkerung in Millionen

Jahr	Welt		Afrika	Nord-Amerika	Latein-Amerika	Asien (außer USSR)		Europa (incl. USSR)	Ozeanien
1850	1	131	97	26	33		700	274	2
1950	2	495	200	167	163	1	376	576	13

gegen Ende dieser Periode — begann die wesentliche Verbesserung der öffentlichen Gesundheitspflege durch die Einführung der Pockenimpfung. Dieses Wachstum wurde erreicht trotz der sehr starken Auswanderung nach Nordamerika, wo die Bevölkerung während der gleichen Zeit von etwa 12 Millionen auf ungefähr 60 Millionen emporschnellte. In Asien war das Wachstum zwischen 1750 und 1850 langsamer als in Europa: es erreichte nur etwa 50%. Die Ursachen, die das Wachstum in Europa begünstigten, traten in Asien gar nicht oder erst sehr viel später auf.

Nur wenig ist bekannt über die Bevölkerung Afrikas. Dieser Kontinent blieb bis zur Mitte des 19. Jahrhunderts praktisch unbekannt. Vermutlich war hier zwischen 1650 und 1850 die Bevölkerung bei etwa 100 Millionen einigermaßen konstant. Dann brachten europäische Technik und Medizin ein Absinken der Todesrate, die Bevölkerung wuchs zwischen 1850 und 1900 um etwa 20 bis 40% und verdoppelte sich bis 1950 auf 200 Millionen. Die mittlere Bevölkerungszunahme auf der ganzen Welt betrug zwischen 1850 und 1950 ungefähr 0,8% pro Jahr. In dieser Zeit stieg die Weltbevölkerung von etwa 1 Milliarde auf ungefähr 2,5 Milliarden. In Asien haben wir nicht ganz eine Verdoppelung der Bevölkerungsstärke, in Europa und Afrika haben wir mehr als eine Verdoppelung, in Südamerika liegt eine Verfünffachung und in Nordamerika eine Versechsfachung vor.

Als Resultat der industriellen Revolution und der dabei auftretenden Fortschritte in der Landwirtschaft und Medizin sank die Todesrate zwischen 1850 und 1900 weiter ab. Trotz der grauenhaften Bedingungen, die zu Beginn der Industrialisierung in den Gruben und Fabriken herrschten und die jedem bekannt sind, der einmal die Literatur dieser Periode gelesen hat, erfuhren die allgemeinen Lebensbedingungen dennoch eine Verbesserung. Das Leben in den rattenverseuchten Städten und den ländlichen Slums des vorindustriellen Europa muß jeder Beschreibung gespottet haben. Der Fortschritt in der Landwirtschaft, in der Industrie und im Transportwesen hatte schon 1850 den Lebensstandard in Europa wesentlich angehoben. Verbesserte Landwirtschaft reduzierte die Wahrscheinlichkeit von Mißernten und Hungersnöten. Mechanisierter Transport über Land und See machte lokale Hungersnöte weniger gefährlich und öffnete den Zugang zu entfernten Hilfsquellen. Große Verbesserungen in den sanitären Einrichtungen zu Beginn des 20. Jahrhunderts reduzierten die Todesrate noch weiter. Das gleiche gilt für die sich durchsetzende Erkenntnis von der Bedeutung der Bakterien für Infektionskrankheiten. Die Todesraten in Europa, die um 1850 zwischen 22 und 24 pro tausend gelegen hatten, sanken auf 18 bis 20; in einigen Ländern gingen sie auf 16 pro tausend herunter. Das gilt beispielsweise für Dänemark, Norwegen und Schweden.

In Westeuropa führte die niedrige Todesrate (und die daraus resultierende hohe Rate des Populationswachstums) zu einer massiven Auswanderung. Als die industrielle Revolution fortschritt, trat ein weiterer signifikanter Trend auf. Die Geburtsraten in den westlichen Ländern begannen zu sinken. In Dänemark, Norwegen und Schweden lag die Geburtsrate im Jahre 1850 bei ca. 32 pro tausend. Im Jahre 1900 war sie auf 28 gesunken. Ähnliche Verringerungen gab es auch in anderen Ländern. Dies ist der Beginn des sogenannten Bevölkerungsüberganges — eines Fallens der Geburtenraten, welches der Industrialisierung der westlichen Völker folgte.

Diese Tendenz setzte sich in den nächsten Jahren fort. In den 30er Jahren des 20. Jahrhunderts sank die Geburtenrate geringer als die Sterberate. Diese war in Norwegen, Schweden und Dänemark auf 12 pro tausend gesunken, aber die Geburtenrate war sogar auf 16 gefallen. Wenn diese niedrige Geburtenrate der industrialisierten Länder Europas sich fortgesetzt hätte, so wäre vielleicht ein echter Niedergang der Populationszahlen aufgetreten. Durch verbesserte ökonomische Bedingungen und den zweiten Weltkrieg stimuliert, stiegen die Geburtenraten in den 40er und 50er Jahren jedoch wieder an. Das Bevölkerungswachstum in Europa beträgt seit dem letzten Weltkrieg zwischen 0,5 und 1% pro Jahr.

Was ist der Grund für die geringere Geburtenrate in industrialisierten Ländern? Niemand weiß es genau, aber es gibt ein paar wahrscheinliche Annahmen. In landwirtschaftlichen Gesellschaften werden Kinder häufig als positive ökonomische Faktoren angesehen. Sie dienen als unbezahlte Hilfskräfte auf dem Bauernhof und als eine Altersversicherung für die Eltern. In einer industriellen Gesellschaft sind Kinder nicht Produzenten, sondern nur Konsumenten. Sie verlangen teure Nahrung und Erziehung. Große Familien, wie sie bei gesunkener Sterberate wahrscheinlich sind, werden unbeweglicher und erschweren die Kapitalakkumulation. So gab es in Europa die Tendenz zu einer späteren Heirat (was die Geburtsraten drastisch senkt, da die Jahre der Reproduktionsfähigkeit der Frau de facto reduziert werden) und zu einer

Kontrolle der Geburten während der Ehezeit. Der Bevölkerungsübergang in Europa war jedoch nicht auf städtische Bereiche beschränkt. Der Bevölkerungsdruck wirkte in Richtung auf eine Modernisierung der Landwirtschaft in den dörflichen Gegenden, denn eine begrenzte Menge bearbeitbaren Landes hatte für die Ernährung von mehr und mehr Menschen zu sorgen. Gleichzeitig machte es die notwendige Mechanisierung einem jungen Ehepaar immer schwieriger, eine eigene Landwirtschaft aufzubauen. So fielen auch die Geburtsraten auf den Dörfern, und viele Menschen zogen in die Städte.

Außerhalb der industrialisierten Länder gab es natürlich keinen entsprechenden Bevölkerungsübergang. In Indien wurde die Geburtenrate 1891 auf 49 pro tausend geschätzt, 1931 erwies sie sich noch immer als 46 pro tausend. In den Jahren von 1930 bis 1940 betrug das Bevölkerungswachstum in Nordamerika und Europa 0,7%, während es in Asien 1,1%, in Afrika 1,5% und in Südamerika 2% ausmachte — obwohl die Todesraten in den letzten drei Gebieten wesentlich über denen von Europa und Nordamerika lagen. Auf die ganze Welt umgerechnet, ergab sich ein Bevölkerungszuwachs von 1,1% pro Jahr. In der modernen Welt haben wir also zwei wesentliche Bevölkerungstendenzen: Ein Absinken der Sterberate in industrialisierten Ländern und ein Absinken der Geburtenrate im Anschluß an die Industrialisierung. Der erste Trend führt zu einem sehr schnellen Wachstum in den wesentlichen Ländern, d. h. zu einem Wachstum, das über dem Durchschnitt der ganzen Welt liegt. Der zweite Trend drückt das Bevölkerungswachstum dieser Länder unter den Gesamtdurchschnitt. Europa hat diesen Bevölkerungsübergang etwa am Beginn des 20. Jahrhunderts vollzogen, Kanada und die Vereinigten Staaten haben ihn in neuerer Zeit nachgeholt.

Das Bevölkerungswachstum seit dem 2. Weltkrieg. Ein dritter größerer Trend in der Bevölkerungsbewegung begann in der Zeit um den 2. Weltkrieg. In den unterentwickelten Ländern sank die Todesrate plötzlich dramatisch. In manchen Ländern wie Mexiko begann das bereits vor dem Krieg, in anderen, wie Ceylon, erst gegen Ende des Krieges (Abb. 4). Diese Senkung der Sterberate wurde vor allen Dingen durch den Export moderner Arzneimittel aus den industrialisierten Ländern und moderne Methoden der Gesundheitsfürsorge verursacht. So kam es zu der raschesten und am weitesten verbreiteten Änderung, die in der Geschichte der Bevölkerungsdynamik des Menschen bekannt ist (Tabelle 3).

Die Kraft dieser exportierten Kontrolle der Sterberate läßt sich am besten aus dem klassischen Fall von Ceylons Angriff auf die Malaria nach dem 2. Weltkrieg ablesen. Im Jahre 1944 betrug die Sterberate in Ceylon 22 pro tausend. Die Einführung von DDT 1946 führte zu einer absoluten Kontrolle über die Moskitos, die Malariaüberträger sind. In weniger als 10 Jahren wurde die Sterberate halbiert. Sie fiel auf 10 pro tausend im Jahre 1954 und sinkt noch weiter. 1972 war sie bei 8 pro tausend angelangt. Obwohl ein Teil dieses Absinkens auch auf die Ausrottung von Insekten zurückzuführen ist, die andere Krankheiten als Malaria übertragen, sowie auf alle möglichen Maßnahmen der Gesundheitsfürsorge, kann der größte Teil doch der Ausrottung der Malaria zugeschrieben werden.

Der Sieg über Malaria, Gelbfieber, Pocken, Cholera und andere Infektionskrankheiten ist verantwortlich für ähnliche Reduktionen der Sterberate in den meisten unterentwickelten Ländern. Diese sind bei Kindern und relativ jungen Erwachsenen am stärksten ausgeprägt. Von 1940 bis 1950 sanken die Sterberaten um 46% in Puerto Rico, um 43% in Formosa und um 23% in Jamaica. Bei einer Gruppe von 18 unterentwickelten Gebieten betrug die durchschnittliche Senkung der Sterberate in dieser Zeit 24% (Abb. 5).

Man muß sich dabei an einen kritischen Punkt erinnern. Dieses Absinken der Sterberate unterscheidet sich von dem langfristigen allmählichen Absinken, das im Anschluß an die landwirtschaftliche Revolution erfolgte. Es unterscheidet sich auch

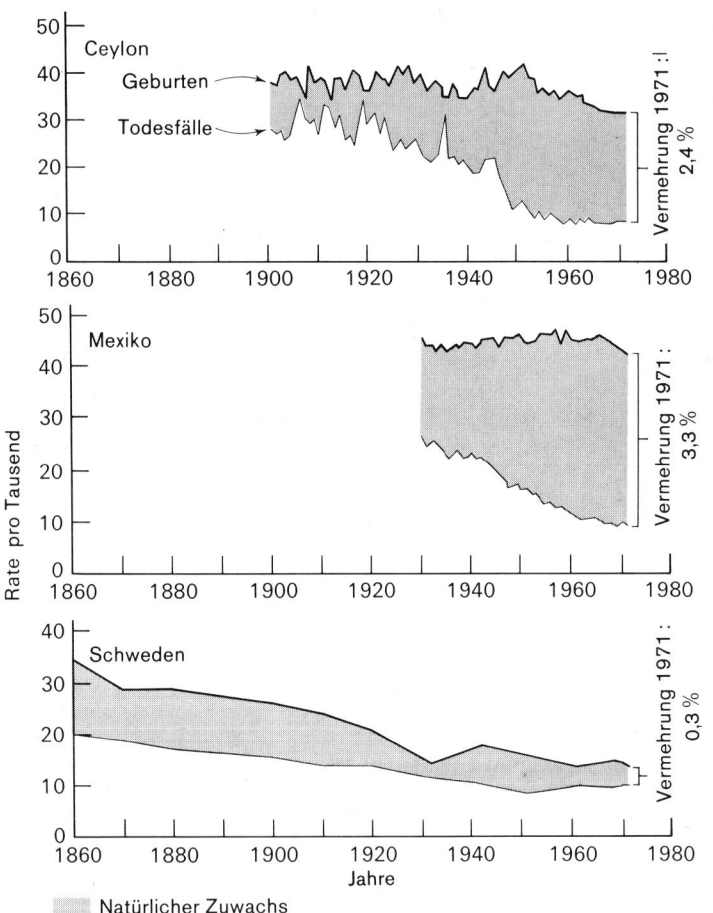

Abb. 4. Verschiedene Muster der Änderungen von Geburts- und Todesraten sowie der natürlichen Wachstumsrate. In den Industrienationen, wie etwa in Schweden, fiel die Todesrate sehr flach ab, während sie in Entwicklungsländern, wie in Ceylon und Mexiko, sehr steil abnahm. (Nach Population Reference Bureau)

24

von der Senkung der Sterberate in den Industrieländern der westlichen Welt. Es ist eine Reaktion auf eine spektakuläre Änderung der Umweltverhältnisse in den unterentwickelten Ländern, vor allen Dingen aufgrund einer Kontrolle der Infektionskrankheiten; nicht aber aufgrund einer Änderung ihrer Sozialordnung oder ihres allgemeinen Lebens. Auch entstand diese Änderung nicht in diesen Ländern selbst, sondern sie wurde importiert. Auf diese Weise wurde der Bevölkerungsübergang der

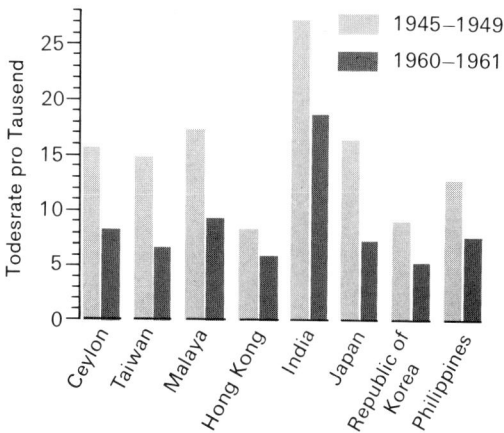

Abb. 5. Änderungen in den Sterberaten in einigen ausgewählten asiatischen Staaten. Die Mittelwerte von 1945–1949 werden mit denen von 1960–1961 verglichen. (Nach Population Bulletin, Band 20, Nr. 2)

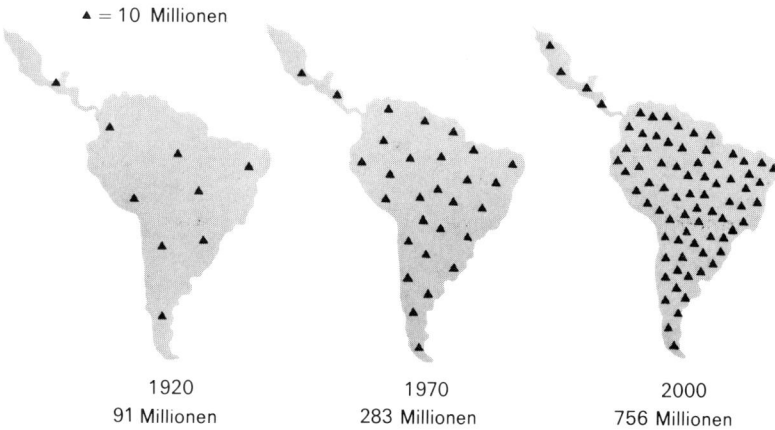

Abb. 6. Bevölkerungswachstum in Latein-Amerika von 1920–2000. Wenn die Vermehrungsraten nicht absinken, wird sich die Bevölkerung in 80 Jahren verachtfachen. (Nach Population Bulletin, Band 23, Nr. 3)

entwickelten Länder nicht mit importiert. Vielmehr ist ein großer Teil der Weltbevölkerung ganz plötzlich von hohen Sterberaten und hohen Geburtenraten zu niedrigen Sterberaten und hohen Geburtenraten übertragen worden. So stiegen die jährlichen Zuwachsraten der Bevölkerung scharf an. Ägypten zum Beispiel sprang von einer Zuwachsrate von kaum 1,5% vor 1945 (Geburtenrate 40–45, Todesrate ungefähr 28) auf 2,5 bis 3% nach 1945 (1972 Geburtenrate 44, Sterberate 16, Wachstumsrate 2,8%). Die Bevölkerungen der meisten Entwicklungsländer wachsen wesentlich rascher als der Weltdurchschnitt. Die am schnellsten wachsende Region ist Lateinamerika, wo viele Länder eine Verdoppelungszeit von 20 bis 25 Jahren haben (Abb. 6).

Aufgrund des Absinkens der Todesraten in den Entwicklungsländern stieg die Zuwachsrate der Weltbevölkerung von 0,9% (Verdoppelungszeit 77 Jahre) in der Dekade 1940 bis 1950 auf 1,8% (Verdoppelungszeit 39 Jahre) in der Dekade von 1950 bis 1960. Die Weltbevölkerung wuchs von etwa 2,3 Milliarden im Jahre 1940, auf 2,5 Milliarden 1950, 3 Milliarden 1960 und 3,6 Milliarden 1970. Für Mitte 1970 wird die Weltbevölkerung auf 3,78 Milliarden geschätzt, die Zuwachsrate auf 2% und die Verdoppelungszeit auf 35 Jahre. In den 60er Jahren schwankte die Wachstumsrate zwischen 1,8 und 2%. Natürlich sind diese Zahlen nur Näherungswerte, aber für die Zwecke dieses Buches genügen sie vollauf. Ob in Wirklichkeit nur 3,6 Milliarden oder vielleicht sogar 4 Milliarden Menschen im Juni 1972 auf der Welt lebten oder ob die Zuwachsrate 1,7 oder 2,2% betrug – das alles würde unsere Analyse der Zukunft und unsere grundsätzlichen Schlüsse nicht ändern.

Bevölkerungsstruktur

Wir haben uns bisher vor allem mit Bevölkerungsgrößen und Wachstumsraten beschäftigt. Das genügt nicht. Bevölkerungen haben eine Struktur: Alterszusammensetzung, Geschlechtsverhältnis, Verteilung im Raum und relative Individuendichte. Diese Strukturen sollen auf den folgenden Seiten näher diskutiert werden.

Alterszusammensetzung. Während der Wirtschaftskrise in den dreißiger Jahren bestand in Europa eine merkwürdige Bevölkerungsstruktur. Die Sterberaten waren niedrig, die Familien klein. Wenn Geburten- und Todesraten konstant geblieben wären, so hätten die Einwohnerzahlen dieser Länder stagnieren und schließlich sinken müssen. Trotzdem sind die Einwohnerzahlen dieser Länder weiterhin gestiegen – wenn auch langsam. Dieser Anstieg beruhte auf der Alterszusammensetzung der Bevölkerung, d. h. auf der relativen Anzahl von Menschen in den verschiedenen Altersklassen.

Man vergleiche z. B. die Alterszusammensetzung der Bevölkerung von Mauritius und Großbritannien im Jahre 1959 (Abb. 7). Mauritius ist charakteristisch für eine rasch wachsende Bevölkerung mit hohen Geburtsraten und sinkenden Sterberaten. Die meisten Menschen sind jung. 44% sind unter 15 Jahre alt. Großbritannien andererseits hat seit vielen Jahrzehnten niedrige Geburts- und niedrige Sterberaten. Das Bevölkerungsprofil ist sehr viel schmaler als das von Mauritius. Nur 23% der Bevölkerung von 1959 war unter 15 Jahre alt.

26

In Mauritius und vielen anderen Entwicklungsländern haben hohe Geburtenrate und eine zunehmend geringer werdende Kindersterblichkeit ein Schwergewicht der jüngeren Altersgruppen in der Population erzeugt. Noch ist nicht so viel Zeit verflossen, daß die Individuen, die während der Periode der Herabsenkung der Sterberate geboren wurden, in die älteren Altersklassen vorgerückt sind, wo die

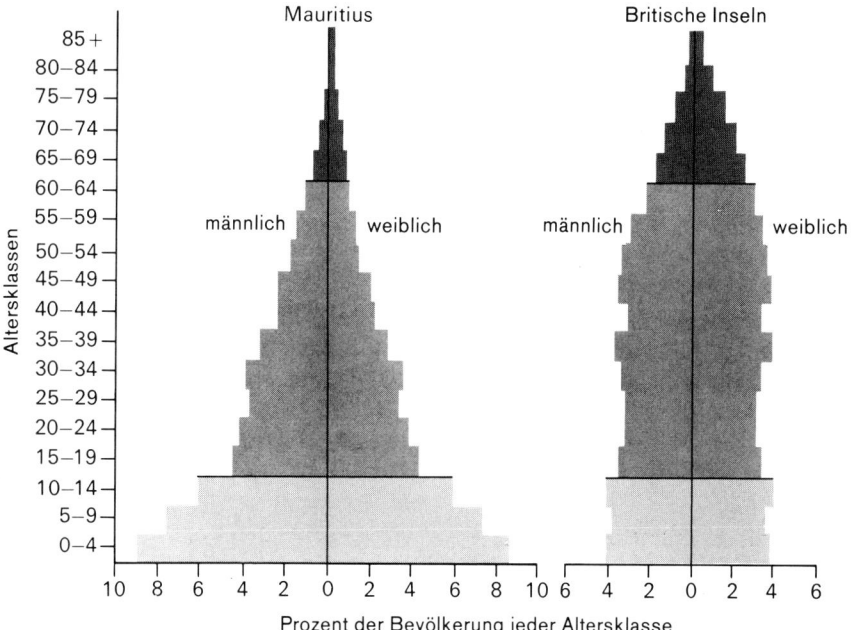

Abb. 7. Alterszusammensetzung von Mauritius und den Britischen Inseln im Jahre 1959. In Mauritius überwiegen die jungen Menschen, auf den Britischen Inseln ist die Bevölkerung über das ganze Altersspektrum ziemlich gleichmäßig verteilt. Die Pyramide von Mauritius ist typisch für die rasch wachsende Bevölkerung der Entwicklungsländer, während die der Britischen Inseln typisch für die sehr langsam wachsende Bevölkerung der Industrienationen ist. Wie in der folgenden Abbildung sind die produzierenden Altersklassen (15—64) mittelgrau gezeichnet, die jugendlichen abhängigen (0—14) hellgrau und die alten abhängigen (65 und älter) dunkelgrau. (Nach Population Bulletin, Band 18, Nr. 5)

Todesraten höher liegen als in den jüngeren Altersklassen. In den meisten dieser Länder war die Herabdrückung der Kindersterblichkeit in den Jahren zwischen 1940 und 1950 am stärksten, und die große Zahl der Kinder, die in dieser Zeit geboren wurden, werden ihrerseits in den frühen 70er Jahren Kinder haben, die das Ungleichgewicht der Bevölkerungspyramide wiederum verstärken werden. Entweder wird man dafür sorgen müssen, daß die Geburtenzahl sinkt, oder aber Hungersnöte oder andere Einflüsse werden die Mortalitätsrate in den jüngeren Altersklassen wieder ansteigen lassen, wenn nicht in allen Altersklassen. Senkt man die Geburtenrate, so wird ein Anstieg in der Sterberate auftreten, wenn die Bevölkerung älter wird. Fehlen jedoch natürliche Begrenzungen oder eine Geburtenkontrolle, so können die Sterberaten in diesen ungewöhnlich jungen Bevölkerungen dieser Entwicklungsländer unter die Sterberaten der hoch entwickelten Länder fallen. Beispielsweise betrug die Sterberate im Jahre 1972 in Großbritannien 11,7 pro tausend, in Belgien 12,3 und in den Vereinigten Staaten 9,3. Im Gegensatz dazu war die Sterberate in Costa Rica 7, in Trinidad 7, in Ceylon 8, in Singapur 5 und in Hongkong 5.

Es gibt viele andere Typen von Bevölkerungspyramiden. Beispielsweise können schnelle und drastische Senkungen der Geburtenrate, die durch den erfolgreichen Beginn einer Geburtenkontrolle hervorgerufen werden, zeitweise eine Pyramide mit sehr schmaler Basis hervorrufen. Die Bevölkerungspyramide von Japan hat eine solche Form (Abb. 8), sie zeigt den Effekt einer sehr massiven Geburtenarmut nach dem Kriege. Japan ist heute ein Industrieland. Aber die Pyramide zeigt die typische Form eines Entwicklungslandes von der Altersklasse 10 bis 14 Jahre an aufwärts. Jedoch sind die Jahrgänge 0 bis 4 und 5 bis 9 deutlich kleiner als in den meisten Entwicklungsländern, so daß nur 30% der Bevölkerung jünger als 15 Jahre sind.

Eine der bedeutsamsten Eigenschaften der Alterszusammensetzung einer Population ist das Verhältnis der im Arbeitsprozeß stehenden, der produktiven Menschen, zu denen, die von diesem produktiven Bevölkerungsteil abhängig sind. Man ist übereingekommen, die Altersklassen zwischen 15 und 64 Jahren als produktiven Teil der Bevölkerung anzusehen. In den Populationspyramiden (Abb. 7 und 8) sind die produktiven Lebensalter mittelgrau gezeichnet, die jungen Abhängigen hellgrau und die älteren Abhängigen dunkelgrau. Der Anteil der abhängigen Bevölkerung ist in den Entwicklungsländern sehr viel höher als in den Industrienationen. Das ist eine Folge des hohen Anteils von Kindern unter 15 Jahren. Auf diese Weise ist der Anteil der Abhängigen in den armen Ländern besonders hoch, aber niedrig in den reichen Ländern. Allerdings ist diese starre Betrachtungweise etwas irreführend, da in den armen Ländern Kinderarbeit eine große Rolle spielt. Dennoch bleibt dieses unglückliche Abhängigkeitsverhältnis als eine zusätzliche schwere Belastung der Entwicklungsländer bestehen.

Die Geburts- und Sterberaten, die als Geburten- und Todesfälle pro tausend Menschen in der Gesamtpopulation ausgedrückt werden, bezeichnet man technisch als Brutto-Geburts- und Sterberaten. Sie werden als „Brutto"-Raten bezeichnet, weil sie eine genauere Aufschlüsselung nach der Bevölkerungsstruktur nicht zulassen. Sie sind jedoch einfach zu erhalten — und werden daher am meisten zitiert — und können sehr nützlich sein. Dennoch können sie zu falschen Schlüssen führen.

Ein berühmtes Beispiel war der Rückgang der Geburtenrate in den Vereinigten Staaten während der 60er Jahre dieses Jahrhunderts. Vielfach nahm man an, dies sei das Ende der Bevölkerungsexplosion in den Vereinigten Staaten. Beispielsweise betrug die Geburtenrate 1968 nur 17,4 pro tausend. Das ist ein sehr niedriger Wert für dieses Land, er sinkt sogar unter den letzten Tiefstand während der Depression von 1936.

Den Trend der Geburtsraten von 1950 und 1968 zeigt die Abb. 9. In dieser Periode sank die Bruttogeburtenzahl um ungefähr 25%. Eine genauere Analyse der

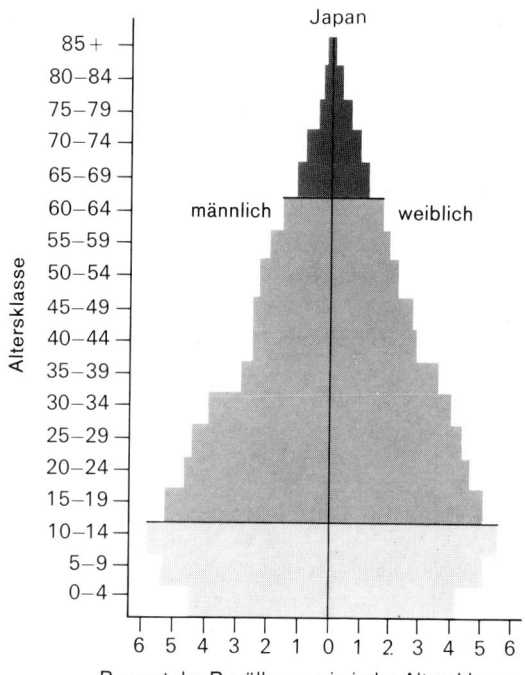

Abb. 8. Alterszusammensetzung der Bevölkerung von Japan im Jahre 1960. Die Verschmälerung der Pyramide an der Basis deutet auf einen scharfen Abfall der Geburtenrate hin. Weitere Erklärung siehe Abb. 7. (Nach Thompson und Lewis: Population Problems, 5. Auflage, McGraw-Hill 1965)

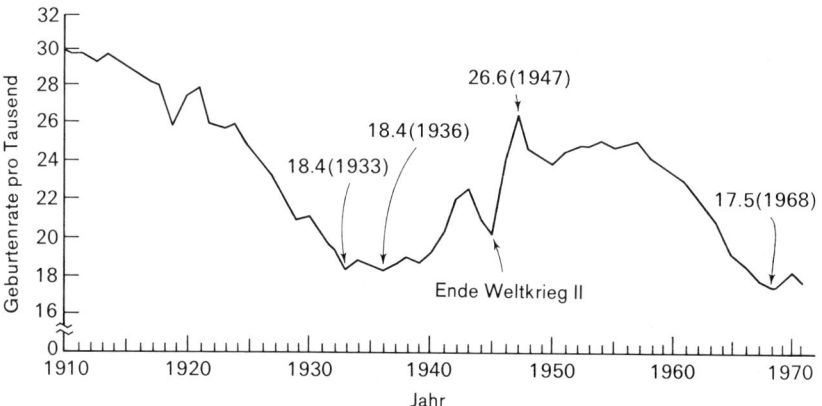

Abb. 9. Entwicklung der Geburtenrate der Vereinigten Staaten 1910–1971. (Nach Population Profile, Population Reference Bureau, März 1967; neuere Daten vom US-Census Bureau)

Daten zeigt jedoch, daß dieser Rückgang nur zum Teil durch einen Rückgang der Geburten pro Ehepaar hervorgerufen wurde. Der Rest des Rückganges war die Folge einer Verringerung des Prozentsatzes der fortpflanzungsfähigen Personen in der Bevölkerung. Wesentlicher als die Geburtenrate ist hier die Fruchtbarkeitsrate.

Die Fruchtbarkeitsrate — die Anzahl von Geburten pro tausend Frauen zwischen 15 und 44 Jahren — ist ein genauerer Indikator von Trends in der Geburtenzahl, weil sie Unterschiede in der Alterszusammensetzung der Gesamtbevölkerung ausschließt. Wie in Abbildung 10 gezeigt wird, nahm die Fruchtbarkeitsrate in den Vereinigten Staaten von 1959 bis 1968 ab. Es wurden also weniger Kinder geboren, nicht nur im Verhältnis zur Gesamtpopulation, sondern auch im Verhältnis zu der Zahl der Frauen im fruchtbaren Alter. Die Fruchtbarkeitsrate von ungefähr 85 im Jahre 1968 war höher als die niedrigen Werte, die während der Depression verzeich-

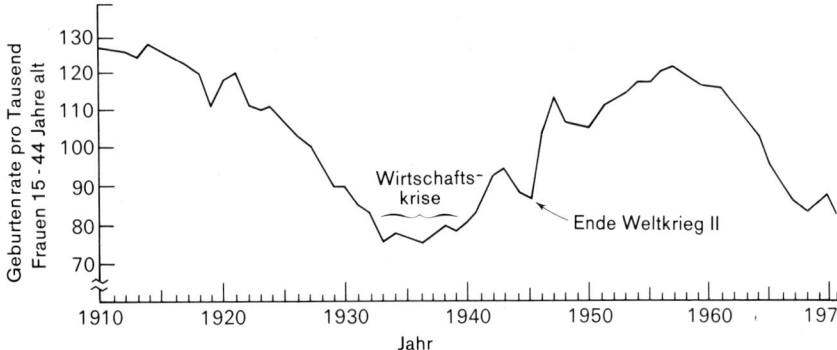

Abb. 10. Entwicklung der Fruchtbarkeitsrate in den Vereinigten Staaten 1910—1971. (Nach Population Profile, Population Reference Bureau, März 1967, neuere Daten vom US-Census Bureau)

net wurden: damals lag der Wert deutlich unter 80. Im Jahre 1970 stieg die Fruchtbarkeitsrate wieder auf 87,6 an. Jedoch fiel sie 1971 wiederum auf 82,3 und 1972 auf weniger als 80.

Können wir daraus schließen, daß die Bevölkerungsexplosion in den Vereinigten Staaten zu einem Ende gekommen ist? In Wirklichkeit können wir an diesem Punkt nicht sagen, ob unsere Zahlen schon den Beginn eines deutlichen Trends anzeigen, oder ob sie lediglich kurzfristige Auf- und Abbewegungen widerspiegeln, die die Bevölkerungskundler und Ökonomen, welche diese Dinge zu erklären suchen, dauernd verwirren.

Die sozialen Kräfte, die heutzutage in unserer Gesellschaft wirken, können zu einem weiteren Geburtenrückgang und zu einem dauernden niedrigen Niveau der Fruchtbarkeit führen: Zunehmende allgemeine Kenntnis der Konsequenzen einer Überbevölkerung, die zunehmende Emanzipationsbewegung der Frau, der Ausbau von Familienberatungsdiensten für Gruppen mit niedrigen Einkommen und die Liberalisierung der Schwangerschaftsunterbrechung seien hier genannt. Falls jedoch die Fruchtbarkeitsrate in der Hauptsache von ökonomischen Faktoren beeinflußt wird, etwa von Arbeitslosigkeit bei den prospektiven Vätern, dann dürften eher weitere Fluktuationen zu erwarten sein als ein gleichmäßiger Abwärtstrend.

Unsere Statistiken zeigen uns, daß die Anzahl der Frauen in der Altersklasse von 15 bis 44 Jahre in den Vereinigten Staaten während der 70er Jahre zunehmen wird und daß die Untergruppe der 20- bis 29-jährigen, welche die meisten Kinder bekommt, noch schneller anwachsen wird (um ungefähr 33% zwischen 1970 und 1980). Daher wird die Bruttogeburtenrate in den Vereinigten Staaten in den späten 70er Jahren höher sein als in den 60er Jahren, es sei denn, daß die Fruchtbarkeitsrate bei dem Wert von 1972 bleibt oder noch stärker fällt. Wenn nicht die Sterberate zunimmt, wird eine größere Wachstumsrate der Gesamtbevölkerung die Folge sein.

Das Wachstumspotential der Weltbevölkerung. Fruchtbarkeits- und Sterberaten können unabhängig voneinander für jede Altersklasse in der Bevölkerung berechnet werden. So ist die Anzahl der Kinder, die pro Jahr von je tausend 25-jährigen Frauen geboren wird, die altersspezifische Fruchtbarkeitsrate für 25-jährige. Die Anzahl der 25-jährigen, die – pro tausend – in einem Jahr sterben, ist die altersspezifische Todesrate für 25-jährige. Zu jedem gegebenen Zeitpunkt hat jede Bevölkerung ein bestimmtes Schema von altersspezifischer Fruchtbarkeit und Sterblichkeit. Die meisten menschlichen Bevölkerungen haben eine relativ hohe altersspezifische Todesrate von der Geburt bis zur Vollendung des 1. Lebensjahres und deutlich geringere Raten während der nächsten 9 Jahre. Nach Erreichen des 10. Lebensjahres beginnt ein langsamer Anstieg der Todesraten bis zum 45. oder 50. Lebensjahr, gefolgt von einem sehr steilen Anstieg. Natürlich gibt es drastische Unterschiede von Land zu Land. Entwicklungsländer haben in der Regel eine höhere Kindersterblichkeit als Industrieländer.

Der hohe Prozentsatz von Menschen unter 15 Jahren ist ein Indikator des explosiven Wachstumspotentials der Entwicklungsländer. In den meisten Entwicklungsländern beträgt dieser Prozentsatz zwischen 40 und 45, in manchen sogar 50. Im Gegensatz dazu ist der Prozentsatz der Kinder unter 15 in den Industrieländern nur 20 bis 30. Damit haben die Entwicklungsländer einen sehr viel größeren Anteil von Menschen, die jetzt kurz vor dem fortpflanzungsfähigen Alter stehen als die Industrieländer. Diese Population junger Menschen wird in wenigen Jahren in Altersklassen mit einer hohen altersspezifischen Fruchtbarkeitsrate eintreten. Es wird jedoch etwa 50 Jahre dauern, bevor sie hohe altersspezifische Sterberaten erreichen. 50 Jahre bedeutet fast 2 Generationen. Diese jungen Menschen werden also Kinder und Kindeskinder haben, bevor sie den oberen Teil der Pyramide erreichen und erheblichen Anteil an der Brutto-Todesrate haben. Selbst wenn also die Fruchtbarkeit in der Population rapide fallen würde, könnte das Ende der Bevölkerungsexplosion nicht vor 50 Jahren erreicht werden. Wenn wir also annehmen, daß keine Zunahme in der altersspezifischen Todesrate auftritt, so wird eine große Zeitverzögerung auftreten, bevor jede noch so erfolgreiche Geburtenkontrolle das Populationswachstum in den Entwicklungsländern aufhalten kann. Das Trägheitsmoment, welches ein Bestandteil der Alterszusammensetzung ist, bedeutet, daß die Bevölkerungsgröße weit über das Niveau herausschießen wird, bei dem „die Bremsen" betätigt werden.

Nathan Keyfitz hat die Größe dieser Zeitverzögerung berechnet. Was würde geschehen, wenn ein Wunder in der Geburtenkontrolle auftreten und die durchschnittliche Kinderzahl für jede Frau in einem unterentwickelten Lande auf die Zahl sinken würde, die nötig wäre, um sie selbst in der nächsten Generation zu ersetzen?

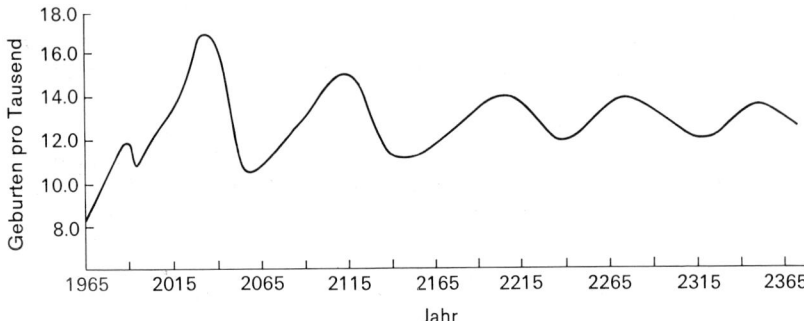

Abb. 11. Um die Bevölkerungsgröße der Vereinigten Staaten von 1965–2365 konstant zu halten, wären die dargestellten Schwankungen der Brutto-Geburtenrate notwendig. (Nach Frejka: Population Studies, Nov. 1968)

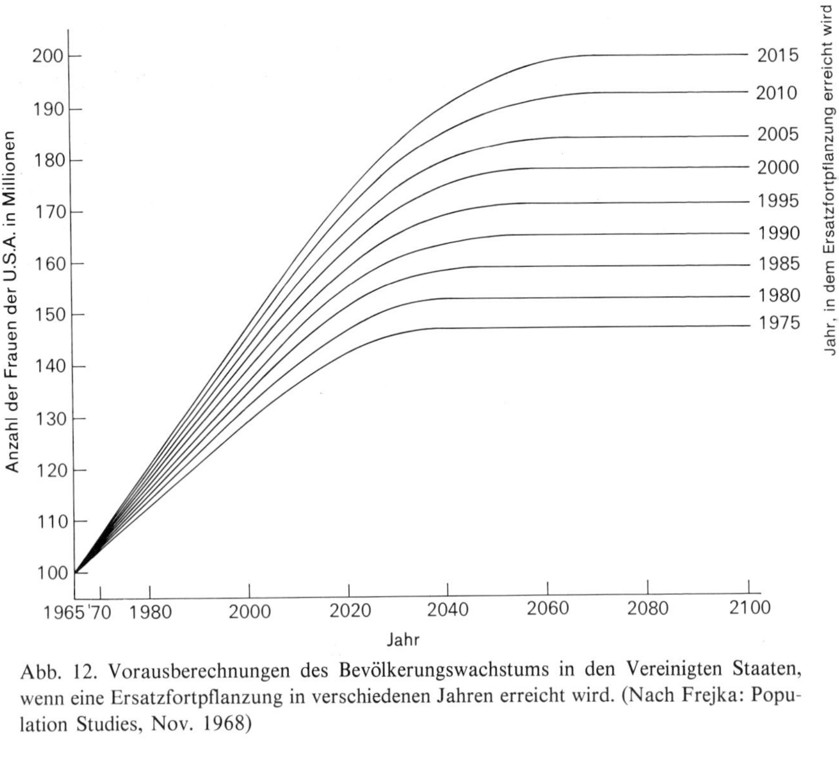

Abb. 12. Vorausberechnungen des Bevölkerungswachstums in den Vereinigten Staaten, wenn eine Ersatzfortpflanzung in verschiedenen Jahren erreicht wird. (Nach Frejka: Population Studies, Nov. 1968)

Dafür wären pro Ehepaar etwa 2,3 Kinder notwendig. Daß diese Zahl etwas über 2,0 liegt, ergibt sich aus der Kindersterblichkeit, aus Unfruchtbarkeit und aus der Existenz von Junggesellen. Wenn über Nacht eine solche „Ersatzfortpflanzung" erreicht würde, so würde die Bevölkerung eines typischen Entwicklungslandes noch weiter wachsen, bis sie 1,6mal so groß wäre wie im Augenblick. Wenn die Fruchtbarkeitsraten etwa 30 Jahre benötigten, um auf das Niveau der Ersatzfortpflanzung zu sinken, so würde die Endpopulation ungefähr 2,5mal so groß sein wie die jetzige Population. Es ist jedoch mehr als unwahrscheinlich, daß wir schon in 30 Jahren eine so niedrige Fruchtbarkeitsrate haben.

Thomas Frejka hat gezeigt, wie sich die Bevölkerung der Vereinigten Staaten bis zum Jahre 2100 entwickeln wird. Ein sofortiges Null-Wachstum der Population kann nur erreicht werden, wenn die mittlere Familiengröße in den Jahren 1965 bis 1985 auf 1,2 Kinder reduziert wird. Um also die Brutto-Geburtenrate und Sterberate ins Gleichgewicht zu bringen, so daß die Wachstumsrate Null ist, müßte die mittlere Familiengröße weit unter die Ersatzrate sinken. Danach müßte die Brutto-Geburtenrate und die mittlere Familiengröße mehrere Jahrhunderte lang starken Schwankungen unterliegen (Abb. 11), bis nach einigen Jahrhunderten ein Mittelwert erreicht werden kann. Die Alterszusammensetzung würde unter diesen Bedingungen sehr drastischen Schwankungen unterliegen und damit zweifellos eine Reihe von schweren sozialen Problemen hervorrufen. Diese Probleme könnten vermieden werden, wenn man die Fruchtbarkeitsrate weniger abrupt sinken lassen würde und dann eine zeitweise Minderung der Bevölkerungsgröße hinnehmen würde. Wir werden später diskutieren, daß es eine Reihe überzeugender Argumente dafür gibt, die amerikanische Bevölkerung unter ihren jetzigen Stand zu senken.

Frejka beschreibt außerdem, was geschehen würde, wenn die mittlere amerikanische Familie einfach von ihrer Größe im Jahre 1965 auf ein Ersatzniveau absinken würde. Von Beginn des Programms bis zum Null-Wachstum würden dann 65 bis 75 Jahre vergehen. Die Abbildung 12 zeigt, wie das Bevölkerungswachstum in den Vereinigten Staaten verlaufen würde, wenn ab 1975 nur eine Ersatzfortpflanzung stattfände. Eine Einwanderung ist dabei ausgeschlossen. Die Kalkulation zeigt deutlich, daß ein erhebliches Bevölkerungswachstum noch lange anhalten wird, nachdem die Ersatzfortpflanzung voll akzeptiert und durchgeführt ist. Wenn eine solche Ersatzfortpflanzung erst 1985 erreicht würde, so würde die Population bis zum Jahre 2055 auf ungefähr 300 Millionen anwachsen.

Bevölkerungsverteilung und Bevölkerungsdichte

Die Menschen sind nicht gleichmäßig über die Erde verteilt. Die Abbildung 13 zeigt die ungefähre Bevölkerungsdichte im Jahre 1965. Diese Bevölkerungsdichte ist die Anzahl der Individuen pro Flächeneinheit. Man gibt sie normalerweise als Menschen pro Quadratkilometer an. Einige rohe Schätzungen (Menschen pro Quadratkilometer) in den späten 60er Jahren sind:

Gesamterde (Landfläche)   25
Vereinigte Staaten   22

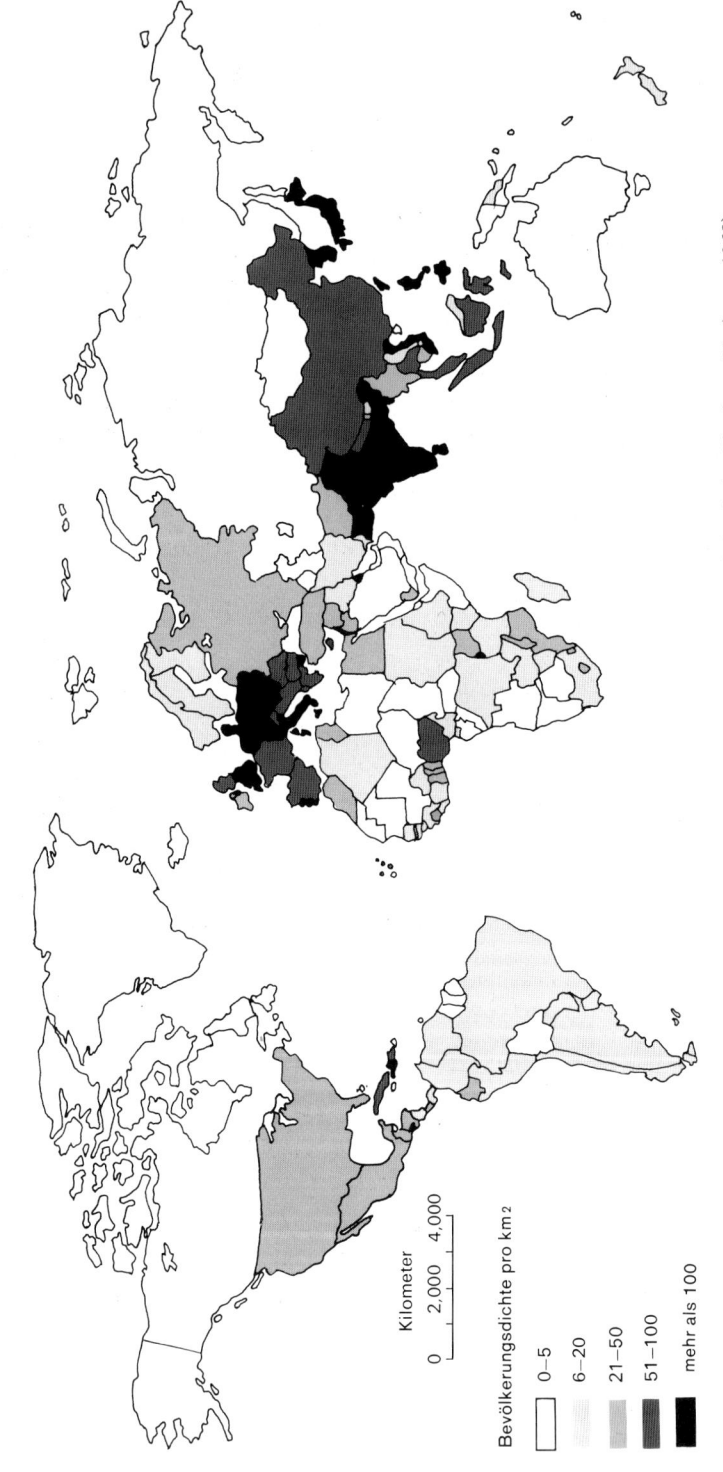

Bevölkerungsdichte pro km²

0–5

6–20

21–50

51–100

mehr als 100

Kilometer

0   2,000   4,000

Abb. 13. Muster der Bevölkerungsdichte im Jahre 1969. (Nach dem demographischen Jahrbuch der Vereinten Nationen 1969)

Japan	270
Tokio	7700
New York City	9700
Manhattan	29000

Vor der Ankunft der Europäer war die Bevölkerungsdichte im Gebiet der heutigen Vereinigten Staaten ungefähr 0,13 Menschen pro Quadratkilometer. Die Dichte stieg auf 2 Menschen im Jahre 1800. Natürlich muß man vorsichtig sein bei einer Verallgemeinerung dieser Dichteangaben, da der Mensch dahin tendiert, Gruppen zu bilden. Obwohl die Vereinigten Staaten im Jahre 1971 im Durchschnitt ungefähr 22 Menschen pro Quadratkilomter hatten, gibt es natürlich viele Quadratkilometer, auf denen kein Mensch lebt. Außerdem ist die Bevölkerung auf keinem Quadratkilometer gleichmäßig verteilt. Diese Dichten und Verteilungen der Bevölkerung haben, besonders im Hinblick auf die natürlichen Hilfsquellen, bei vielen wichtigen Ereignissen in der menschlichen Geschichte eine bedeutende Rolle gespielt. Dichten, die von den Mitgliedern bestimmter Populationen selbst als hoch angesehen werden, erzeugen einen „Bevölkerungsdruck". Überbevölkerung ist also nicht eine Beziehung zur absoluten Bevölkerungsgröße, sondern eine Beziehung zur Bevölkerungsdichte. Es muß viele Tausende von Gelegenheiten gegeben haben in der Vorgeschichte wie in der Geschichte, wo ein Volksstamm entschied, sein Territorium sei zu klein geworden, sein Territorium habe nicht genügend Beeren oder Wild, und wo er daher das Territorium der Nachbarn auch noch zu okkupieren versuchte. Für viele der berühmten Wanderungen in der Geschichte, so etwa die Völkerwanderung in Europa zu Beginn des christlichen Zeitalters, dürften solche Bevölkerungsdrücke verantwortlich gewesen sein. Im Jahre 1095, als Papst Urban II. zum ersten Kreuzzug aufrief, betonte er die Vorteile der Gewinnung neuer Landgebiete. Die Kreuzfahrer waren in der Hauptsache zweite Söhne, die kein Erbe erwarten konnten.

Bevölkerungsdrücke scheinen im 15. Jahrhundert in Europa sehr stark zugenommen zu haben. Es gibt aus dieser Zeit Hinweise auf Versuche, verlorengegangenes Land wiederzugewinnen. Dann kam die Entdeckung Amerikas und stellte für Europa mit seinen etwa 30 Menschen pro Quadratkilometer neues Land zur Verfügung. Die europäische Ausnutzung des Reichtums der neuen Welt an Raum und an Bodenschätzen führte zu der Entwicklung ganz neuer Institutionen, die der neuen Pioniermentalität entsprachen. Der ökonomische Boom, der darauf folgte, dauerte ungefähr 400 Jahre. Nun ist er vorüber. Die Populationsdichte hat sich ausgeglichen.

Die europäischen Nationen haben viele Kriege gefochten, in dem Bemühen, die westliche Hemisphäre für sich zu besetzen. Sie kämpften gegeneinander und gegen die kleinen eingeborenen Stämme in Amerika. In der letzten Zeit führte der Populationsdruck in Deutschland zu dem berüchtigten Kampf um „Lebensraum".

Die japanische Expansion der 30er und 40er Jahre kann auch zum Teil auf die hohe Populationsdichte auf den kleinen Heimatinseln zurückgeführt werden. Das Bevölkerungswachstum Japans im letzten Drittel des 19. und im ersten Drittel des 20. Jahrhunderts ist in den Industrienationen ohne Beispiel. Die japanische Bevölkerung verdoppelte sich von 35 auf 70 Millionen in der Zeit von 1874 bis 1937. Als der Versuch, neues Land zu erobern, fehlschlug, unternahm Japan drastische Schritte zur Einschränkung des Bevölkerungswachstums. Jetzt wird Japan allerdings schon wieder durch den Populationsdruck eingeengt und blickt zu dem asiatischen Kontinent — um dort zumindest wirtschaftlichen Lebensraum zu finden.

Bevölkerungsdrücke haben ihren natürlichen Einfluß auf die internationalen Spannungen unserer heutigen Welt. Rußland, Indien und die anderen Nachbarn des stark überbevölkerten und weiter rasch wachsenden Chinas bewachen ängstlich ihre Grenzen. China hat bereits Tibet unterworfen und besetzt. Das Bevölkerungswachstum in China läßt diesem Land langfristig kaum eine andere Wahl, als sich auszudehnen oder zu verhungern — wenn seine Maßnahmen zur Bevölkerungskontrolle keinen Erfolg zeitigen. Die Australier versuchen sich gegenüber den asiatischen Massen abzuschirmen. Diese Haltung zeigt sich in den Einwanderungsgesetzen, die nur Weiße zulassen und in der nach Westen orientierten Außenpolitik. Australien hat Grund genug zur Sorge, da das im allgemeinen ungünstige und unzuverlässige Klima großer Teile des Kontinents, gekoppelt mit der jahrelangen Duldung höchst gefährlicher landwirtschaftlicher Praktiken eine Aufnahme des asiatischen Bevölkerungszuwachses auch nur eines einzigen Jahres unmöglich erscheinen läßt. Dieser einjährige Bevölkerungsüberschuß Asiens würde eine Vervierfachung der Bevölkerung Australiens (von 13 auf 61 Millionen) bedeuten. Der jährliche Zuwachs allein der Bevölkerung Indiens ist mehr als die gesamte Bevölkerung von Australien.

Urbanisierung

Einer der ältesten Trends in der Menschheitsgeschichte ist der zur Städtegründung. Vor der landwirtschaftlichen Revolution mußte der Mensch notgedrungen weit über die Landschaft verteilt sein. Jagen und Sammeln setzte ein Minimum von etwa 5 Quadratkilometer für jede Person voraus. Unter diesen Bedingungen war es unmöglich, große Konzentrationen zu bilden. Mit der landwirtschaftlichen Revolution änderte sich das. Größere Nahrungsmengen konnten auf kleineren Gebieten produziert werden. Der Bauer konnte mehr Menschen als nur seine eigene Familie ernähren. Das war offenbar eine unabdingbare Voraussetzung für die Städtegründung. Ein Teil der Bevölkerung mußte sich von der Notwendigkeit der Bearbeitung des Landes freimachen können, um Städte zu gründen. Der eigentliche Impetus für die Städtegründung sind vielleicht Zentren für die Lagerung und Verteilung von Nahrungsvorräten gewesen sowie Anlagen zu ihrer Verteidigung. Was auch immer der eigentliche Grund gewesen sein mag: Die ersten Städte entstanden zwischen 4000 und 3000 v. Chr. entlang des Euphrat und Tigris.

Dieser Trend zur Verstädterung hält auch heute noch an. Der Drang in die Städte hat sich beschleunigt mit jeder landwirtschaftlichen Verbesserung, die die Anlage größerer und effektiverer Landwirtschaftsbetriebe ermöglichte. Offenbar ist der Drang in die Städte auch durch das Bevölkerungswachstum in ländlichen

Gebieten gefördert worden, das entweder zur Aufteilung des Bodens unter mehreren Kindern oder zur Abwanderung der „überschüssigen" Nachkommen in die Städte führte. In der Vergangenheit waren Fortschritte in der Landwirtschaft im allgemeinen von Fortschritten in anderen Techniken begleitet, welche neue Beschäftigungsmöglichkeiten in den Städten eröffneten. Aber die Städte lieferten nicht nur Arbeitsplätze für diejenigen, die in der Landwirtschaft keine Arbeit fanden, sie haben vielmehr immer eine große Anziehungskraft für den Menschen

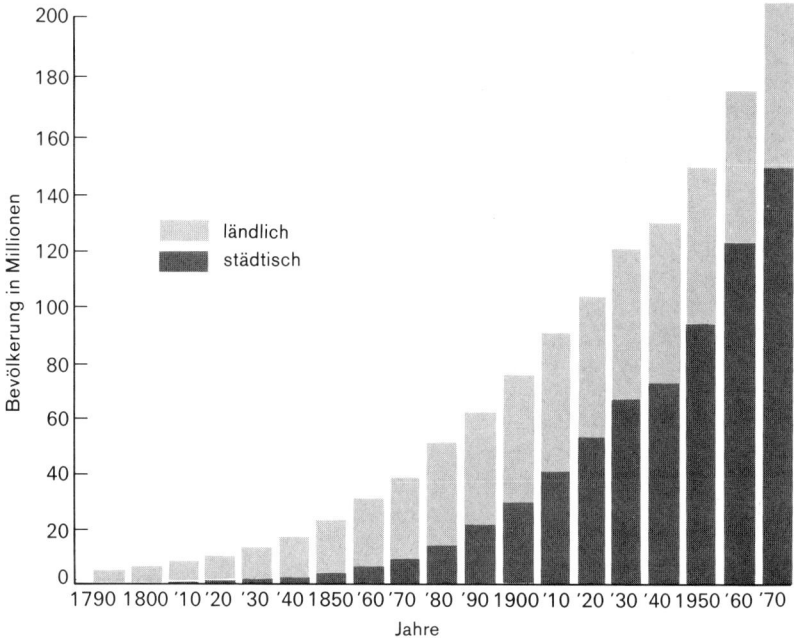

Abb. 14. Verstädterung in den Vereinigten Staaten. (Nach Population Bulletin, Band 19, Nr. 2)

besessen. Die Wanderung in große städtische Konzentrationsgebiete ist im letzten Jahrhundert besonders beschleunigt worden. Um 1800 lebten in den Vereinigten Staaten nur 6% der Bevölkerung in städtischen Gebieten. Um 1850 waren es bereits 15%, um 1900 40% und heute sind es fast 75% (Abb. 14).

Diese rapide Urbanisierung ist kein typisches Merkmal der Industriestaaten. Zwischen 1950 und 1960 hat die Stadtbevölkerung in den Industriestaaten um 25% zugenommen, während sie sich in den Entwicklungsländern um 55% erhöhte. Besonders in Südamerika war seit dem Ende des II. Weltkrieges ein zunehmender Ansturm verarmter Landbewohner in Stadtgebiete zu verzeichnen. Jedoch finden die Menschen dort meist keine Arbeitsplätze. Das Resultat ist die Entstehung riesiger Slums. In Afrika verlief die Entwicklung ähnlich: Hunderttausende wanderten in die Städte auf der Suche nach einem besseren Leben. Nairobi, die Hauptstadt von Kenia, hatte 1968 eine Bevölkerung von 460 000 und wuchs mit einer jährlichen Rate von 7%. Das ist mehr als die doppelte Wachstumsrate von Los Angeles in der Dekade von 1950 bis 1960. Akkra, die Hauptstadt von Ghana, wächst mit fast 8%; Abidjan, die Hauptstadt der Elfenbeinküste, mit fast 10%; Lusaka, die Hauptstadt von Sambia, und Lagos, die Hauptstadt von Nigeria, wachsen mit 40%. Sowohl in Südamerika als auch in Afrika scheint der Trend in die Städte durch die Hoffnung auf ein besseres Leben verursacht worden zu sein. In gleicher Weise sind Menschen aus den landwirtschaftlichen Gebieten im Süden der Vereinigten Staaten und aus Puerto Rico in die Slums von New York, Chicago und anderen Metropolen gelockt worden. Aber in den großen Städten der Entwicklungsländer, wo wenig Industrie ist, sind die Arbeitsmöglichkeiten viel geringer als in den Vereinigten Staaten. Und so schrecklich ihre Situation auch ist, so tendieren doch fast alle Einwanderer dazu, in den Städten zu bleiben anstatt aufs Land zurückzugehen. Natürlich haben viele auch alle Brücken hinter sich abgebrochen und haben keine Möglichkeit, wirklich zurückzukehren. Zur Zeit der Jahrhundertwende lebten etwa 11% der Bevölkerung von Indien in Städten, heute sind es mehr als 20%. Der größte Teil dieses Zuwachses war seit 1931 zu verzeichnen. Der relativ größte Zuwachs erfolgte von 1941 bis 1951 und der größte absolute Zuwachs von 1951 bis 1961. Für die Zeit seit 1961 stehen keine Daten zur Verfügung.

Die Verstädterung in den Vereinigten Staaten unterscheidet sich in einigen Punkten von der Verstädterung in den meisten Entwicklungsländern. So ist der Unterschied zwischen Stadtbewohnern und Landbewohnern in den Vereinigten Staaten immer kleiner geworden. Das gilt besonders für die letzten Jahre. Schnelle Transportmöglichkeiten und Massenmedien haben die Landbevölkerung weitgehend verstädtert. Auch das Phänomen der Vorstädte hat hierzu beigetragen. Bewohner der Vorstädte versuchen die Vorteile von Stadt und Land gleichzeitig zu haben, indem sie in der Stadt arbeiten und in ländlichen Gebieten wohnen. Die Wanderung in die Städte ist in den Vereinigten Staaten wesentlich geringer gewesen als in den Entwicklungsländern; dafür war der Drang in die Vorstädte seit dem II. Weltkrieg extrem und hat sehr schwere Probleme heraufbeschworen. Reiche Steuerzahler und solche der Mittelklasse haben die Städte verlassen. Arme und berufslose Menschen aus ländlichen Gegenden, die durch die zunehmende Mechanisierung der Landwirtschaft von dort vertrieben wurden, haben die Städte überflutet und Arbeit in der Industrie gesucht. Die Steuereinnahmen der Städte sind damit beträchtlich zusammengeschrumpft. Es ist für die Städte immer schwieriger geworden, die normalen Dienstleistungen aufrecht zu erhalten. Um die Steuerverluste auszugleichen, haben viele Städte Erneuerungsprogramme durchgeführt; diese bestehen meist aus dem Bau von Bürohochhäusern, die von den Bewohnern der Vorstädte benutzt werden, während die Slumgebiete immer stärker bevölkert, immer mehr vernachlässigt werden und zunehmende Kriminalität aufweisen. So besteht die jetzige amerikanische Großstadt vor allem aus Bürohochhäusern und Slums; sie ist umgeben von reichen Vorstädten und Industriegebieten. Die Großstädte werden stranguliert durch den Verkehr, wenn die Vorstadtbewohner zur Arbeit in die Städte pendeln und die Stadtbewohner in die Industriegebiete vor der Stadt fahren. Dennoch sind die Städte der Industriestaaten in der Lage, ihre städtischen Probleme zu lösen — und seien sie noch so kompliziert. Ihre Probleme sind vorwiegend das Resultat schlechter oder fehlender Planung. In den Entwicklungsländern liegen die Dinge anders: Hier sind die Städte das Opfer unvorhersehbarer Masseninvasion aus den ländlichen Gebieten.

In den Entwicklungsländern sind die Nachrichten- und Transportverbindungen wesentlich weniger effektiv als in den Industriestaaten. Die ländliche Kultur ist durch städtische Kultur kaum beeinflußt. Die überwältigende Mehrheit der Stadtbewohner in den Entwicklungsländern sind neue Einwanderer aus ländlichen Gebieten, die ihre ländliche Kultur mitgebracht haben. Anders als die Stadtbewohner in den Industriestaaten, deren spezialisierte Ausbildung, Erfahrungen und Fähigkeiten ihnen einen Platz in dem komplexen sozialen System der Stadt sichern, kann der ländliche Einwanderer in der Großstadt der Entwicklungsländer keine entsprechende Fähigkeiten anbieten. Ungelernte ländliche Einwanderer sind in den Industriestaaten eine absolute Minorität. Sie mögen Schwierigkeiten bei der Arbeitsbeschaffung haben, doch sie können ohne wesentliche Probleme in die industrielle Gemeinschaft aufgenommen werden. Die Großstädte in den Industrieländern stellen eine Quelle des Wohlstandes und der Macht dar, deren Ursprung Technologie und Industrie ist. Die Güter, die die Städte produzieren, werden gegen Nahrung aus den ländlichen Gebieten ausgetauscht. Im Gegensatz dazu leben die Großstädte in den Entwicklungsländern in knappen Zeiten in der Hauptsache von Nahrung, welche aus anderen Ländern herbeigeschafft wird. Angezogen von der Gelegenheit, einen kleinen Teil der importierten Nahrung für sich zu erhalten, wandern Landbewohner in diese Städte ein, wenn das Land die Städte nicht länger unterhalten kann. Unausweichlich müssen sie feststellen, daß ihre geringe Ausbildung und ihre geringe Erfahrung es ihnen unmöglich macht, sich in den ökonomischen Prozeß der Stadt einzuordnen. So sind sie nicht viel besser daran als vorher. In vielen Städten der Entwicklungsländer bildet dieser Teil der Bevölkerung heutzutage die Majorität; ihre Zahl wächst. Viele versuchen, in den Städten ein dörfliches Leben beizubehalten. Dies mag zum Teil erklären, warum die Fortpflanzungsraten und die Mentalität dieser Menschen in diesen Städten genau dem dörflichen Bild entspricht.

Noch interessanter als die gegenwärtige Situation sind Schätzungen der zukünftigen Trends in der Verstädterung. Beispielsweise gibt eine Vorausrechnung an, daß Kalkutta im Jahre 2000 66 Millionen Menschen in seinen Grenzen beherbergen wird. Es versteht sich von selbst, daß dies nicht der Fall sein wird. Aber vermutlich wird in den nächsten beiden Dekaden die Bevölkerung von 7,5 Millionen auf 12 Millionen ansteigen — obwohl schon heute Hunderttausende in dieser Stadt ohne Wohnung sind. Kalkutta ist schon heute eine Katastrophe. Die Konsequenzen eines weiteren Wachstums mit gleicher Rate darf man sich gar nicht vorstellen. Die Bevölkerungszahl des relativ reichen Tokio soll im Jahre 2000 40 Millionen erreichen (heute sind es 16 Millionen). In einem verzweifelten Versuch, Land für diese Expansion zu erhalten, versucht die Stadt nun, durch die Versenkung von 7000 Tonnen Müll pro Tag die Bucht von Tokio aufzufüllen. Flaches, leeres Land ist die größte Mangelware im gebirgigen, überbevölkerten Japan. Wohnungen für die Mittelklasse sind inzwischen so rar geworden, daß man in der Regel zwei Jahre darauf warten muß. Die unvorstellbare Masse Tokio scheint dazu bestimmt, einen Zusammenbruch zu erleben.

Kingsley Davis hat einige Hochrechnungen der Verstädterungstendenzen durchgeführt und einige aufregende Statistiken vorgelegt. Wenn die Wachstumsrate der Städte, die wir seit 1950 kennen, anhalten sollte, würde im Jahre 1984 die Hälfte der Menschheit in Großstädten leben. Sollte der Trend bis zum Jahre 2023 anhalten (das geht nicht), so würden alle Menschen auf der Welt in einer Stadt leben. Im Jahre 2020 würden die meisten Menschen nicht nur einfach in Städten leben, vielmehr würde die Hälfte der Menschen in Millionenstädten leben. Im Jahre 2044 dürfte die größte Stadt dann eine Bevölkerung von 1,4 Milliarden haben (und die Welt eine Bevölkerung von 15 Milliarden). Alle unsere Definitionen von Stadt und Land sind unter diesen Bedingungen sinnlos geworden.

Vorausberechnungen

Erschreckende Zahlen kommen heraus, wenn man die gegenwärtige Bevölkerungszunahme auf die Zukunft projiziert. Die Verdoppelungszeit liegt gegenwärtig bei etwa 35 Jahren. Wenn das so weitergeht, wird die Weltbevölkerung in nur 1000 Jahren eine Milliarde Milliarden (10^{18}) Menschen betragen. Das würde etwa 1900 Personen pro Quadratmeter Erdoberfläche — gleichgültig ob Wasser oder Land — bedeuten. In ein paar weiteren tausend Jahren würde alles in dem sichtbaren Universum aus Menschen bestehen und der Durchmesser der aus Menschen bestehenden Kugel würde sich mit Lichtgeschwindigkeit ausdehnen. Solche Zukunftsvisionen sollten jedermann überzeugen, daß endlich das Wachstum der menschlichen Bevölkerung gestoppt werden muß.

Von besonderem Interesse sind für uns Vorhersagen über die Populationsgrößen in den nächsten Dekaden. Am vollständigsten sind die niedrigen, mittleren und hohen Vorausschätzungen für die Periode von 1965 bis 2000, die 1963 von den Vereinten Nationen vorgelegt wurden. Diese Vorausrechnungen sind nicht einfach Extrapolationen vergangener Trends oder gegenwärtiger Raten in die Zukunft. Vielmehr berücksichtigen sie viele Komponenten des Bevölkerungswachstums. Spezifische Voraussagen wurden hinsichtlich der Trends in altersspezifischer Fruchtbarkeit, Sterberaten, Wanderungen usw. gemacht, und diese basieren auf den besten verfügbaren bevölkerungskundlichen Daten. Die Schätzungen über zukünftige Variationen dieser Raten wurden auf der Basis früherer Trends in entwickelten und unterentwickelten Gebieten vorgenommen. Mögliche größere Katastrophen, wie etwa ein Kernwaffenkrieg, wurden nicht berücksichtigt. Alle diese Daten wurden zusammengefaßt, um eine mittlere, eine niedrige und eine hohe Vorausschätzung zu machen. Die Genauigkeit dieser Vorausschätzung hängt natürlich davon ab, wie weit die gegenwärtigen Raten von den vorhergesagten abweichen. Eine andere Vorausschau, die als die „konstante Fruchtbarkeit, keine Wanderung"-Projektion bezeichnet wird, beruht auf der einfacheren Annahme, daß die gegenwärtige Fruchtbarkeit und der gegenwärtige Trend der Sterblichkeit anhalten und daß zwischen den einzelnen Gebieten keine Wanderungen auftreten. Eine Revision der Schätzwerte von 1963 wurde 1968 vorgenommen, allerdings wurde nur die mittlere Variante für Industrieländer durchgerechnet (Abb. 15).

Die niedrige Projektion der Vereinten Nationen von 1963 nimmt für das Jahr 2000 eine Weltbevölkerung von 5,449 Milliarden an, die mittlere 6,13 Milliarden und die hohe 6,994 Milliarden. Die auf konstanter Fruchtbarkeit beruhende Vor-

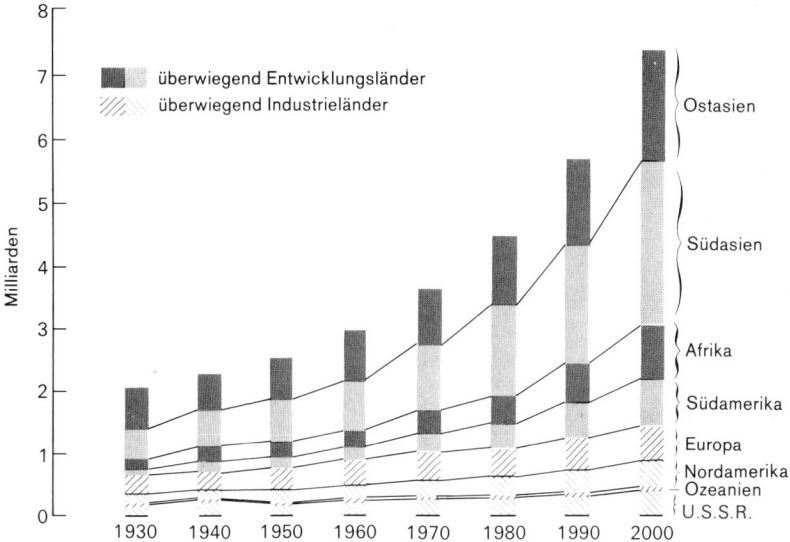

Abb. 15. Geschätztes Wachstum der Weltbevölkerung bei Annahme einer konstanten Vermehrung. (Nach Population Bulletin, Band 21, Nr. 4)

hersage gelangt zu einem Wert von 7,522 Milliarden. Die drei Schätzwerte der Vereinten Nationen (niedrig, mittel, hoch) gehen davon aus, daß die Fruchtbarkeitsraten in allen Gebieten absinken werden, in denen sie jetzt gefährlich hoch liegen. Daten für verschiedene Gebiete sind aus Tabelle 4 zu ersehen.

Die Geschichte der Bevölkerungsvorhersagen in den letzten Dekaden zeigt, daß sie regelmäßig zu niedrige Werte angegeben haben. Beispielsweise zitierte die Zeitschrift Time in ihrer Ausgabe vom 8. November 1948 die Ansicht einiger ungenannter Experten der Welternährungsorganisation der Vereinten Nationen, wonach eine Weltbevölkerung von 2,25 Milliarden im Jahre 1960 vermutlich zu hoch gegriffen sei. In Wirklichkeit erreichte die Weltbevölkerung im Jahre 1960 3 Milliarden. Im Jahre 1949 sagte Clark für das Jahr 1990 eine Weltbevölkerung von 3,5 Milliarden voraus, und 1950 gab Frank Notestein eine Vorausschau, nach

Tabelle 4. Geschätzte Weltbevölkerung im Jahre 2000 (in Millionen). (Quelle: United Nations, World Population Prospects as Assessed in 1963 and 1968. Daten für 1971 aus dem World Population Data Sheet, Population Reference Bureau.)

| Region | Bevölkerung | Vorausschätzung | | | | | | | |
| | | niedrig | | mittel | | hoch | | konstante Vermehrung ohne Wanderung | |
	1971	1963	1968	1963	1968	1963	1968	1963	1968
Welt	3707	5449		6130	6494	6994		7522	
Ostasien	946	1118		1287	1424	1623		1811	
Südasien	1157	1984	2119	2171	2354	2444	2617	2702	2989
Europa	466	491		527	568	563		570	
UdSSR	245	316		353	330	403		402	
Afrika	354	684	734	768	818	864	906	860	873
Nordamerika	229	294		354	333	376		388	
Lateinamerika	291	532		638	652	686		756	
Ozeanien	20	28		32	35	35		33	
Industrieländer	1105	1293		1441	1454	1574		1580	
Entwicklungsländer	2601	4155	4523	4688	5040	5420	5650	5942	6369

Tabelle 5. Vorausschätzungen der Vereinten Nationen über die Entwicklung der Weltbevölkerung bis 1980. Die Angaben beziehen sich auf verschiedene Jahre zwischen 1951 und 1968. (Mit Erlaubnis von Nathan Keyfitz)

Jahr der Schätzung	niedrig	mittel	hoch
1951	2976		3636
1954	3295		3990
1957	3850	4220	4280
1963	4147	4339	4550
1968		4457	

der im Jahre 2000 3,3 Milliarden Menschen leben würden. Beide Angaben wurden bereits vor 1970 übertroffen. Die Experten der Vereinten Nationen gaben 1957 die folgende Bevölkerungsvorausschau für 1970: Niedrigster Wert 3,35 Milliarden, mittlerer 3,48 Milliarden, höchster 3,5 Milliarden. In Wirklichkeit wurde die höchste Vorhersage für 1970 schon gegen Ende 1968 übertroffen. In den Jahren der Wirtschaftsdepression gehörte es zum guten Ton eines Bevölkerungsstatistikers, Bedenken hinsichtlich der möglichen Bevölkerungsabnahme in Europa und Nordamerika zu äußern. Ihre Angaben basierten auf Voraussagen von Trends sowohl der Geburts- als auch der Sterberate. Aber die Abnahmen der Geburtenraten in den Industriestaaten während der Depression wurden mehr als aufgefangen durch einen „Baby Boom" in den 40er und 50er Jahren. Und der Effekt der von den Industrienationen exportierten Kontrolle der Sterberate in die Entwicklungsländer wurde nicht vorhergesehen.

Die Änderungen in den Schätzungen der Vereinten Nationen von 1968 gegenüber 1963 ergaben sich aus der Erkenntnis, daß während der 60er Jahre die Geburtsraten (vor allen Dingen in den Industrieländern) nur wenig gesunken sind, während die Sterberaten in den Entwicklungsländern deutlich absanken und in den Industrienationen niedrig blieben. Die neuen Zahlen sind für die meisten Regionen höher angesetzt, besonders jedoch für die Gebiete in Asien und Afrika, wo die Sterberaten stark zurückgegangen sind. Tabelle 5 faßt die Geschichte der Voraussagen der Vereinten Nationen für das Jahr 1980 zusammen und deutet an, welch schwieriges Geschäft solche Vorausschätzungen sind.

Wir glauben, daß die Voraussagen der Vereinten Nationen für das Jahr 2000 — mit der möglichen Ausnahme des niedrigsten Wertes — zu hoch liegen. Der Grund ist nicht etwa, daß wir den Optimismus der Vereinten Nationen hinsichtlich der Wirkung des Familienprogramms nicht teilten; doch fürchten wir aus Gründen, die wir in den nächsten Kapiteln besprechen werden, daß ein drastischer Anstieg in der Sterberate die Bevölkerungsexplosion entweder bremsen oder stoppen wird, sofern nicht besondere Anstrengungen gemacht werden, einem solch tragischen Geschehen vorzubeugen.

Literatur

Keyfitz, N., Flieger, W.: Population: Facts and Methods of Demography. San Francisco: Freeman 1971.

Population Reference Bureau, Population Bulletin. Population Reference Bureau, 1755 Massachusetts Avenue, N.W., Washington D.C. 20036.

Thompson, W. S., Lewis, D. J.: Population Problems, 5th ed. New York: McGraw-Hill 1965.

United Nations Statistical Office. Demographic Yearbook.

Kapitel 3

Die Tragfähigkeit des Lebensraumes: Land, Energie und Mineralstoffe

Wie hoch liegt die Kapazität der Erde? Wieviel Menschen kann sie tragen? Für diese Frage gibt es keine einfache Antwort. Die Kapazität oder Tragfähigkeit läßt sich auf vielerlei Art definieren, und die Definitionen können mit der Zeit geändert werden. Wollen wir wissen, wieviele Menschen in einer feindlichen, unzuverlässigen und wechselhaften Welt gerade eben am Leben erhalten werden können, oder wollen wir die Kapazität danach definieren, wieviele Menschen mit einigem Komfort ein menschenwürdiges Leben führen können? Gleichgültig, welche von beiden Definitionen wir anwenden wollen, immer wird eine Reihe sehr verschiedener Faktoren unsere Grenzen determinieren. Derzeit ist es keineswegs klar, ob physikalische, biologische oder soziale Grenzen als erste dem Wachstum der menschlichen Bevölkerung Einhalt gebieten werden.

Land

Die Erde hat eine Landfläche von etwa 88,4 Millionen Quadratkilometern, auf denen im Jahre 1971 im Durchschnitt 25 Menschen pro Quadratkilometer lebten. Das ist zunächst keine besonders hohe Dichte. Wenn alles Land bebaubar wäre, dann bestünde wenig Veranlassung zu unmittelbarer Besorgnis. Jedoch ist Land nur dann eine natürliche Hilfsquelle, wenn Topographie, Klima, Vegetation, Qualität des Bodens, Existenz von Wasser und andere Merkmale es dem Land erlauben, einige menschliche Bedürfnisse zu befriedigen. Bestenfalls können ungefähr 30% der Landoberfläche für den Ackerbau nutzbar gemacht werden. 20% sind unkultivierbares, gebirgiges Gelände, 20% sind Wüste oder Steppe, 20% liegen unter Schnee und Eis begraben, weitere 10% bestehen aus anderen Landtypen, deren Böden für Kultivierung ungeeignet sind. Ein Drittel des möglicherweise kultivierbaren Landes wird derzeit intensiv beackert.

Es versteht sich von selbst, daß ein großer Teil des nichtkultivierbaren Landes auch nicht bewohnbar ist — die Arktis und die Antarktis, steile Berghänge, Sümpfe, bestimmte Wüstenregionen usw. Aus gutem Grund ist die menschliche Bevölkerung sehr ungleichmäßig über die Landoberfläche der Erde verteilt. Die Menschen leben geballt in den günstigsten Gebieten, und dort setzt sich die Ballung fort.

Einige der wesentlichen großen Probleme entstehen aus der Tatsache, daß das gleiche Land für verschiedene einander ausschließende Zwecke benutzt wird. Viele unserer Großstädte sind in den besten landwirtschaftlichen Gebieten entstanden.

So ging eine wesentliche natürliche Hilfsquelle unter Autobahnen, Vorstädten, Flugplätzen und Großstädten verloren. Küstengebiete werden als Erholungslandschaften, als gute Standorte für Kraftwerke, als wichtige Handelsgebiete und als Basen für die Ausnutzung der Ressourcen des Meeres genutzt. Unglücklicherweise sind die Küsten sehr anfällige Systeme aus Pflanzen und Tieren, wie etwa die der Salzwiesen und der Aestuare, auf denen die Produktivität des Meeres beruht. Mehr als 60% der reichen Fischerei auf den Schelfgebieten im Osten der Vereinigten Staaten beruht auf Fischarten, die einen Teil ihres Lebens in Flußmündungen verbringen. Solche ökologischen Systeme intakt zu lassen, wird sich wahrschein-

---

Kasten 2 Energie und die Gesetze der Thermodynamik

Die Gesetze der Thermodynamik sind in Wirklichkeit ein Komplex von Regeln, die von Physikern formuliert wurden, um eine riesige Anzahl von Beobachtungen zu beschreiben. Das erste Gesetz stellt einfach fest, daß Energie weder erzeugt noch vernichtet werden kann. Sie kann lediglich ihre Form verändern. Das ist das Gesetz der Erhaltung der Energie. Wenn beispielsweise ein Liter Benzin in einem Auto verbrannt wird, so wird chemische Energie in Bewegungsenergie des Autos und einzelner Teile des Autos überführt, sowie in Wärme, die von dem Auto freigesetzt wird. Wenn das Auto bremst, wird die Bewegungsenergie in Wärme verwandelt. Eine genaue Berechnung zeigt, daß die Menge der chemischen Energie gleich der Bewegungsenergie plus der Wärmeenergie ist, d. h. also: die Energiegröße ist gleich geblieben. Alle Fälle, in denen dieses Gesetz verletzt scheint, gehen auf ungenaue Messungen zurück.

Das zweite Gesetz der Thermodynamik ist schwieriger zu fassen. Die Beobachtung, die es beschreibt, ist von größter Bedeutung für alle Überlegungen in diesem Buch und kann auf verschiedene Weise zusammengefaßt werden, z. B. folgendermaßen: Je länger unsere Welt existiert, um so weniger Energie steht uns zur Arbeitsleistung zur Verfügung. Dieses Gesetz besagt also, daß die Nutzbarkeit der Energie verbraucht wird, selbst wenn die Energie in der einen oder anderen Form noch vorhanden sein

sollte. Aus diesem Grund wird oft gesagt, das zweite Gesetz der Thermodynamik behaupte, mit dem Universum gehe es bergab.

Am besten nutzbar ist Energie, wenn sie konzentriert ist wie etwa in den chemischen Bindungen des Benzins oder bei hoher Temperatur im Dampf. Das zweite Gesetz sagt, daß eine allgemeine Tendenz besteht, diese Konzentration aufzugeben und eine gleichmäßige Verteilung anzustreben. Energie, die von einer Form in eine andere überführt worden ist, hat außerdem eine Änderung ihrer Nutzbarkeit erfahren. Wir sagen, die Energie sei degradiert worden. Typisch für diese Degradierung der Energie ist die Produktion von Wärme, die sich in geringen Temperaturerhöhungen äußert (etwa in den Abgasen von Autos, in der Erwärmung von Autoreifen, in der Wärme, die unser Körper in die Umgebung abstrahlt, in der Wärme, die ein verfaulender Tierkörper produziert). Das zweite Gesetz der Thermodynamik sagt uns, warum Energie nicht wieder verwendet werden kann und warum wir auf einen dauernden Zufluß von Energie angewiesen sind, um uns selbst zu erhalten, warum wir mehr als ein Kilo essen müssen, um ein Kilo an Gewicht zuzunehmen, und warum die Menschheit diesen Planeten unbewohnbar warm machen kann (mit Hilfe von degradierter Energie) lange bevor wir die gesamte nutzbare Energie unserer Erde verbraucht haben.

lich als eine der wichtigsten Verwendungszwecke des Landes herausstellen. Wahrscheinlich wird sich diese Nutzung aber auch als am wenigsten mit anderen Bedürfnissen des Menschen vereinbar erweisen. Es wäre gefährlich, wenn der Mensch jedes Stück Land ausbeuten wollte, das irgendwie ausbeutbar erscheint.

Fassen wir zusammen: Wenn man nicht allzuviel Mühe auf die Untersuchung verwendet, welches Land für den Menschen geeignet ist, scheint genügend Land vorhanden zu sein. In Wirklichkeit aber ist gutes Land schon heute knapp. Hier muß man hinzufügen, daß amerikanische und europäische Verbraucher in Wirklichkeit einen guten Teil des landwirtschaftlich nutzbaren Landes außerhalb ihrer nationalen Grenzen „besetzt" halten. In diesem Sinne „besetzen" die Industrienationen Kaffeeplantagen in Brasilien und Gummiplantagen in Laos; Land, das für Bauxitgruben in Jamaica und Kupfergruben in Sambia benötigt wird; Weideland für Kühe und Schafe in Argentinien, Land für den Anbau von Sojabohnen in Kolumbien und von Erdnüssen in Nigeria sowie Nutzholz produzierende Wälder in Äthiopien und Indonesien.

Energie

Eine brauchbare Definition für Energie ist „die Fähigkeit, Arbeit zu leisten". Der Verbrauch an Energie, soweit er nicht aus der Nahrung stammt, als Ersatz für menschliche Arbeit und menschliche Zeit (und um Aktivitäten zu ermöglichen, die sonst überhaupt nicht möglich wären) ist ein ganz wesentlicher Bestandteil des materiellen Wohlstandes. Werden die Energiereserven ein endgültiges Halt für das Wachstum der menschlichen Bevölkerung bedeuten? Wiederum ist keine einfache Antwort möglich. Aber die Art, in der unsere Gesellschaft heute ihren Energieverbrauch organisiert, wird die Lebensqualität des Menschen zweifellos wesentlich

Tabelle 6. Energieverbrauch im Jahre 1968 (ohne Nahrungsmittel). (Quelle: Energy in the World Economy). Nicht aufgenommen sind Kot und Holz, die als Heizmittel benutzt wurden. Sie machen schätzungsweise weniger als 10% des Energieverbrauchs der Welt und weniger als 1% in den USA aus

Energiequelle	Anteil ganze Welt %	Anteil USA %
Kohle	36,6	22,5
Erdöl	42,7	43,0
Erdgas	18,3	33,0
Wasserkraft	2,1	1,3
Kernkraft	0,3	0,2

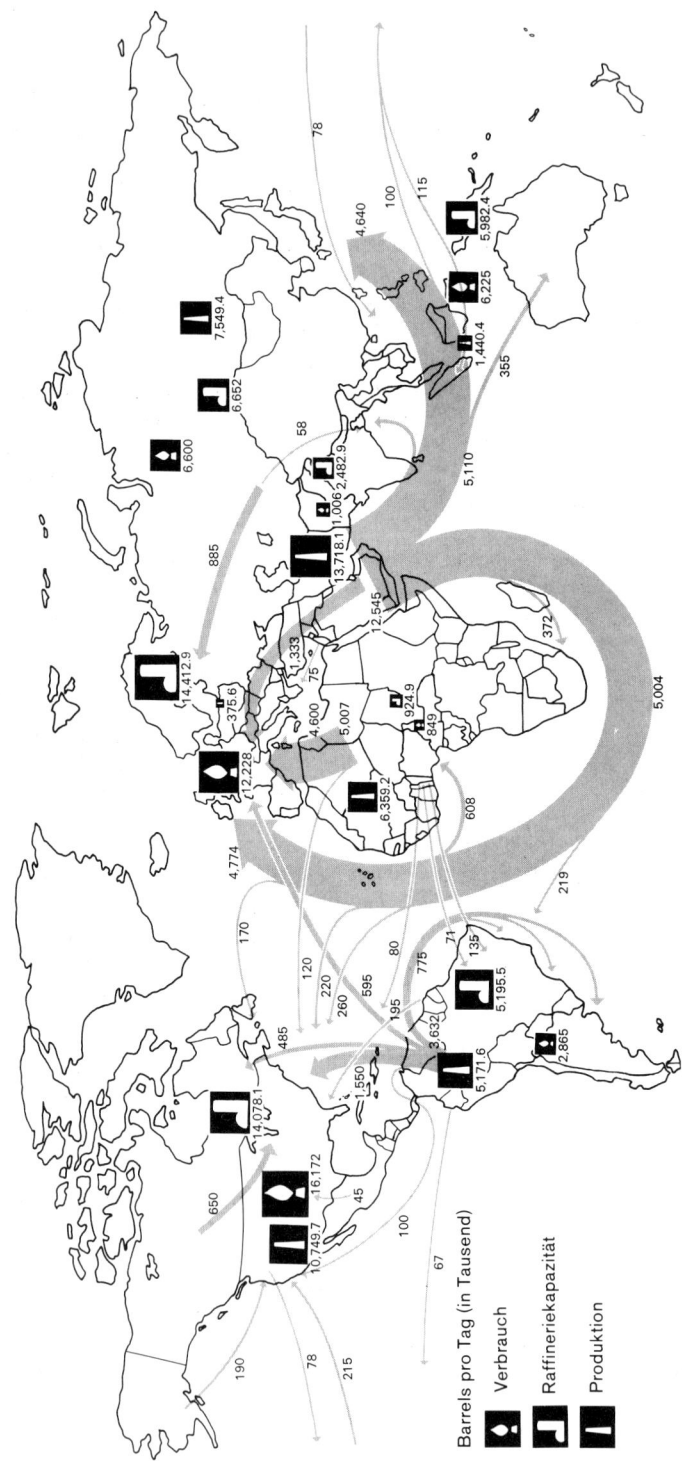

Abb. 16. Muster der Ölproduktion, der Ölverarbeitung, des Öltransports und des Ölverbrauchs im Jahre 1970. Alle Zahlenangaben in tausend Barrel pro Tag. Exportangaben für Osteuropa, die UdSSR und China beziehen sich nur auf Exporte dieser Gebiete in andere Weltteile. Die Pfeile deuten die Herkunftsländer und Bestimmungsplätze der wesentlichsten internationalen Ölbewegungen an, sie geben nicht die spezifischen Routen an. (Aus Luten: The Economic Geography of Energy. Copyright by Scientific American, alle Rechte vorbehalten)

bestimmen — und zwar nicht nur in entfernterer, sondern auch in der unmittelbaren Zukunft. Wir können die Situation vielleicht wie folgt zusammenfassen: Die Energiereserven sind zwar noch nicht erschöpft, jedoch die Kosten sowohl für die Beschaffung der Energieträger wie für ihre umweltfreundliche Verarbeitung steigen gewaltig. Hinzu kommt, daß die Menschen in den Industrieländern die Energiereserven der Welt mit unverantwortlicher Geschwindigkeit verbrauchen und daß sich in den Industrieländern wie den Entwicklungsländern der Energieverbrauch alle 14 bis 17 Jahre verdoppelt. Die Schwierigkeiten und Konsequenzen, die sich ergeben, wenn dieses rapide Wachstum anhalten soll, werfen außer der vordergründigen Frage nach potentiellen Energiequellen viele andere Probleme auf. Kann unsere Technik überhaupt mit den steigenden Ansprüchen Schritt halten? Werden irreparable Schäden in unserer Umwelt häufiger und deutlicher werden, wenn wir versuchen, die Technik entsprechend schnell zu entwickeln? Wird genügend Kapital vorhanden sein, um all die Kosten für die expandierende Energieversorgung aufzufangen? (Abb. 16).

Fossile Brennstoffe. Die Vorräte energiereicher fossiler Brennstoffe (Kohle, Erdöl, Erdgas) sind begrenzt. Selbst die Kohle, die am reichlichsten vorhanden ist, wird vermutlich in wenigen hundert Jahren verbraucht sein. Dies bedeutet nicht, daß alle Kohle, alles Öl und alles Erdgas verschwunden sein wird. Wir werden ganz einfach den Punkt erreichen, wo die Qualität der noch vorhandenen Rohstoffe so gering ist, oder der Aufwand, um diese Rohstoffe zu bekommen, so groß wird, daß ein Abbau nicht lohnt. Erdöl und Erdgas werden sehr viel schneller erschöpft sein als Kohle. Der neueste und gründlichste Voranschlag von M. King Hubbert rechnet mit einem Jahrhundert, bis die Ölreserven der Welt abgebaut sind; die Aussicht für Erdgas ist nicht besser. Wie sehr unsere Zivilisation heute auf fossilen Brennstoffen beruht, zeigt Tabelle 6. Die Preise werden natürlich ständig steigen, je knapper der Brennstoff wird, und die Beschleunigung wird durch die zunehmende Industrialisierung der Entwicklungsländer noch verstärkt werden. Alles deutet darauf hin, daß wir schon jetzt und in den nächsten Jahren sehr viel höhere Energiekosten haben werden, da die Kosten für die Ausbeutung steigen und sich die Kosten für die Kontrolle der Umweltverschmutzung bemerkbar machen. Natürlich sollten uns diese Tatsachen veranlassen, weniger Energie in überdimensionierten Autos, beim Heizen und Kühlen schlecht isolierter Häuer und für viele andere unwichtige Dinge zu verschwenden.

Die drohende Gefahr des Mangels an flüssigen und gasförmigen fossilen Brennstoffen kann in geringem Maße durch die Verwandlung von Kohle in Öl und Gas aufgefangen werden. Verflüssigung und Vergasung der Kohle wird vermutlich in naher Zukunft ebenso wirtschaftlich sein wie die Beschaffung von Erdgas und Rohöl aus den natürlichen Lagerstätten. Natürlich würde der Übergang von Öl auf Kohle zur Folge haben, daß die Kohlelagerstätten erheblich schneller verbraucht sind. Eine mögliche Alternative ist Ölschiefer, der möglicherweise eine größere Energiequelle als selbst Kohle bedeutet. Allerdings ist im Augenblick noch nicht abzusehen, ob diese Ölschiefer jemals wirtschaftlich abgebaut werden können. Außerdem muß der Schiefer gebrochen und erhitzt werden, um das Öl zu erhalten, und die riesigen Berge fester Abfallstoffe stellen ein weiteres Problem dar.

Wasser, Wind, Erde und Sonne. Wasserkraft wie auch die Energie des Windes und der Gezeiten werden immer vorrätig sein. Die Möglichkeit, sie auszunutzen, ist jedoch infolge des globalen Energieflusses in Form von Niederschlägen, Wind und Gezeiten begrenzt. Eine weitere Begrenzung liegt darin, daß diese Vorgänge nur an wenigen Stellen wirtschaftlich genutzt werden können. Die Kraft der wichtigsten dieser ständig vorhandenen Energiequellen ist in Tabelle 7 dargestellt. Derzeit könnte durch Wasserkraft etwa halb so viel Energie erzeugt werden, wie im Augenblick durch fossile Brennstoffe produziert wird. Doch treten in bezug auf die optimale Nutzung Probleme auf. Der überwiegende Teil der Gebiete mit Wasserkraft liegt in den Entwicklungsländern, wo die Energie nicht ausgenutzt werden

Tabelle 7. Kraftreserven nicht erschöpfbarer Energiequellen. (Quelle: Resources and Man)

Energiequelle	Weltweit vorhandene Energie (Millionen KW)
Sonnenenergie auf der Erdoberfläche	112000000
Sonnenenergie auf 1% der Landfläche und 10% Ausnutzbarkeit	32500
Energie im Wasserkreislauf	39000000
Geschätzte ausnutzbare Wasserkraft	2900
Gesamte Windkraft	1000000
Geschätzte nutzbare Windkraft	20000
Gezeitenkraft in Flachmeeren	1100
Nutzbare Gezeitenkraft (Schätzung)	13
Energieverbrauch der Zivilisation 1970 (Vergleich)	6000

kann — es sei denn, man baut dort Industrien auf. Dem stehen jedoch globale ökologische Faktoren (die in den späteren Kapiteln besprochen werden) und die Unfähigkeit der Entwicklungsländer, Kapital zu mobilisieren, entgegen. Weiterhin hängt die Gewinnung von Energie aus Wasserkraft von der Errichtung von Stauseen und Dämmen ab, die nur kurzfristige Strukturen sein können. In ein paar hundert Jahren werden die Stauseen mit Sand gefüllt sein, und die Gewinnung von Energie wird wiederum allein von dem täglichen und jahreszeitlichen Wechsel der Fließgeschwindigkeit von Flüssen abhängen. Schließlich stellt sich auch noch ein wichtiges ästhetisches Problem: Wollen wir wirklich alle wilden Flüsse dieser Erde zähmen und kontrollieren? Die Gezeiten werden als Energieträger vermutlich leider niemals mehr als lokale Bedeutung erlangen können. Sie stellen nur einen Bruchteil der gesamten Wasserkraft dar. Windenergie hat den Nachteil, daß Luftbewegungen nur in wenigen Gebieten stark und zuverlässig genug für eine Ausnutzung sind.

Einige Möglichkeiten gibt es, die Wärme des Erdinneren zu nützen. Einige Experten meinen, daß diese geothermische Energie niemals größere Bedeutung erlangen wird. Andere sind optimistischer. Geothermische Energie spielt heute bereits eine bedeutende Rolle in einigen Ländern wie Island, Neuseeland und Italien. Ein größeres Problem ist die Lebensdauer dieser unterirdischen Energiereserven. Möglicherweise lassen sich jedoch auch noch andere Methoden der Wärmeerzeugung auf der Erde ohne Rückgriff auf diese speziellen Reservoire entwickkeln.

Seit vielen Jahren haben die Menschen über die Sonne als nicht ausschöpfbare Energiequelle nachgedacht. Die Ausnutzung der Sonnenenergie in großem Rahmen bringt eine Fülle schwerer technischer Probleme mit sich, die vor allen Dingen auf der Unregelmäßigkeit des Sonnenlichtes (kein Sonnenschein während der Nacht, wenig an bewölkten Tagen, weniger im Winter als im Sommer) und auf der geringen Konzentration der Energie beruhen. Für die Erzeugung einer Kapazität von tausend Megawatt (genügend Kraft, um die Elektrizitätsversorgung einer Großstadt von etwa 750 000 Einwohnern zu übernehmen) müßte eine Fläche von etwa 41 Quadratkilometern die gesamte Sonnenstrahlung aufnehmen, vorausgesetzt wir könnten eine Ausbeute von 10% erreichen. Allerdings gibt es neuerdings Hinweise, daß höhere Ausnutzungsraten und damit kleinere Energiekollektoren möglich sein müßten. Solche aus Sonnenstrahlung gewonnene Elektrizität braucht keineswegs prohibitiv teuer zu sein, wie einige Kritiker meinen. Natürlich wird das größte Potential der Sonnenenergie dort liegen, wo diese Kraft in zerstreuter Form wirksam werden soll — bei der Kühlung und Heizung von Räumen. Diese Nutzungen müßten davon ausgehen, daß die Sonne bereits die Verteilung der Energie von Haus zu Haus übernommen hat. Ein derartiges Raumheizen, Raumkühlen, Wasserheizen müßte mit einfachen Energiekollektoren auf den Dächern der Einzelhäuser möglich und wirtschaftlich sinnvoll sein. Wegen der Umweltfreundlichkeit dieses Prinzips und wegen seiner Unerschöpfbarkeit sollte man dieser Energie mehr Aufmerksamkeit zuwenden und ihre Erforschung stärker fördern als bisher.

Eine andere mögliche Energiequelle, wenn auch nicht von der gleichen Größenordnung, ist die Verbrennung von Müll und landwirtschaftlichen Abfällen. Wenn Methoden entwickelt werden könnten, dieses Material wirtschaftlich zu sammeln und sauber zu verbrennen (möglicherweise über eine Verwandlung zu Öl oder Gas), dann könnte die hier gewonnene Energie etwa $^1/_5$ des Energiebudgets der USA im Jahre 1970 decken. Ob allerdings ein Recycling, bei dem die landwirtschaftlichen Abfälle wieder dem Boden zugeführt werden, nicht wichtiger ist, steht auf einem anderen Blatt.

Kernenergie. Viele Menschen, die sich über den raschen Verbrauch unserer fossilen Brennstoffe, über die Konsequenzen dieses Verbrauches für die Umwelt und über die mit vielen Ersatzlösungen zusammenhängenden Unsicherheiten Gedanken machen, gehen davon aus, daß die Kraft aus der Kernspaltung von Uran die Antwort geben wird. Kernspaltung, so nahm man an, ist eine billige, saubere und nahezu unverbrauchbare Energiequelle. Diese Vermutungen können sich als wahr erweisen, doch muß noch eine Reihe schwieriger technischer Probleme gelöst werden. Kernkraftwerke produzieren Elektrizität, aber Elektrizität stellt nur etwa ein Viertel des Energiebudgets der Industrienationen dar (dieser Anteil mag bis zum Jahre 2000 auf die Hälfte anwachsen). Der Brennstoff für Kernreaktoren ist relativ billig, aber die Investitionskosten sind hoch im Vergleich zu Kraftwerken, die mit fossilen Brennstoffen arbeiten. Dieser Kostenfaktor kann vor allem in den armen Ländern wichtig werden. Außerdem sind Kernkraftwerke im allgemeinen nur ökonomisch attraktiv, wenn sie in sehr großen Dimensionen errichtet werden. Die meisten Entwicklungsländer können so viel Energie an einem Platz nicht verarbeiten. Fernleitungen, die die Energie über einen weiten Bereich verteilen, sind außerordentlich teuer; und schließlich sind Unfälle in einem großen Kraftwerk gefährlicher als in vielen kleinen.

Ein anderes Problem ist, daß die heute bestehenden uranverbrauchenden Kernreaktoren sehr ineffektiv arbeiten: sie können dem Brennstoff nicht mehr als 1 bis 2% seiner potentiellen Energie entziehen. Die für die Zukunft projektierten Brüter werden hier bessere Lösungen anbieten. Entgegen einer weit verbreiteten Meinung geben uns die Brüter keineswegs Energie umsonst, sie können aber dem Rohuran lediglich 40 bis 70% seiner Energie entziehen. Diese Reaktoren werden voraussichtlich nicht vor dem Ende der 80er Jahre betriebsfertig sein.

Wenn sie genügend perfektioniert sind, (und dies schließt die Annahme ein, daß ihre erhebliche Gefährdung der Umwelt in vernünftigen Maßen gehalten werden kann), sollten solche Brüter die Menschheit für Tausende von Jahren mit Elektrizität versorgen können.

Eine andere Möglichkeit, die billige und praktisch unerschöpfbare Energie anbietet, besteht in der kontrollierten Kernverschmelzung. Die Verschmelzung leichter Elemente in schwere treibt die Energie der Sonne an und die der Wasserstoffbombe. Wir haben jedoch noch nicht gelernt, diese Kernfusionen für die gesteuerte und kontrollierte Abgabe von Hitze und Elektrizität zu zähmen. Die Wissenschaftler, die über dieses Problem arbeiten, hoffen, daß die wissenschaftliche Möglichkeit dieses Unternehmens noch in den 70er Jahren demonstriert werden kann. Wenn dies gelingt, so könnten die ersten Kernverschmelzungsanlagen für die Energiegewinnung zwischen 1990 und 2000 zu arbeiten beginnen. Niemand hat eine Vorstellung, wie hoch die Investitionen für ein derartiges Kraftwerk sein werden. Sicher dürften sie, wie auch die Kernreaktoren, nur in sehr großen Dimensionen wirtschaftlich arbeiten. Der größte Vorteil der Kernverschmelzung gegenüber der Spaltung besteht in der außerordentlich geringen Menge freigesetzter Radioaktivität.

Die Kosten der steigenden Energieproduktion. Wie hoch werden die Kosten der steigenden Energieproduktion sein? Dieses ist der zentrale Punkt der Energiefrage. Unsere Grenzen liegen nicht so sehr bei dem Vorhandensein möglicher Brennstoffe als bei der Möglichkeit, diese Brennstoffe zu beschaffen und in die Energieformen zu überführen, die wir brauchen. Wir werden in den späteren Kapiteln sehen, daß viele der gravierendsten Umweltbelastungen direkt aus diesem Bereich stammen. Kohlegruben zerstören die Landschaft, und die Säure, die aus den Abfällen herausgelaugt wird, stellt einen der bedeutendsten Belastungsfaktoren für die Gewässer z. B. der Vereinigten Staaten dar. Unfälle mit Öl bedrohen die empfindlichen Ökosysteme der Küsten. Die Verbrennung fossiler Brennstoffe ist der Hauptfaktor bei der Luftverschmutzung. Kernspaltung enthält die Möglichkeit ungewollter Freisetzung enormer Radioaktivitätsmengen; hinzu kommt die regelmäßige, wenn auch geringe Ausschüttung von Radioaktivität im Normalbetrieb. Die langlebigen radioaktiven Afallprodukte von Kernspaltungsreaktoren müssen sicher transportiert und für Tausende von Jahren aus der belebten Umwelt ferngehalten werden (Kapitel 5).

Mit jedem Verbrauch von Energie wird Wärme als Abfallprodukt frei. Das gilt nicht nur für die Freisetzung großer Wärmemengen bei den Elektrizitätswerken. Glühbirnen, Maschinen, Bremsen der Automobile, die Reibung der Reifen auf dem Pflaster, all das erzeugt Wärme. Das ist eine Konsequenz des zweiten Gesetzes der Thermodynamik (Kasten 2). Technische Tricks helfen aus diesem Problem nicht heraus. Wenn es gelänge, alle anderen Wirkungen des Energieverbrauchs auf die Umwelt einigermaßen zu reduzieren, so würde dennoch der Effekt der freigesetzten Wärme auf das Klima irgendwann ein Ende jeden Wachstums erzwingen. Niemand kann im Augenblick sagen, wie lange der weltweite Energieverbrauch auf der Erde fortgesetzt werden kann, bis dieses Halt erzwungen wird. Das Klima kann schon durch lokale Wärmequellen drastisch verändert werden (etwa im Nord-Osten der Vereinigten Staaten), lange bevor ein weltweiter Einfluß zu bemerken ist.

Machen wir aber einmal die sehr optimistische Annahme, daß für weitere 50 oder 100 Jahre ein schnelles Wachstum des Energieverbrauchs möglich ist. (Die gegenwärtige Wachstumsrate des weltweiten Energieverbrauchs von 5% pro Jahr bringt in 100 Jahren 7 Verdoppelungen mit sich, d. h. eine 128-fache Vermehrung des gegenwärtigen jährlichen Energieverbrauchs). Selbst wenn es technisch möglich wäre, so viel Energie zu schaffen, und wenn die Umwelt eine derartige Belastung ertrüge, so darf man daraus keineswegs den Schluß ziehen, daß es möglich wäre, eine menschliche Population, die viel größer ist als die heutige, menschenwürdig zu erhalten. Der Grund liegt darin, daß es schwierig ist und teuer, die gewonnene Energie in die für unsere Existenz notwendigen Dinge umzuformen — in Nahrung, Wasser und Metalle. Darüber hinaus können uns die ökologischen Nebeneffekte der Transformierung von Energie in lebensnotwendige Dinge erdrücken, wenn diese Vorgänge auf zu breiter Basis durchgeführt werden. Kurz: Möglicherweise wird die Energie selbst unser Wachstum nicht hindern. Aber sie ist auch kein Heilmittel zur Überwindung der übrigen möglichen Grenzen.

Rohstoffe ohne fossile Brennstoffe

Der Geologe T. S. Lovering schrieb 1968: „Es ist überraschend, wieviele Menschen, die mit den Tatsachen nicht vertraut sind, glauben, daß die Technik uns die verschlossenen Türen von Meer und Land öffnen wird und die Industrie mit jedem gewünschten Mineral überschwemmen". Lovering antwortete damit auf eine Propaganda technischer Optimisten, die die Probleme der Beschaffung von Rohstoffen bei dem enormen Bevölkerungswachstum und der ungleichen Verteilung dieser Hilfsquellen unterschätzten. Die Energievorräte der Erde haben wir bereits besprochen. Wie ist die Situation für Metalle und andere Mineralien? Können wir den optimistischen Technikern glauben, die behaupten, daß Wissenschaft und Technik allein das Rohstoffproblem lösen können, oder sollen wir denjenigen vertrauen, die meinen, daß die Mineralvorräte unserer Erde verbrauchbar und unersetzlich sind?

In den nächsten Dekaden werden die Industrieländer vermutlich nicht zu schlecht fahren. Direkt oder indirekt kontrollieren sie die meisten Lager, an denen Mineralien konzentriert sind. Außerdem haben sie das Kapital und die Technik, weniger günstige Lager auszubeuten. Die Entwicklungsländer jedoch werden unfähig sein, mehr als in einem sehr bescheidenen Maßstab zu industrialisieren. Selbst solche, die über reiche Energie- oder Minerallager verfügen, werden den größeren Teil ihres Rohmaterials verkaufen müssen, da ihnen — mit wenigen Ausnahmen — das Geld und die Technik fehlen, eine eigene Industrie aufzubauen.

Am Ende dieses Jahrhunderts werden die Schwierigkeiten bei der Beschaffung von Mineralien für Industrieländer und Entwicklungsländer jedoch ganz ähnlich sein. Die Konkurrenz um die wenigen noch bestehenden reichen Lagerstätten wird intensiv sein. Wenn nicht das Bevölkerungswachstum drastisch gesunken ist, wird es kaum möglich sein, die Rohstoffquellen schnell genug zu erschließen für die neu hinzukommenden Menschen. An eine Erhöhung des Lebensstandards ist gar nicht zu denken. Wie bei den Energielagerstätten werden die verzweifelten Anstrengungen, mit den erhöhten Ansprüchen Schritt zu halten, zu schweren Fehlern in der Umweltpolitik und damit zu irreparablen Schäden in der Umwelt führen.

Die Rohstoffe in der Kruste der Erde sind sehr ungleichmäßig verteilt. Das ist ein Resultat all der Vorgänge, die zu ihrer Ablagerung und Konzentration geführt haben. Die Verteilung von Kohle beispielsweise spiegelt das Muster wider, in dem bestimmte, vor einigen hundert Millionen Jahren in Sumpfgebieten lebende Pflanzengemeinschaften vorkamen. Eine Reihe von wirtschaftlich wertvollen Mineralien hat sich an der Oberfläche der Erde durch Verwitterung gebildet oder wurde durch Sedimentation konzentriert. Andere wurden in Brüche der Erdoberfläche abgelagert. Und so sind einige Teile der Erdoberfläche und damit einige Nationen reich an mineralischen Lagerstätten, und andere haben fast nichts.

Trotz der allgemein unregelmäßigen Verbreitung von Erzen nehmen manche Wirtschaftsexperten an, daß nur wirtschaftliche Gesichtspunkte die Erreichbarkeit mineralischer Ressourcen determinieren. Sie meinen, daß bei steigendem Bedarf immer schlechtere Erzqualitäten ausgebeutet werden, und sie meinen, daß mit dieser Qualitätsverschlechterung eine mengenmäßige Vermehrung einhergehe. Tatsächlich gibt es einige Mineralien, deren Konzentration ziemlich kontinuierlich von sehr hoch bis sehr gering variiert. Manche Typen von Kupfererzen sind in dieser Weise auf die Erdkruste verteilt. Das gleiche gilt für Eisen- und Aluminiumerze. Andere Metalle jedoch wie Blei, Zink, Zinn, Nickel, Quecksilber, Mangan, Kobald, Molybdän, Edelmetalle zeigen scharfe Diskontinuitäten ihrer Konzentration. Wenn die reichen Lager dieser Metalle erschöpft sind, kann auch mit reichlich vorhandener billiger Energie kaum noch etwas erreicht werden.

Unser gegenwärtiger Lebensstandard kann nicht von den relativ häufigen Substanzen, die einigermaßen kontinuierlich, wenn auch in wechselnder Konzentration, über die Erde verteilt sind, aufrecht erhalten werden. Spurenelemente — die man als mineralische Vitamine bezeichnen könnte — wie Vanadium, Tantal, Molybdän und Wolfram sind zwar dem Laien wenig bekannt, aber sie sind für die Funktionsfähigkeit unserer Industriegesellschaft von existentieller Wichtigkeit. Es gibt Fälle, in denen seltenere Substanzen durch häufigere ersetzt werden können — Kupfer durch Aluminium zum Beispiel — aber in anderen Fällen gibt es solche Substitute nicht. Wir haben keinen Ersatz für Quecksilber (dessen Anwendungsmöglichkeiten einzigartig sind, da es das einzige Metall ist, welches bei Raumtemperatur flüssig ist), für Platin (einem Katalysator, dem kein anderer gleichkommt) oder für Helium (unersetzbar bei modernen Tiefsttemperaturarbeiten, da es die Substanz ist, deren Siedepunkt dem absoluten Null-Punkt am nächsten liegt).

Tabelle 8. Die Erschöpfung der Rohstoffe dieser Erde. (Quelle: Die Grenzen des Wachstums). Angegeben ist die Zahl der Jahre, die bis zur Erschöpfung der vorhandenen Lagerstätten vergehen wird. In der rechten Spalte ist ein Wachstum angenommen, wie es vom US-Bureau of Mines angegeben wird

Rohstoff	Jahresbedarf Nullwachstum	Jahresbedarf Wachstum
Chrom	420	154
Kohle	2300	150
Nickel	150	96
Wolfram	40	72
Erdöl	31	50
Mangan	97	94

Schätzungen des zukünftigen Bedarfs. Es gibt Möglichkeiten, den Bedarf mineralischer Ressourcen für die Zukunft abzuschätzen. Man kann von den lange bekannten Reserven ausgehen und abschätzen, wie lange es bei den gegenwärtigen Verbrauchsraten dauern wird, bis sie erschöpft sind. Bekannte Reserven bedeuten dabei bekannte Lagerplätze, die mit bekannter Technologie ausgebeutet werden können. Diese Methode läßt zwei Dinge außer acht: (a) In der Zukunft werden voraussichtlich noch einige größere Lagerstätten entdeckt werden, und (b) die Verbrauchsrate steigt z. Zt. scharf an und wird vermutlich weiter ansteigen. Zum Teil können beide Faktoren einander ausgleichen.

Eine andere Methode der Abschätzung besteht in der Vervielfachung der bekannten Reserven mit einem geschätzten Faktor (sagen wir 5); aus dem derzeitigen steigenden Verbrauch wird dann berechnet, wie lange uns diese Lagerstätten zur Verfügung stehen. Auch dieser Weg ist unvollkommen. Das exponentielle Wachstum beim Verbrauch dauert nicht bis zur vollständigen Erschöpfung der Lagerstätte an. Vielmehr wird der Verbrauch geringer, wenn das Material schwieriger und nur mit teureren Methoden zu gewinnen ist.

Einige Analysen versuchen einen Mittelweg zwischen den beiden beschriebenen Wegen zu gehen. Resultate dieser Berechnungen sind in Tabelle 8 gegeben.

Diese Daten sind keineswegs ermutigend. Aufgrund der ungleichen Verteilung der Rohstoffe müssen beispielsweise die Vereinigten Staaten unbedingt wichtige Mineralien importieren. Gleichzeitig sind industrielle Produktion und Überfluß der Vereinigten Staaten weit über die Marke hinausgeschossen, die Entwicklungsländer jemals erhoffen können. Das Volkseinkommen pro Kopf ist in den Vereinigten Staaten 33mal so groß wie in Indien, und die Produktion von Energie und Stahl liegt mehr als 50mal höher als in Indien. Der Pro-Kopf-Verbrauch von Stahl (Verbrauch bedeutet Produktion + Importe − Exporte) war im Jahre 1968 in den Vereinigten Staaten 342mal so hoch wie in Indonesien, 86mal so hoch wie in

Tabelle 9. Nettoimport der Vereinigten Staaten in Prozent des Verbrauchs der Vereinigten Staaten an verschiedenen Rohstoffen. (Quelle: Interim Report of the National Comission on Materials Policy, April 1972)

Rohstoff	1960 Importe	1970 Importe
Chrom	94	100
Nickel	72	65
Mangan	92	94
Zinn	73	69
Erdöl	16	22

Pakistan, 68mal wie in Ceylon, 23mal wie in Kolumbien, 9mal wie in Mexico, 2 mal wie in Frankreich oder der Schweiz, 1,4mal wie in Japan, 1,5mal wie in Großbritannien und der UDSSR, und nur etwas höher (10%) als in Schweden. Die Vereinigten Staaten mit weniger als 6% der Weltbevölkerung beanspruchten 1968 ein Drittel der auf der Welt verbrauchten Energie, ein Drittel des geförderten Zinns, ein Viertel des Düngers aus Phosphat, Kali und Stickstoff, fast die Hälfte der Erzeugung von synthetischem Gummi und die Hälfte an Druckerzeugnissen; mehr als ein Viertel des produzierten Stahles und ungefähr ein Achtel der produzierten Baumwolle. Wenn man die Daten für Energie, Stahl, Zinn und Düngemittel als Indikatoren nimmt, dann entfallen auf die Vereinigten Staaten derzeit ungefähr 30% des Weltverbrauchs an Rohstoffen. Die Vereinigten Staaten verbrauchen also viel mehr, als ihnen auf der Basis der Populationsstärke zukommt (Tabelle 9).

Alle Industrieländer haben zusammen nur etwa 30% der Weltbevölkerung, aber sie verbrauchen den überwiegenden Teil der Rohstoffe der Erde. Die Vereinigten Staaten, Kanada, Europa, die UdSSR, Japan und Australien verbrauchten 1968 ungefähr 90% sowohl der zur Verfügung stehenden Energie als auch des zur Verfügung stehenden Stahls.

Das alles hat einen starken Einfluß auf die Möglichkeiten der Industrialisierung in den Entwicklungsländern. Selbst wenn das Wachstum der Weltbevölkerung im Jahre 1974 gestoppt werden könnte, müßte die Eisenproduktion der Welt versechsfacht werden, die Kupferproduktion ebenfalls versechsfacht, die Bleiproduktion verachtfacht, wenn man auf der ganzen Welt den gleichen Pro-Kopf-Verbrauch wie derzeit in den Vereinigten Staaten erreichen wollte.

Diese Überlegungen ignorieren die ungeheuren Mengen, die von diesen Metallen schon gefördert und auf den Straßen, in den Autos, in den elektrischen Drähten in Betrieb sind. Auf jeden US-Amerikaner kommen 10 t Stahl, 135 kg Kupfer, 135 kg Blei, 90 kg Zink und 18 kg Zinn. Das ist ein ungeheures Kapital und gibt viel besser als der jährliche Verbrauch allein ein Maß für den Lebensstandard. Wenn man die 3,8 Milliarden Menschen auf dieser Welt auf den materiellen amerikanischen Lebensstandard von 1972 bringen wollte, würde dies 30 Milliarden t Eisen, 500 Millionen t Kupfer und Blei, mehr als 300 Millionen t Zink, ungefähr 50 Millionen t Zinn usw. erfordern. Diese Zahlen bedeuten das 75- bis 250-fache der jetzigen jährlichen Förderung.

Wollte man die geschätzte Weltbevölkerung des Jahres 2000 auf den heutigen Lebensstandard der USA heben, müßte man die Werte noch einmal mit 2 multiplizieren. Dabei brauchen wir hier nicht zu diskutieren, ob die „benötigten" Substanzen in solchen Mengen überhaupt vorhanden sind. Es ist von vornherein nicht möglich, sie in diesen Mengen zu beschaffen.

Man braucht kaum zu sagen, daß die Situation noch schwieriger wird dadurch, daß die meisten geförderten Metalle in den nächsten 30 Jahren zu „Einwegartikeln" in den reichen Ländern werden, anstatt daß sie für eine Verbesserung der Situation in den armen Ländern herangezogen werden. Niemand denkt daran, den Entwicklungsländern zu helfen und aus begrenzten Rohstoffmengen einen möglichst großen positiven Effekt zu erzielen; vielmehr wollen fast alle amerikanischen Nationalökonomen weiterhin den Pro-Kopf-Verbrauch von nicht erneuerbaren Rohstoffen über das gegenwärtig in den Vereinigten Staaten bestehende Niveau hinaus anheben — und das, während die Bevölkerung in den Vereinigten Staaten noch weiter wächst. Es ist sehr fraglich, ob die Industrieländer jemals den zunehmend steigenden Rohstoffbedarf befriedigen können. Kurzfristig können die Industrieländer sich sicher durch Erhöhung der Importe, durch die Entwicklung von Ersatzstoffen und, in manchen Fällen, durch die Förderung einheimischer Rohstoffe schlechterer Qualität behelfen. Schon jetzt wird ein Ziel der Außenpolitik der Industrienationen deutlich: Sich nämlich den Zugriff zu sichern zu qualitativ hochwertigen Rohstoffen auf der ganzen Welt: Zu Öl im nahen Osten und in Indonesien, zu Gummi in Südostasien usw. Welche Folgen die Fortsetzung einer solchen Politik in einer Welt zunehmender Armut und wachsender militärischer Möglichkeiten haben wird, darüber kann man spekulieren.

Lassen wir die Schwierigkeiten außer acht, die es uns kosten wird, die nächsten 30 bis 50 Jahre zu überstehen, so scheinen viele Techniker zu glauben, daß man auf die Dauer fast alle Mineralien in genügender Menge aus gewöhnlichem Stein und aus Seewasser beschaffen könne. Wir haben schon eine Reihe der dabei auftretenden Schwierigkeiten besprochen. Manche Rohstoffe, die wir brauchen, gibt es im Seewasser oder im normalen Gestein einfach nicht. Für die anderen wird die benötigte Energie ungeheuerlich sein. Die Folgen solcher hohen Energieverbrauche haben wir bereits diskutiert.

Literatur

Cloud, P. E., Jr. (ed): Resources and Man. San Francisco: W. H. Freeman and Company 1969.

Holdren, J., Herrera, P.: Energy. New York: Sierra Club Books 1971.

Landsberg, H. H., Fischman, L. L., Fisher, J. L.: Resources in America's Future. Baltimore: Johns Hopkins Press 1963.

Meinel, A. B., Meinel, M. P.: Is it time for a new look at solar energy? Science and Public Affairs (Bulletin of the Atomic Scientists, Vol. 27, No. 8 (Oct.) 1971).

Science and Public Affairs (Bulletin of the Atomic Scientists), September und Oktober-Ausgaben 1971.

Kapitel 4
Die Tragfähigkeit des Lebensraumes:
Nahrung und andere erneuerbare Hilfsquellen

Die Unterscheidung zwischen erneuerbaren und nicht erneuerbaren Hilfsquellen ist nicht immer klar. Die Erzlagerstätten der Erde werden normalerweise als nicht erneuerbare Hilfsquellen angesehen. Nicht, weil die Metalle zerstört werden oder unseren Planeten verlassen, sondern weil sie an die Zivilisation verlorengehen, und weil sie so gleichmäßig verteilt werden, daß sie wirtschaftlich nicht zurückgewonnen werden können. Dagegen wird Wasser im allgemeinen als eine erneuerbare Hilfsquelle angesehen, obwohl die absolute Menge dieses Stoffes genauso fixiert ist wie die von Metall. Der Unterschied liegt darin, daß Wasser durch unseren Gebrauch verunreinigt und fein verteilt wird und daß es dann durch den Wasserkreislauf in einer für uns verwertbaren Form wieder auftritt. Nahrung, welche aus biologischen Arten kommt, die sich selbst vermehren, kann auch als sich erneuernde Hilfsquelle angesehen werden. Theoretisch mag keine Grenze hinsichtlich der produzierbaren Nahrungsmenge bestehen. Tatsächlich aber gibt es sehr reale Grenzen der Nahrungsproduktion, wie etwa das Vorhandensein geeigneten Landes, ein günstiges Klima und genügend Wasser. Auf den ersten Blick weniger leicht zu sehen sind andere Phänomene, die die Nahrungsproduktion beeinflussen, wie etwa Krankheiten und Schädlinge. Landwirtschaftliche Produkte hängen ganz speziell von einer dauernden Erneuerung besonderer Hilfsquellen wie Wasser und Boden ab.

Die Frage, die wir uns also vorlegen müssen, lautet: „Produzieren wir so viel, wie wir verbrauchen?" (Für nicht erneuerbare Hilfsquellen lautet dagegen die Frage: „Wieviel ist überhaupt vorhanden?"). Vom Standpunkt der erneuerbaren Hilfsquellen ist die Kapazität der Erde für den Menschen durch die langfristig erreichbaren Höchsternten gegeben. Wenn die Verbrauchsrate über längere Zeit die Produktionsrate übertrifft, so werden die Vorräte erschöpft werden, und die Menschen, die von diesen Vorräten abhängen, werden verarmen und möglicherweise sterben. In vielen Teilen der Welt wird die menschliche Bevölkerung zusammenbrechen müssen, wenn der Wasserverbrauch langfristig höher ist als die Niederschlagsmenge oder wenn der Verbrauch an landwirtschaftlichen Produkten die geerntete Menge übersteigt. Wenn akkumulierte Vorräte im Vergleich zum jährlichen Verbrauch hoch sind, wie das bei Wäldern und manchen ozeanischen Fischen der Fall ist, dann kann der Verbrauch die mögliche Erntemenge jahrzehntelang übersteigen, bevor ernsthafte Schäden deutlich werden.

Eine hungrige Welt

Der im Augenblick wesentlichste Faktor, der die Kapazität der Erde für den Menschen begrenzt, ist die zur Verfügung stehende Nahrungsmenge. Etwa die Hälfte der Menschen dieser Erde sind in der einen oder anderen Weise unterernährt. Noch heute glauben viele Menschen in den Industriestaaten, daß ein typischer Asiate fröhlich und gesund leben kann mit einer Schale Reis pro Tag. In Wirklichkeit braucht ein Asiate die gleichen Nahrungsmengen wie ein Amerikaner oder Europäer. Vielleicht braucht er aufgrund seiner geringeren Körpergröße etwas weniger — aber diese geringere Körpergröße ist vermutlich das Resultat schlechter Ernährung in der Jugend. Die normale Nahrung der meisten Asiaten und der übrigen Bewohner ärmerer Landstriche der Erde, wo Unterernährung und Fehlernährung weit verbreitet sind, ist in der Tat wesentlich einseitiger als die Kost eines typischen Europäers oder Nordamerikaners. Die Ernährungsmängel in den armen Ländern sind entweder das Resultat ungenügender Mengen aller oder einiger wesentlicher Nahrungsbestandteile, oder sie entstehen aus Armut oder Unwissenheit (Abb. 17).

Im Jahre 1967 schätzte der wissenschaftliche Beirat beim Präsidenten der Vereinigten Staaten, daß 20% der Menschen in den Entwicklungsländern (welche $\frac{2}{3}$ der Weltbevölkerung ausmachen) unterernährt sind (da sie nicht genügend Kalorien pro Tag erhalten) und daß 60% schlecht ernährt sind (da sie essentielle Nahrungsbestandteile nicht in genügender Menge erhalten, meistens Eiweiß). Eineinhalb Milliarden Menschen sind also entweder unterernährt oder schlecht ernährt. Das ist noch eine relativ optimistische Schätzung, andere geben die Zahl der Hungernden mit mehr als 2 Milliarden an. Der wissenschaftliche Beirat schätzte ferner, daß eine halbe Milliarde Menschen entweder dauernd hungrig oder am Verhungern ist. Diese Zahlen schließen die hungrigen oder schlecht ernährten Massen in den Industriestaaten nicht ein: Weder die, die sich hier aus finanziellen Gründen kein gutes Essen leisten können, noch die, die sich aus Unwissenheit schlecht ernähren.

Man kann natürlich auch hier sagen, es hat immer Hungersnöte und hungrige Menschen gegeben. Aber die heutige Situation ist ohne Beispiel. Hungersnöte, wie es sie in der menschlichen Geschichte gegeben hat, sind kurzfristige Ereignisse gewesen, die auf eine relativ geringe Population beschränkt waren. Solche Hungersnöte sind unzweifelhaft tragische Geschehen, aber sie sind etwas ganz anderes als der unaufhörliche Hunger von mehr als 1 Milliarde Menschen auf der ganzen Erde. Die Situation ist auch insofern anders, als die hungrigen sehr genau wissen, wie gut die reichen leben. Diese Situation ist wichtig für die Politik der Zukunft.

Chronischer Hunger, begleitet von grimmiger Armut, hat sich in den letzten Jahren in den Entwicklungsländern fortwährend verstärkt, da das Populationswachstum die Steigerung der Nahrungsproduktion bei weitem überflügelt hat. Vor dem II. Weltkrieg waren viele Länder in Afrika, Asien und Lateinamerika Getreideexportländer. Seit der Mitte der 60er Jahre importierten sie Getreide in viel größeren Mengen als sie jemals exportiert haben. Die Nahrungsproduktion pro

Kopf der Bevölkerung ist während der 60er Jahre in den meisten asiatischen, afrikanischen und amerikanischen Ländern unregelmäßig gestiegen und gefallen. Im ganzen konnte sie während dieses Jahrzehntes gerade knapp mit dem Bevölkerungszuwachs Schritt halten.

Der Kalorienbedarf des Menschen ist je nach Geschlecht, Alter, Körpergröße und der ausgeübten Tätigkeit sehr unterschiedlich. Dennoch hat die FAO (United Nations Food and Agricultural Organisation) sich bemüht, aufgrund von Standardangaben den Kalorienbedarf der Weltbevölkerung zu ermitteln. Der Kalorienbedarf von Kindern ist verhältnismäßig höher als der von Erwachsenen. Er wird nach Altersklassen standardisiert. Die Erwachsenen werden nach Alter, Geschlecht und nach dem Anteil der schwangeren Frauen gruppiert. Aufgrund dieser Daten, die allgemein als großzügig angesehen werden, braucht der Durchschnittsmensch 2354 kcal pro Tag. Die FAO schätzte, daß Mitte der 60er Jahre weltweit durchschnittlich 2420 kcal vorhanden waren. Um diese Zeit reichte die Nahrungsproduktion also gerade aus, um jeden Menschen mit genügend Kalorien zu versorgen. Jedoch muß man dabei die ungleichmäßige Versorgung zwischen den Ländern und in den Ländern berücksichtigen. Die reichen Länder bekommen mehr als ihren Anteil, die armen weniger. Außerdem muß man sicher wenigstens 10% als Verlust einkalkulieren. In Wirklichkeit war also schon um diese Zeit eine nicht zu unterschätzende Nahrungslücke deutlich.

Unterschiedliche Angaben über die Nahrungssituation der Menschheit resultieren häufig aus unterschiedlichen Methoden des Datenvergleichs. Zwischen dem, was produziert wird, und dem, was den Marktplatz erreicht, klafft eine riesige Lücke. Eine weitere entsteht zwischen Markt und Familientisch. Verluste durch Insekten und schädliche Nagetiere können 20 bis 50% betragen. Außerdem geben die Kalorien den Brennwert der Nahrung an und sagen nichts darüber aus, ob auch genügend Eiweiß oder andere wichtige Nährstoffe darin enthalten sind.

Der Eiweißbedarf schwankt ebenfalls mit Körpergröße und Alter; unterschiedliche Aktivität bringt hier wenig Unterschiede. Der Bedarf muß jedoch in Beziehung zu der Qualität der Eiweißquellen kalkuliert werden. Da pflanzliches Eiweiß für uns eine geringere Nahrungsqualität besitzt, brauchen wir mehr von diesem Eiweiß als wenn uns tierische Nahrung zur Verfügung steht. Die schlechte Versorgung mit Eiweiß in den Entwicklungsländern ist ein noch schwierigeres und ernsteres Problem als die schlechte Versorgung mit Kalorien. Kinder, schwangere oder stillende Frauen, haben einen wesentlich höheren Eiweißbedarf als Männer oder Frauen außerhalb der Fortpflanzung. Dennoch stehen gerade ihnen sehr häufig die geringsten Eiweißmengen zur Verfügung.

Um die vermutete Weltbevölkerung von 1985 auch nur in der unzureichenden Weise von 1955 zu ernähren, schätzt der wissenschaftliche Beirat des amerikanischen Präsidenten, daß die Nahrungsproduktion zwischen 43 und 52% über das Niveau von 1965 angehoben werden müßte. Diese Schätzung beruht auf der optimistischen Prognose, daß um diese Zeit die Geburtenkontrolle die Fruchtbarkeit um etwa 30% reduziert hat und daß die Verteilung der Nahrungsmittel besser funktioniert als heute. Der größte Zuwachs des Nahrungsbedarfs wird in den Entwicklungsländern auftreten, da ihre Bevölkerung am schnellsten wächst. Der

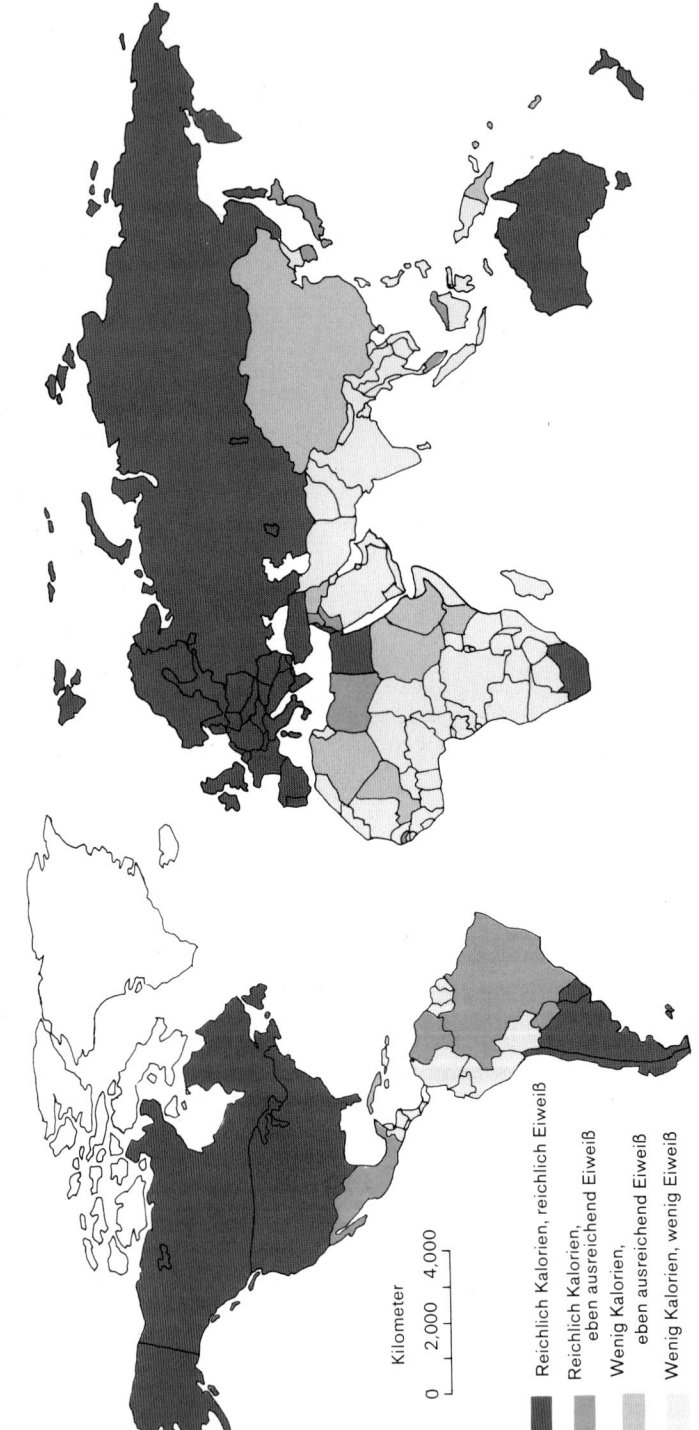

Abb. 17. Die geographische Verbreitung des Hungers. (Daten aus dem Produktions-Jahrbuch der FAO 1968)

Reichlich Kalorien, reichlich Eiweiß

Reichlich Kalorien,
eben ausreichend Eiweiß

Wenig Kalorien,
eben ausreichend Eiweiß

Wenig Kalorien, wenig Eiweiß

Kilometer

0   2,000   4,000

Kalorienbedarf von Indien, Pakistan und Brasilien wird sich verdoppeln, wenn das Bevölkerungswachstum sich nicht drastisch verlangsamt. Der Zuwachs am Eiweißbedarf wird noch größer sein. In manchen Entwicklungsländern schätzt man diesen Zuwachs auf mehr als 150%.

Selbst wenn die Welt in der Lage sein sollte, diese Mehrleistung an Nahrungsmittelproduktion zu erbringen, und selbst wenn die Verteilung besser funktioniert, wird also 1985 eine Weltbevölkerung von etwa 5 Milliarden da sein, von denen etwa 15% unterernährt und 40% schlecht ernährt sind.

Die gegenwärtigen Schwierigkeiten der Verteilung von Nahrungsmitteln resultieren aus einer Reihe miteinander verbundener Faktoren, unter anderem aus Armut, Unwissenheit, kulturellen und ökonomischen Gesichtspunkten und aus Mangel an Transportmöglichkeiten. Selbst wenn die Nahrungsproduktion im Augenblick weltweit gesehen ausreicht, so liegt die Menge der in vielen Ländern zur Verfügung stehenden Nahrung doch deutlich unter dem Minimum, welches von der FAO festgesetzt wurde. In diesen Ländern erhalten viele Menschen in den Armensiedlungen nur etwa $\frac{3}{4}$ der Kalorien und des Eiweißes dieser Mindestmenge, die ja bereits unzureichend ist. Daß eine solche ungenügende Ernährung besonders gefährdete Teile der Bevölkerung — Kinder, schwangere Frauen und stillende Frauen — trifft, macht die Sache noch gefährlicher. Um diese Situation zu verändern, brauchte man allein eine ungeheure Anstrengung, um die Nahrungsproduktion zu erhöhen. Diejenigen, die jetzt mehr verbrauchen als die ihnen anteilig „zustehende" Menge, werden es kaum einsehen, wenn sie aufgrund eines Weltverteilungsplanes auf ein Minimum gesetzt würden (Abb. 18).

Tod durch Verhungern und Tod durch schlechte Ernährung sind heute an der Tagesordnung. Die französischen Landwirtschafts- und Nahrungsexperten Rene Dumont und Bernard Rosier schätzen, daß von den 60 Millionen Menschen, die jedes Jahr sterben, 10 bis 20 Millionen verhungern oder an schlechter Ernährung sterben. Natürlich wird als Todesursache normalerweise eine Infektionskrankheit oder eine parasitäre Erkrankung angegeben. Diese hat in der Tat auch meist den letzten Ausschlag gegeben. Für gut ernährte Menschen sind Krankheiten in der Regel ungefährlich, während sie für schlecht ernährte katastrophal wirken. Selbst wenn sie nicht unmittelbar zum Tode führen, intensivieren sie den Effekt der Unterernährung durch Verbrauch der Reserven. Extrem schlechte hygienische Verhältnisse komplizieren das Bild weiter. Darmkrankheiten und Infektionen mit vielen Sorten von parasitischen Würmern sind an der Tagesordnung. Eine Krankheit, die für ein gesundes Kind gefährlich ist, ist für ein schlecht ernährtes tödlich. Für unsere Zwecke nehmen wir an, daß jeder Tod, der bei genügender Ernährung nicht aufgetreten wäre, ein Tod ist, der auf Verhungern zurückgeführt werden muß. Dabei ist für unsere Zwecke gleichgültig, ob das Verhungern schließlich der letzte Auslöser war oder nicht. Die hier vorgetragenen Schätzungen werden von einigen Experten als zu hoch angesehen. Selbst wenn sie auf ein Fünftel reduziert werden müßten, verhungern 2 bis 4 Millionen Menschen jedes Jahr.

Schlechte Ernährung und unzureichende hygienische Bedingungen sind der Hauptgrund für die hohe Kinder- und Säuglingssterblichkeit in den Entwicklungsländern (Tabelle 10). Säuglinge, die noch Muttermilch erhalten, sind einigermaßen

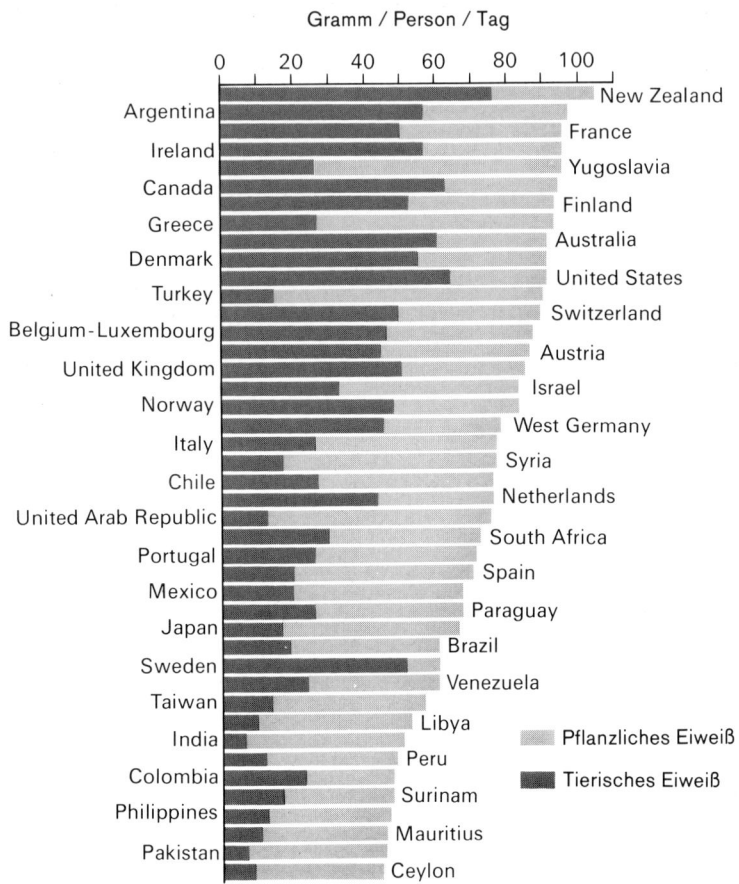

Gramm / Person / Tag

Argentina — New Zealand
Ireland — France
Canada — Yugoslavia
Greece — Finland
Denmark — Australia
Turkey — United States
Belgium-Luxembourg — Switzerland
United Kingdom — Austria
Norway — Israel
Italy — West Germany
Chile — Syria
United Arab Republic — Netherlands
Portugal — South Africa
Mexico — Spain
Japan — Paraguay
Sweden — Brazil
Taiwan — Venezuela
India — Libya
Colombia — Peru
Philippines — Surinam
Pakistan — Mauritius
— Ceylon

Pflanzliches Eiweiß
Tierisches Eiweiß

Abb. 18. Eiweißverbrauch pro Kopf in 43 Ländern. (Nach Cole: Introduction to Livestock Production, Freeman and Company, 1966)

vor Parasiten und vor schweren Ernährungsstörungen geschützt. Dennoch ist die Säuglingssterblichkeit in einigen armen Ländern zwei- bis achtmal so hoch wie in den Vereinigten Staaten, und diese ist keineswegs die niedrigste in der Welt. Die Mortalität vor dem schulpflichtigen Alter wird vielfach als der beste Indikator des Ernährungsstandards einer Bevölkerung angesehen, da Kinder dieses Alters nicht länger durch Schutzstoffe von der Mutter geschützt werden und daher der empfindlichste Teil der menschlichen Bevölkerung sind. In vielen Teilen Lateinamerikas, Asiens und Afrikas sind diese Mortalitätsraten drei- bis viermal so hoch wie in den Vereinigten Staaten. Verläßliche Statistiken gibt es zwar kaum, die Mortalitätsrate für Kinder unter 4 Jahren wurde in Indien auf 250 pro tausend geschätzt.

64

Tabelle 10. Sterblichkeit ein- bis vierjähriger Kinder in den Jahren 1960 bis 1962. (Quelle: United Nations Statistical Series, K/3, 1967)

Kontinent und Staat	Jährliche Sterberate (pro 1000 Kinder, 1 bis 4 Jahre alt)
Afrika	
Mauritius	8,7
Vereinigte Arab. Republik	37,9
Nord- und Mittelamerika	
Kanada	1,1
Costa Rica	7,2
Guatemala	32,7
Mexiko	13,8
Trinidad und Tobago	2,5
USA	1,0
Südamerika	
Argentinien	4,2
Chile	8,0
Equador	22,1
Peru	17,4
Venezuela	5,9
Asien	
Ceylon	8,8
Taiwan	7,2
Japan	2,2
Phillippinen	8,4
Syrien	8,3
Thailand	9,1
Europa	
Österreich	1,3
Bulgarien	2,4
CSSR	1,2
Frankreich	1,0
BRD	1,3
Griechenland	1,9
Italien	1,9
Portugal	8,0
Spanien	2,0
Schweden	0,8
Großbritannien	0,9
Jugoslawien	5,2
Ozeanien	
Australien	1,1

Die Ursache ist zumindest bei der Hälfte dieser Todesfälle schlechte Ernährung im allgemeinen aufgrund unzureichender Eiweißgaben.

Die bekanntesten Mangelkrankheiten in den unterentwickelten Ländern sind Marasmus und Kwashiorkor. Beide treten vor allen Dingen bei jüngeren Kindern auf. Marasmus ist vermutlich ein Indikator für allgemeine Unterernährung, auch wenn er oft als „Protein-Kalorien-Mangel" beschrieben wird. Die meisten Opfer sind Säuglinge unter 1 Jahr. Offenbar ist diese Krankheit das Resultat unzureichender Ernährung durch die Mutter und unzureichender Ersatznahrungsmittel für die Muttermilch.

Kwashiorkor ist ein westafrikanisches Wort, welches bedeutet „die Krankheit, die ein Kind befällt, wenn wieder ein Baby geboren wird". Kwashiorkor ist eine Eiweißmangelkrankheit; anders als Marasmus tritt sie selbst auch dann auf, wenn reichlich Kalorien gegeben werden. Normalerweise wird sie beobachtet, wenn die Mutter mit dem Stillen aufhört und wenn dem Kind in der Hauptsache Stärke oder Zucker als Nahrungsstoffe geboten werden. Der wissenschaftliche Beirat beim Präsidenten der Vereinigten Staaten schätzt, daß die hohen Mortalitätsraten der Kinder im Alter von 1 bis 4 Jahren in den Entwicklungsländern zumindest zu 50% auf eine Protein-Kalorien-Mangelernährung zurückzuführen sind.

Mangel an Vitaminen und Mineralien sind in den Entwicklungsländern ebenfalls weit verbreitet, obwohl sie auch in den Industrieländern häufig vorkommen. Der häufigste Vitaminmangel ist der Mangel an Vitamin A, der sehr häufig mit einem Eiweißmangel Hand in Hand geht, in akuten Fällen Blindheit hervorruft und bestimmte Körpergewebe zerstört, sowie Beriberi (Fehlen von Thiamin). Dieses ist normalerweise das Resultat einer kohlenhydratreichen Ernährung auf der Basis von poliertem Reis. Auch Eisenmangelanämie und Rachitis (aufgrund des Mangels an Kalzium und Vitamin D) sind in den Entwicklungsländern häufig. Alle diese Formen schlechter Ernährung betreffen Mütter und Kinder am häufigsten und sind gerade hier am gefährlichsten.

Die Mangelernährung, die in unserer überbevölkerten Welt herrscht, verursacht unvorstellbares Leiden, Verschwendung menschlichen Lebens und Verschwendung menschlicher Produktivität. Schlechte Ernährung, besonders Eiweißmangel, hindert die Entwicklung schützender Antikörper und mindert die Widerstandsfähigkeit gegenüber Krankheiten. Noch wichtiger aber sind die sich mehrenden Hinweise auf die Tatsache, daß Eiweißmangelernährung Dauereffekte speziell bei kleinen Kindern hat. Schlechte Ernährung während der Wachstumszeit resultiert in zwergenhaftem Wuchs und verzögert physische Reife. Das geschieht selbst dann, wenn der Mangel nur zeitweise herrscht und später wieder eine normale Nahrung gegeben wird. Offenbar kann Eiweißmangel in der Kindheit auch irreparable Schäden im Gehirn verursachen. (Scrimshaw, N.S., Gordon, J.E.: Malnutrition, Learning and Behavior, Cambridge, Mass. MIT-Press).

Die Regierungen müssen sich über die Ernährungslage ihrer Bevölkerungen klar sein und über das, was die Zukunft bringen wird. Unterernährung zusammen mit Krankheit und Parasitismus führt zu Apathie, zum Verschwinden jeglicher Aktivität und zu geringer Produktivität. Gut ernährte Europäer und Nordamerikaner, die diese Symptome sehen, aber nicht erkennen, worauf sie beruhen, tendieren zu dem Schluß, daß die Menschen in den unterentwickelten Ländern faul sind. Auf der anderen Seite kann die Verbesserung der Ernährung zu Rebellion und zu Agressivität führen. Beides ist charakteristisch für die Erholungsphase im Anschluß an Hungerversuche, die mit Freiwilligen durchgeführt wurden. Das Vorherrschen schlechter Ernährung in den Entwicklungsländern bringt für die Zukunft, wenn diese schlechte Ernährung wahrscheinlich noch schlimmer sein wird, schreckliche Konsequenzen, um es bescheiden auszudrücken. Alle Vorschläge, die Nahrungsproduktion in den Entwicklungsländern drastisch zu erhöhen, müssen notgedrungen Hand in Hand gehen mit Plänen für die wirtschaftliche Entwicklung. Ob sie mit einer geschwächten, schlecht ernährten Bevölkerung oder mit der Aussicht auf physische oder psychische Schäden eines großen Teils der kommenden Generation auch nur eines von beidem wird leisten können?

Die Biologie der Nahrungsproduktion

„Alles Fleisch ist Gras". Dieser einfache Satz faßt ein fundamentales Prinzip der Biologie zusammen, welches für das Verständnis des Welternährungsproblems unerläßlich ist. Die Grundquelle aller Nahrung für alle Tiere ist die grüne Pflanze. Menschen und alle anderen Tiere, mit denen wir zusammen auf diesem Planeten leben, erhalten ihre Energie und ihre Nahrungsstoffe für Wachstum, Entwicklung und Erhaltung dadurch, daß sie Pflanzen oder Tiere fressen, die sich ihrerseits von Pflanzen ernährt haben (Abb. 19).

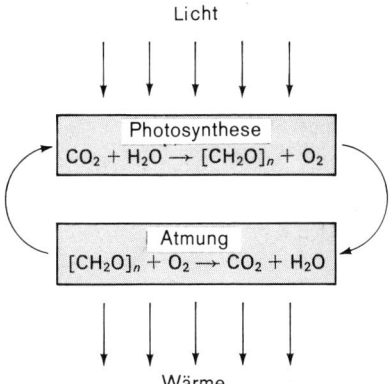

Abb. 19. Photosynthese und Atmung stellen die Grundprozesse in den Pflanzen dar, die ihre Energie aus dem Sonnenlicht beziehen. Bei der Photosynthese wird die Energie aus dem Sonnenlicht benutzt, um Kohlendioxyd und Wasser aus der Umgebung aufzunehmen; für jedes Molekül CO_2 und H_2O wird ein Teil eines Kohlehydrat-Moleküls produziert und ein Molekül Sauerstoff in die Umgebung abgegeben. Bei der Atmung eines Tieres oder einer Pflanze ergibt die Verbrennung von Kohlenhydraten mit Sauerstoff Energie, Kohlendioxyd und Wasser. (Aus Gates: The Flow of Energy in the Biosphere, Scientific American 1971)

Man kann sich die Pflanzen und Tiere eines gegebenen Gebietes zusammen mit ihrer physikalischen Umwelt als ein gemeinsames System (ein Ökosystem) vorstellen, durch welches organisch gebundene Energie hindurchfließt und in dem Stoffe kreisen. Energie kommt in das System in Form der Sonnenstrahlung hinein. Durch die Photosynthese sind grüne Pflanzen fähig, einiges dieser einkommenden Sonnenstrahlung einzufangen und zum Aufbau großer Moleküle aus kleinen Mo-

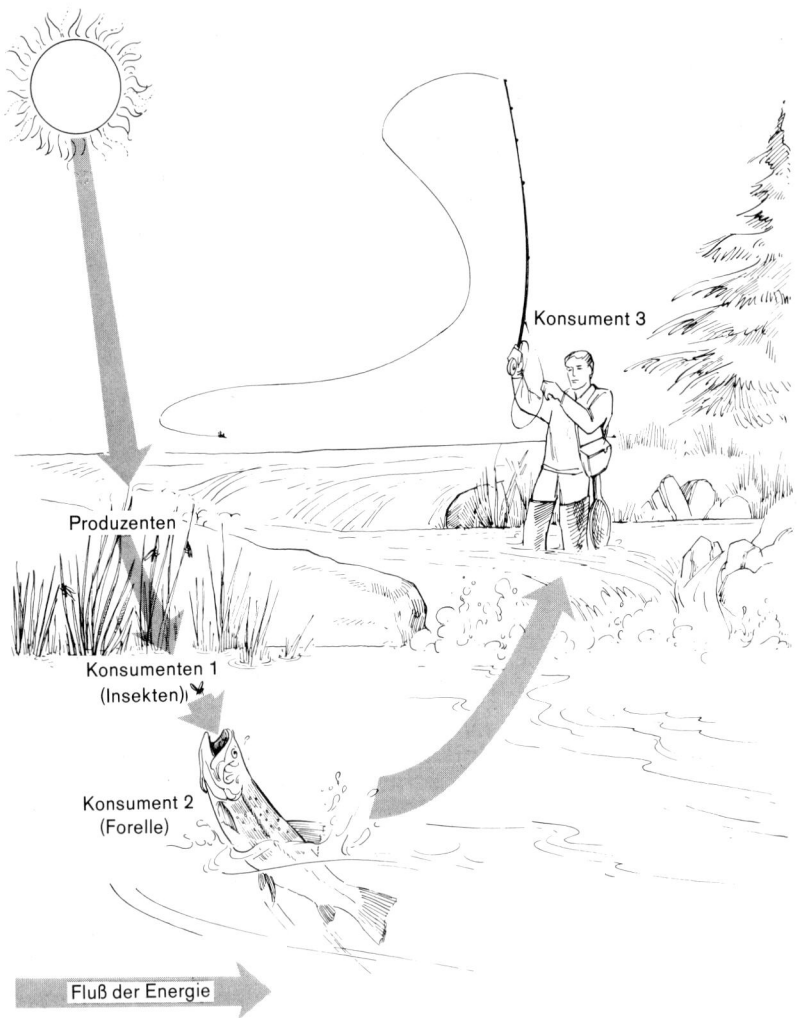

Abb. 20. Eine Nahrungskette unter Einschluß des Menschen. Ein Moskito, der den Menschen sticht, wäre als Konsument 4 zu bezeichnen

lekülen zu benutzen. Pflanzenfressende Tiere zerbrechen bei der Verdauung und bei ihrem Zellstoffwechsel diese großen Moleküle und beziehen daraus ihre Energie. Einiges dieser Energie wird verwendet für die Aktivität der Tiere und einiges, um körpereigene tierische Substanz aufzubauen (im Wachstum oder zum Ersatz verbrauchter Substanz). Tiere, die sich von anderen Tieren ernähren, nutzen ebenfalls die Energie, die in den großen Molekülen ihrer Nahrung steckt, für ihren eigenen Energiebedarf.

Man kann den Fluß der Energie durch dieses System als stufenweise Reduzierung der organisch gebundenen Energie in der Nahrungskette beschreiben. Eine Nahrungskette fängt mit den grünen Pflanzen an, die wir als Produzenten bezeichnen. Sie sind die erste trophische Stufe. Eine zweite trophische Stufe kommt mit den Herbivoren (pflanzenfressenden Tieren), den Primärkonsumenten. Eine dritte trophische Stufe sind die Sekundärkonsumenten, die Karnivoren (oder Fleischfresser), die sich von Pflanzenfressern ernähren. Tertiärkonsumenten sind karnivore Tiere, die von anderen Karnivoren leben. Für den Energieabbau in Nahrungsketten sind unbedingt wichtig die Dekompositoren: Bakterien, Pilze, kleine Insekten und andere winzige Organismen, die ihre Energie aus den Rückständen und toten Teilen von Pflanzen und Tieren ziehen. Diese Müllabfuhr ist absolut notwendig, ohne sie würde der Kreislauf der Elemente, auf denen alles Leben beruht, aufhören (siehe Kapitel 6). Die Rolle des Menschen in solchen Nahrungsketten ist meist die eines Pflanzenfressers, weil Getreide und anderes Pflanzenmaterial den größten Teil der Nahrung der meisten Menschen darstellt. Der Mensch kann auch ein Sekundärkonsument sein, wenn er das Fleisch pflanzenfressenden Tiere zu sich nimmt. Wenn er Fische ißt, dann besetzt er einen weit hinten liegenden Teil der Nahrungskette, da viele Fische Tertiär- oder Quartärkonsumenten sind. Ein einfaches Schema einer solchen Nahrungskette zeigt die Abb. 20.

Entsprechend dem ersten Gesetz der Thermodynamik kann Energie weder erzeugt noch vernichtet werden. Sie kann lediglich von einer in die andere Form übergehen (also etwa von Licht in chemische Bindung wie bei der Photosynthese). Das zweite Gesetz der Thermodynamik besagt, daß bei jeder solchen Energietransformation ein Verlust auftritt; ein bestimmter Teil der Energie wird in eine nicht nutzbare feinverteilte Form überführt. Meist handelt es sich dabei um Wärme, die nicht weiter genutzt werden kann. Die praktische Konsequenz dieses Gesetzes ist, daß der Transfer der Energie in einem biologischen System nicht 100%ige Effektivität haben kann. Bei jeder Transformation gibt es einen Verlust der nutzbaren Energie. In der Photosynthese wird im allgemeinen nur 1% oder sogar noch weniger von den grünen Pflanzen in chemische Bindungsenergie überführt, und nur diese chemische Bindungsenergie steht den Pflanzenfressern zur Verfügung. Nur etwa 10% dieser in Pflanzen gespeicherten Energie tritt in Tieren auf, die Pflanzen gefressen haben, und etwa 10% dieser Energie wiederum wird in Tieren der nächsten trophischen Stufe wiedergefunden. Dementsprechend können Karnivoren nur ungefähr $1/_{10000}$ $(0,01 \times 0,1 \times 0,1)$ der Energie aufnehmen, die den grünen Pflanzen eines bestimmten Gebietes zur Verfügung stand.

Daraus folgt, daß die Biomasse (das Lebendgewicht) der Produktion größer sein muß als die der Primärkonsumenten. Die Biomasse der Primärkonsumenten wird größer sein als die der Sekundärkonsumenten usw. Das Gewicht der Organismen, die in jeder trophischen Stufe möglich sind, hängt von der Energie der nächst niedrigeren Stufe ab. Man kann z. B. die folgende, allerdings übermäßig vereinfachte Rechnung aufstellen: Etwa 10 000 kg Getreide produzieren 1 000 kg Rindfleisch, und diese können etwa 100 kg Mensch herstellen. Wenn man den

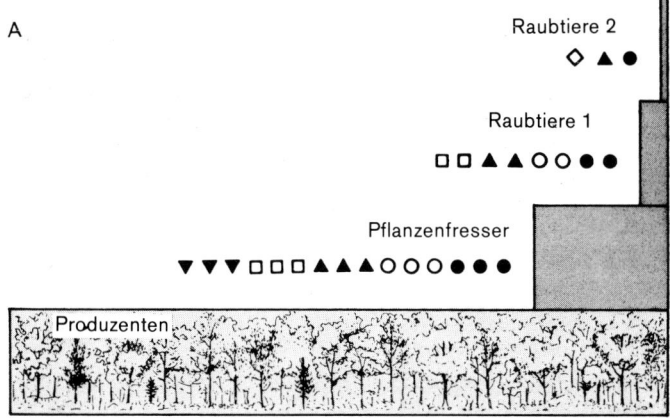

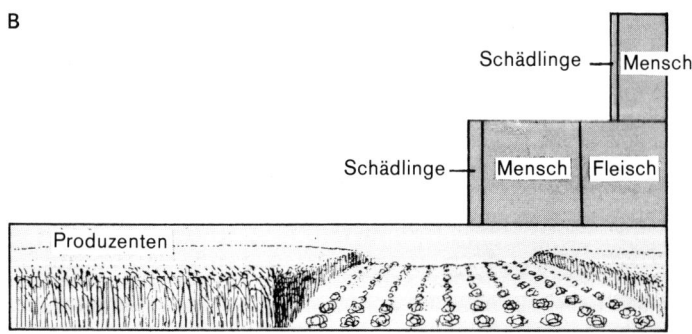

Abb. 21. (A) Ein intaktes natürliches Ökosystem am Beispiel eines Eichen-Ahornwaldes, der viele Konsumenten-Ebenen beherbergt. 10—20% der Energie einer jeden trophischen Schicht werden auf die nächste Schicht übertragen. Die Symbole bezeichnen verschiedene karnivore und herbivore Arten. Die Komplexität der Struktur reguliert die Bevölkerungsgröße. Auf diese Weise wird das gleiche Muster der Energieverteilung über Jahre hinaus beibehalten. (B) Der spezielle Fall eines landwirtschaftlichen Ökosystems; eine Stabilität wird durch einen Input von Energie in die Kultivierung, in Pestizidgaben und in Düngegaben erreicht. (Aus Woodwell: The Energy Cycle of the Biosphere. Copyright by Scientific American)

Menschen eine Stufe weiter nach unten in der Nahrungskette setzt — ihn also von Getreide leben läßt — könnten 1 000 kg Menschen produziert werden. Die Energiebeziehungen eines natürlichen und eines landwirtschaftlichen Ökosystems zeigt die Abb. 21.

Die Praxis der Landwirtschaft

Im Hinblick auf seine Nahrung ist der Mensch immer von der Photosynthese abhängig gewesen. Ob der primitive Mensch Beeren, Wurzeln, Fische, Rentiere oder was auch immer aß: die Energie, die er aus seiner Nahrung bezog, hatte letztlich die gleiche Quelle: die Strahlungsenergie der Sonne. Jedoch erst nach der landwirtschaftlichen Revolution begann der Mensch, eine gewisse Kontrolle über das Pflanzenwachstum auszuüben und zu versuchen, günstige Pflanzen zu konzentrieren und damit die Ernteerträge zu erhöhen. Die ersten Versuche einer Landwirtschaft basierten zweifellos auf der zufälligen Beobachtung, daß manche menschlichen Aktivitäten am Boden das Wachstum nützlicher Pflanzen steigern konnten. Tatsächlich wird noch heute in einigen tropischen Gebieten eine Landwirtschaft angewandt, die kaum mehr ist als dieser erste Versuch. Der natürliche Wald wird geschlagen und abgebrannt; auf den entstandenen freien Plätzen werden Samen gewünschter Pflanzen ausgestreut. Von hier aus ist es nur ein kleiner Schritt bis zur Verminderung der Konkurrenz für die gewünschten Arten, indem man das Unkraut jätet und Tiere von den geschaffenen Äckern fernhält. Auch die Nutzung des natürlichen Düngers von Mensch und Haustier liegt schon für den primitiven Menschen relativ nahe.

Von dieser Basis hat sich die moderne Landwirtschaft weit entfernt. Die Änderung in der Landwirtschaft der gemäßigten Zone während der letzten Jahrhunderte kann als eine zweite landwirtschaftliche Revolution bezeichnet werden. Die Pflanzenzüchtung hat eine Vielzahl von Kulturpflanzensorten bereitgestellt, die an die verschiedensten Bedingungen angepaßt sind, und die nicht nur resistent gegenüber Krankheiten sind, sondern außerdem noch hohe Erträge liefern. Die mechanische Bearbeitung des Landes und die mechanischen Erntemethoden haben ebenso wie verbesserte Methoden der Düngung und Bewässerung, wie die Benutzung chemischer und biologischer Methoden gegen pflanzliche und tierische Schädlinge und wie auch die Wettervorhersage die auf einer gegebenen Fläche produzierbare Menge an Nahrung erhöht. Die moderne Technik hat darüber hinaus die Qualität mancher, aber nicht aller, Getreidesorten erhöht. Beispielsweise sind hohe Getreideernten vielfach mit einem geringeren Eiweißgehalt erkauft worden. Eine derartige moderne Landwirtschaft kann als ein System beschrieben werden, welches aus fossiler Energie (Kalorien) Nahrungsenergie (Kalorien) herstellt. Fossile Energie wird in der heutigen Landwirtschaft intensiv genutzt: Sie dient beim Bau von Farmen und bei dem Betrieb von Farmen. Sie dient beim Transport des Materials zur Farm und von der Farm zum Markt. Fossile Energie wird benötigt beim Abbau und bei der Produktion von Düngemitteln; fossile Energie dient als Energiequelle wie auch als Rohmaterial bei der Produktion von Pestiziden. Neue Statistiken zeigen, daß für jede produzierte Nahrungskalorie in den Vereinigten Staaten ungefähr 1,5 Kalorien fossiler Brennstoffe von der Landwirtschaft und zugehörigen Tätigkeitsbereichen verbraucht wird. Zum Teil muß diese Energie aufgewendet werden, um einfache landwirtschaftliche Ökosysteme zu stabilisieren, d. h. sie gegen Insekten und Pflanzenkrankheiten zu schützen, gegen Winde, Trockenheit oder dergleichen. Diese biologische Stabilität wird normalerweise durch die Komplexität natürlicher Ökosysteme erreicht.

Der Mensch kann viele Bedingungen für das Pflanzenwachstum ändern. Er kann jedoch nicht Barrieren überschreiten, die etwa in der geographischen Variation der Menge von Sonnenenergie liegen, in der Temperatur des Bodens oder der Luft, und in der Feuchtigkeitsmenge, die für die Pflanze zur Verfügung steht. Und da die Schlüsselrolle bei alledem die Photosynthese spielt, wird Landwirtschaft immer eine weit verteilte menschliche Aktivität bleiben, die sich nicht beliebig räumlich konzentrieren läßt. Landwirtschaft muß notgedrungen über die Erdoberfläche verteilt bleiben, da Sonnenlicht in der Photosynthese nur an der Stelle genutzt werden kann, wo dieses Sonnenlicht ankommt. Ferner kann die Nahrungsproduktion nicht unabhängig von dem Verteilungsproblem gesehen werden. Es ist nun einmal nicht möglich, Landwirtschaft in Gebiete zu konzentrieren, wo große Nahrungsmengen gebraucht werden. Das unterscheidet die Landwirtschaft grundlegend von der industriellen Produktion.

Vielmehr tendieren hohe Konzentrationen von Menschen zur Landwirtschaftsfeindlichkeit. Jeder, der auf dem Land in der unmittelbaren Nähe großer Städte gelebt hat, weiß, wieviel landwirtschaftlich genutztes Land aus der Produktion genommen und „entwickelt" wird. Für je tausend weitere Menschen werden in Kalifornien im Durchschnitt 107 ha landwirtschaftlich nutzbaren Landes für Häuser und Straßenpflaster benötigt. Im Jahre 1970 waren bereits 1,35 Millionen ha besten kalifornischen landwirtschaftlichen Bodens in eine andere Bestimmung überführt worden. Im Jahre 2020 werden es 5,8 Millionen sein, also die Hälfte des landwirtschaftlich nutzbaren Bodens von Kalifornien. Erstklassiges Land wird in noch stärkerem Maße verbraucht: 1980 wird ein Drittel davon aufgebraucht sein. Hinzu kommt, daß Smog Pflanzen tötet. In Kürze wird Kalifornien ein Importland für Nahrungsmittel sein und nicht wie heute ein Exportland.

Hauptnahrungspflanzen. Ungefähr 80 Pflanzen- und etwa 2 Dutzend Tierarten wurden domestiziert. Im Laufe der Jahrhunderte sind die meisten von ihnen durch intensive Zuchtbemühungen für die Zwecke des Menschen verbessert worden. Bemerkenswerterweise hat praktisch die gesamte Domestikation der Pflanzen und Tiere, die wir heute nutzen, schon in prähistorischer Zeit stattgefunden. Von den etwa 80 Pflanzensorten spielen im großen Rahmen der Welternährung eigentlich nur drei eine bedeutende Rolle: Reis, Weizen und Mais. Diese drei Getreidesorten werden auf mehr als der Hälfte des von der Menschheit bearbeiteten Landes angebaut. Weizen und Reis stellen zusammen etwa 40% aller Nahrungsenergie für den Menschen.

Von allen die bedeutendste Pflanzensorte ist Reis. Reis stellt das Grundnahrungsmittel für etwa 2 Milliarden Menschen dar. Die Weltproduktion wurde 1968 auf 295 Millionen t geschätzt. Neue Reissorten, die sehr hohe Erträge liefern, werden vom Internationalen Reisforschungsinstitut auf den Philippinen bereitgestellt.

Nur wenig geringer ist die Bedeutung des Weizens. Im Jahre 1970 wurden etwa 288 Millionen t produziert. Weizen gedeiht in den Tropen nicht sehr gut. Die Haupt-Weizenkrankheiten treten vor allem bei warmen und feuchten Klimaten in Erscheinung. Weizen wird überwiegend in der gemäßigten Zone angebaut, wo die Winter kalt und feucht und wo die Sommer warm und relativ trocken sind (allerdings fällt in den Vereinigten Staaten im Weizengürtel der meiste Niederschlag während der Sommermonate).

Die dritte große Getreidesorte ist Mais mit einer Weltproduktion von 250 Millionen t im Jahre 1970. Lange warme und feuchte Sommer der östlichen Hälfte der Vereinigten Staaten sind ideal für die Produktion von Mais. Hier wächst mehr als 40% der Weltproduktion. Jedoch muß man sich darüber im Klaren sein, daß die Hauptmenge der Maisproduktion als Futter für Schweine und Rinder benutzt wird. Daher steht nur etwa $^1/_7$ der geernteten Maisenergie dem Menschen direkt zur Verfügung.

Mehr als 750 Millionen t Getreide werden also jährlich durch Reis, Weizen und Mais bereitgestellt. Dazu kommt eine Milliarde t an anderen Getreidesorten: Gerste, Hafer, Roggen, Hirse und Sorghum. Diese werden vorzugsweise in der gemäßigten Zone angebaut.

Der Eiweißgehalt der heutigen Hochleistungsgetreidesorten liegt zwischen 5 und 13%. Es handelt sich nicht um sehr hochwertiges Eiweiß, da seine Aminosäurezusammensetzung für die menschliche Ernährung ungünstig ist. Jedoch sind alle Getreidesorten sehr eiweißreich im Vergleich zu dem einzigen anderen Grundnahrungsmittel, das ihnen in der Bedeutung für die Welternährung nahe kommt: der Kartoffel. Rund 300 Millionen t Kartoffeln werden pro Jahr geerntet. Der Wassergehalt der Kartoffeln ist jedoch so hoch (75%) und der Eiweißgehalt so niedrig (1 bis 4% vom Feuchtgewicht), daß der Nährwert der jährlichen Ernte wesentlich geringer ist als der der drei großen Getreidesorten.

Leguminosen (eine Pflanzengruppe, zu der Erbsen, Bohnen, Erdnüsse und einige Futtersorten gehören) können mit den Getreidesorten in der Welternährungsliste nicht konkurrieren. Jedoch haben sie den doppelten bis vierfachen Eiweißgehalt, daher sind sie nicht nur für die menschliche Ernährung, sondern ebenso als Futterpflanzen von entscheidender Wichtigkeit. Bakterien, die mit den Wurzeln der Leguminosen vergesellschaftet sind, können gasförmigen Stickstoff aus der Atmosphäre binden und in eine Form überführen, die direkt von den Pflanzen genutzt wird. Daher dienen Leguminosen auch als Düngemittel, als sogenannte Gründüngung. Auf diese Weise tragen sie ihr Teil zu dem Eiweiß bei, welches aus anderen Pflanzen gewonnen werden kann.

Zwei Leguminosen — Sojabohnen und Erdnüsse — werden in der Hauptsache zur Ölproduktion angebaut. Sie machen allein etwa die Hälfte der Leguminosenproduktion der Welt aus mit einer Ernte von etwa 80 Millionen t. Das gewonnene Öl wird in der Margarineherstellung und als Speiseöl verwendet. Auch die Industrie braucht Öle dieser Herkunft. Das ausgepreßte Restmaterial ist ein ausgezeichnetes Viehfutter. Nur ein geringer Teil der geernteten Sojabohnen wird direkt vom Menschen verbraucht. Von der Erdnußernte dagegen wird ein erheblicher Teil direkt als Nüsse oder in Form von Erdnußbutter verzehrt. Auch Bohnen und Erbsen spielen in der Ernährung des Menschen eine wesentliche Rolle. Leguminosen werden auf der ganzen Welt angebaut. Die Sojabohnenproduktion ist in den Vereinigten Staaten und in Zentralchina konzentriert, Erdnüsse in Indien und Afrika, andere Bohnen und Erbsen im fernen Osten und in Südamerika.

Neben Getreiden und Leguminosen spielt eine reiche Menge anderer Pflanzen eine wesentliche Rolle. Süßkartoffeln produzieren Stärke, vor allen Dingen für die ärmeren Menschen. Zuckerrüben und Zuckerrohr werden zur Zuckergewinnung angebaut. Wurzeln, Stengel, Früchte, Beeren und Blätter vieler anderer Pflanzen stellen wichtige Vitamin- und Mineralquellen in der menschlichen Nahrung dar.

Viele Pflanzen dienen außerdem als Futterpflanzen für die Haustiere. Obwohl Haustiere vielfach einfach frei gelassen werden und sich etwas zu fressen suchen müssen, werden viele Nutzpflanzen speziell angebaut, um Haustiere zu füttern. Etwa 27 Millionen ha werden in der Welt mit Luzerne angebaut, welches die höchstproduzierende aller Futterpflanzen ist und besonders viel Eiweiß enthält. Klee und andere Leguminosen werden ebenso wie verschiedene Gräser als Futterpflanzen angebaut.

Die Hauptbedeutung domestizierter Tiere liegt in dem von ihnen aufgebauten qualitativ hochwertigen Eiweiß. Nur 9 Arten — Rind, Schwein, Schaf, Ziege, Wasserbüffel, Huhn, Ente, Gans und Truthahn — machen fast 100% der Eiweißerzeugung aus Haustieren aus. Vom Geflügel abgesehen, stammt etwa 90% des vom Menschen verzehrten Fleisches von Rind oder Schwein. Kühe produzieren mehr als 90% der Milch, Wasserbüffel etwa 4%, Ziegen und Schafe den Rest (wobei wir die winzigen Mengen von Rentieren und einigen anderen Haustieren ignorieren). Obwohl einige Stämme domestizierter Tiere an die Tropen einigermaßen angepaßt sind, ist Tierzucht im allgemeinen leichter und produktiver in den gemäßigten Zonen.

Die neuere Geschichte der landwirtschaftlichen Produktion. Nach dem II. Weltkrieg gab es einen gleichmäßigen, steigenden Trend in der Nahrungsmittelproduktion pro Kopf der Bevölkerung. Dieser Trend hat sich in den Industrieländern im allgemeinen bis zum heutigen Tag fortgesetzt. In den Entwicklungsländern dagegen stoppte der Zuwachs zwischen 1956 und 1960. Seitdem hat die Nahrungsproduktion pro Kopf der Bevölkerung ziemlich geschwankt (Tabelle 11). Im Jahre 1968 produzierte ein Durchschnittsland in Afrika und Lateinamerika weniger Nahrung pro Kopf der Bevölkerung als 12 Jahre zuvor. Die Länder des fernen Ostens steigerten ihre Nahrungsproduktion pro Kopf der Bevölkerung von 1956 bis 1964, fielen 1965 bis 1967 zurück und zeigten 1968 eine gewisse Erholung. Die Rückfälle sind auf das sehr starke Bevölkerungswachstum zurückzuführen: Die absolute Erntemenge war auch in diesen Jahren gestiegen.

Abb. 22 zeigt die allgemeinen Trends des Bevölkerungswachstums, der gesamten Nahrungsproduktion und der Pro-Kopf-Produktion an Nahrung in den Entwicklungsländern. Die Unregelmäßigkeiten, die von Jahr zu Jahr auftreten, sind Folgen lokaler Wetterbedingungen, die für hohe Nahrungsmittelproduktion entscheidend sind. Im allgemeinen blieb die Pro-Kopf-Produktion der Nahrungsmit-

Tabelle 11. Indizes der Nahrungsmittelproduktion pro Kopf (1952–1956 = 100). (Quelle: FAO: Monthly bulletin of Agricultural Economics and Statistics, vol. 20, Jan. 1971). Die Indizes wurden aufgrund der bis November 1970 vorliegenden Daten berechnet. In den Angaben für die gesamte Welt wurde die Volksrepublik China nicht berücksichtigt

Gebiet	1948–52	1954	1955	1956	1957	1958	1959	1960	1961	1962	1963	1964	1965	1966	1967	1968	1969	1970
Industrieländer	92	98	101	104	102	107	108	110	109	111	113	114	114	119	121	124	121	121
Entwicklungsländer	94	100	100	102	102	103	104	105	105	106	106	106	104	102	104	104	105	105
Welt	93	99	101	103	101	105	106	106	106	108	108	108	107	109	110	112	110	109

tel in den Entwicklungsländern bei dem Basisstand von 1952 bis 1956. Diese Tatsache bedeutet eine enorme Verschärfung des menschlichen Elends, denn das Heer der Hungernden ist zwischen 1950 und 1960 um etwa eine Milliarde Menschen größer geworden. Obwohl also die allgemeine Ernährungslage in den armen Ländern gleich geblieben ist, ist die absolute Zahl der Armen und ihr Anteil an der Gesamtbevölkerung der Erde stetig und rasch angestiegen.

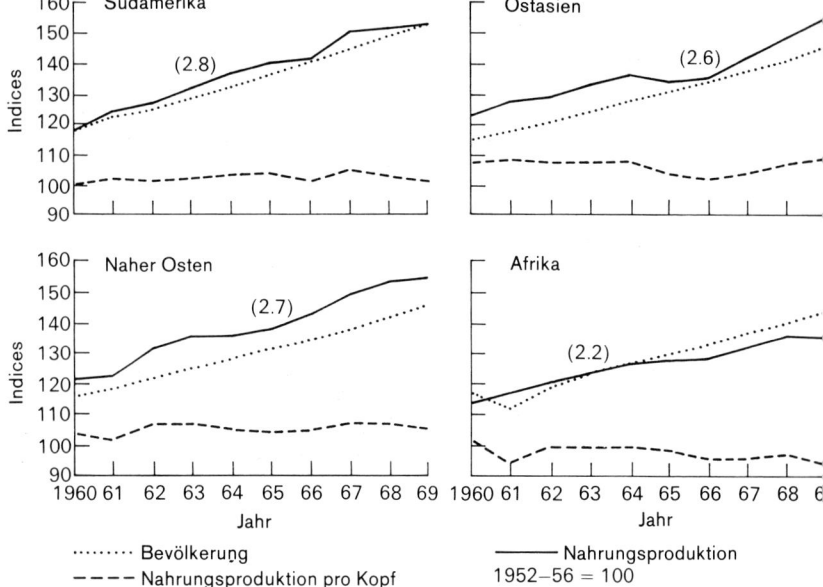

Abb. 22. Nahrungsproduktion und Bevölkerungstrends in Entwicklungsregionen. Zahlen in Klammern geben die jährliche Rate des Wachstums der Nahrungsproduktion zwischen 1956—1958 und 1966—1968 an. Die Daten für den Nahen Osten schließen Israel nicht ein, in den Daten für den Fernen Osten sind die Volksrepublik China und andere kommunistische Länder Asiens sowie Japan nicht eingeschlossen. In den Daten für Afrika fehlt die Republik Südafrika. (Nach FAO: State of Food and Agriculture 1970)

Natürlich sind solche Produktionszahlen nur sehr rohe Indikatoren für die Nahrungssituation, selbst innerhalb eines einzelnen Landes. Die Bedingungen können von Gebiet zu Gebiet gewaltige Unterschiede zeigen. Beispielsweise hörten in der Jahresmitte 1968 die Hungersnöte, die für viele Jahre Nordindien beherrscht hatten, auf. In einigen Gebieten Nordindiens waren Weizen und Reis plötzlich überreichlich vorhanden, und die Preise fielen ständig. Trotz dieses Überflusses waren allein in einer einzigen anderen Provinz 7 Millionen Menschen in unmittelbarer Gefahr, zu verhungern, und im gesamten Nordindien waren 20 Millionen Menschen in akuter Gefahr. Ursache dafür waren in der Hauptsache lokale

76

Trockenperioden in Gebieten nahe der Überschußzone. Die Menschen waren so arm, daß sie ihre „Nachfrage" nach Nahrung nicht genügend laut äußern konnten, so kam es zu dem spektakulären Überfluß in der unmittelbaren Nähe der Hungersnot.

Die Entwicklungsländer als Nahrungsmittelimporteure zu bezeichnen, wäre ein Fehler. Zwar liefern die Industrieländer den Entwicklungsländern jährlich 2,5 Millionen t Rohprotein, doch beliefern umgekehrt die Entwicklungsländer die Industrieländer mit ungefähr 3,5 Millionen t qualitativ hochwertigem Protein in der Form von Fischmehl, Preßkuchen, Ölsaat und Sojabohnen. Die Industrieländer benutzen fast alles als Futtermittel für Geflügel und Stubentiere. Mehr als 60 Länder, u. a. Mexiko, Panama, Hong Kong und Indien, versorgen die Vereinigten Staaten mit Krebsen, die Lebensretter sein könnten für Protein-unterernährte Kinder in diesen Ländern. Peru exportiert in die Industrieländer große Fänge verschiedener Fische, die erheblich dazu beitragen könnten, die Mangelkrankheiten in Lateinamerika auszuschalten.

Die Steigerung der Nahrungsmittelproduktion

Die Nahrungsversorgung der Entwicklungsländer ist günstigstenfalls am Rande gesichert. Großzügige Anstrengungen sind notwendig, um allein die Pro-Kopf-Produktion nicht absinken zu lassen. Um das Schicksal von ein bis zwei Milliarden hungriger Menschen zu verbessern, muß die Nahrungsproduktion in einem bisher nie bekannten Maß erhöht werden. Wie sind die Aussichten für einen weiteren Anstieg der Nahrungsmittelproduktion? Wie schon beschrieben, wird die Nahrungsproduktion auf der Erde vom Sonnenlicht abhängig sein, vom fruchtbaren Boden, von Wasser und einer Vegetationsperiode, die lang genug ist, um Nutzpflanzen reifen zu lassen. Diese Bedingungen sind jedoch sehr ungleichmäßig über unseren Planeten verteilt. Obwohl beispielsweise viele tropische Waldgebiete das ganze Jahr über wachsen und reichlich Regen fällt, sind ihre Böden oft extrem arm, so daß hier großzügige Landwirtschaft derzeit absolut unmöglich erscheint.

Erschließung neuen Landes. Der wissenschaftliche Beirat beim Präsidenten der Vereinigten Staaten schätzte 1967 die potentiell landwirtschaftlich nutzbare Fläche dieser Erde auf 3,18 Milliarden ha. Das sind zwar nur 24% der eisfreien Landgebiete, aber es ist immerhin mehr als doppelt so viel wie heute bearbeitet wird. Ungefähr 1,7 Milliarden ha, mehr als die Hälfte der Gesamtschätzung, liegt in den tropischen Gebieten. Die warm temperierte und subtropische Zone besitzt weitere 0,55 Milliarden möglicherweise beackerbaren Landes, die kühle gemäßigte Zone hat schließlich 0,9 Milliarden ha. Die Verteilung des kultivierten und des möglicherweise kultivierbaren Landes im Verhältnis zur Bevölkerung und zur Gesamtfläche der Kontinente ist in Tabelle 12 gezeigt. Der überwiegende Teil des möglicherweise kultivierbaren Landes liegt in Afrika, Südamerika und Asien.

Aber die Bezeichnung „möglicherweise kultivierbar" kann zu Mißverständnissen führen. In Wirklichkeit ist fast alles Land, welches unter den wirtschaftlichen

Tabelle 12. Bevölkerungsdichte und kultiviertes Land auf den verschiedenen Kontinenten verglichen mit dem möglicherweise bewirtschaftbaren Land. (Quelle: President's Science Advisory Committe, The World Food Problem 1967). Die Definition der FAO für kultivierbares Land ist „beackerbares Land und Land, welches regelmäßig Erträge liefert". Es schließt Getreidefelder ein, zeitweise bearbeitete Gebiete, zeitweise genutzte Weidegebiete, Küchengärten, Obst- und Weinbaugebiete sowie Gummiplantagen. Die Definition schließt also eine sehr große Vielfalt von Landgebieten in verschiedenen Staaten ein. Das Land, das wirklich in jedem Jahr benutzt wird, ist etwa die Hälfte bis zwei Drittel des insgesamt kultivierten Landes

Kontinent	Bevölkerung in Millionen	Gesamtfläche in Milliarden ha			Kultiviertes Land pro Einwohner (ha)	Kultiviert Kultivierbar
		Gesamt	kultivierbar	kultiviert		
Afrika	310	3,1	0,76	0,16	0,546	22
Asien	1855	2,8	0,65	0,54	0,3	83
Australien u. Neuseeland	14	0,85	0,16	0,017	1,2	2
Europa	445	0,5	0,18	0,16	0,38	88
Nordamerika	255	2,19	0,48	0,25	0,97	51
Südamerika	197	1,82	0,71	0,08	0,42	11
UdSSR	234	2,3	0,37	0,24	1,00	64
Gesamt	3310	32,49	7,88	3,43	1,00	44

Gesichtspunkten heute kultiviert werden kann, auch kultiviert. Der überwiegende Teil des möglicherweise kultivierbaren Landes in Asien kann eine Vegetationszeit von 4 Monaten nicht ohne zusätzliche Bewässerung tragen. Wenn man dieses Land abzieht, bleibt fast nichts in Asien übrig.

Bewässerung ist genau der Faktor, den man berücksichtigen muß, wenn man weiteres Land kultivieren will. Expertisen müssen vorgelegt werden, um die Fruchtbarkeit der Böden, die Notwendigkeit der Bewässerung, das Vorhandensein von Kapital und Arbeitskräften, genau zu belegen. Solche Expertisen kosten Geld. Das gilt auch für die Wege, die gebaut werden müssen und die 10 bis 30% der Entwicklungskosten bei der Erschließung neuer landwirtschaftlicher Gebiete verschlingen. Das Herrichten des Landes, das Entfernen von Felsen, die Verbesserung der Wasserverhältnisse und andere notwendige Verbesserungen kosten ebenfalls Geld, und diese Kosten sind außerordentlich variabel von Gebiet zu Gebiet. Andere Kosten betreffen die Beregnung, die Verwaltung dieser neuen Entwicklungen, die Umsiedlung von Menschen, den Bau von Häusern, Schulen usw. Sieben Musterprojekte in den Entwicklungsländern haben zwischen 13 und 394 Dollar pro ha gekostet, mit einem Durchschnitt von 88 Dollar pro ha.

Wieviel läßt sich erreichen, wenn man in diesem Augenblick der Welternährungskrise die Kräfte auf die Erschließung neuen Landes konzentriert? Unter der optimistischen Annahme, daß 1 ha Land zwei Personen ernährt, und der noch optimistischeren Annahme, daß die Entwicklungskosten durchschnittlich nicht mehr als 162 Dollar pro ha kosten (soviel kostet inzwischen allein die Bewässerung im Durchschnitt), müßte die Welt 28 Milliarden Dollar pro Jahr aufwenden, nur um neues Land zu erschließen und die Menschen zu ernähren, die jetzt jährlich zu der Bevölkerung hinzukommen. Und da eine nicht vermeidbare Zeitverzögerung bei der Erschließung neuer Landgebiete entsteht, scheint es vernünftig, unmittelbar mit der Finanzierung eines mindestens 10jährigen Programms zu beginnen, welches mindestens 280 Milliarden Dollar kostet. Die Chancen stehen jedoch dafür, daß ein solches Programm genauso erfolglos verlaufen würde wie entsprechende frühere Versuche.

Im Jahre 1954 wurden große Teile der trockenen Ebenen von Kasachstan in der UdSSR in die Getreideerzeugung hineingenommen. Der sowjetische Ministerpräsident hatte große Hoffnungen in dieses Programm zur Erschließung „jungfräulichen" Bodens gesetzt. Doch die Jungfrau entpuppte sich als Dirne. Regen fällt in diesem Gebiet nur selten. Im Durchschnitt sind es nur 30 cm pro Jahr; Trockenheit hat das Programm weitgehend scheitern lassen. In den 50er Jahren dehnte die Türkei ebenfalls ihr Getreideanbaugebiet in Graslandschaften hinein aus, die anschließend wiederum in Grasweiden zurückverwandelt werden mußten: Auch hier hatte ungenügender Regen den Anbau von Getreide unmöglich gemacht.

Ein klassisches Beispiel für den Mangel an Kenntnissen über die natürlichen Grenzen der landwirtschaftlichen Möglichkeiten war das unglückliche britische Erdnußprojekt, welches nach dem zweiten Weltkrieg in Tanganyika (nun Tansania) begonnen wurde. Obwohl Landwirtschaftsexperten vorhersagten, daß in 8 von 19 Jahren die Wetterverhältnisse für einen derartigen Anbau ausreichen würden, wurden Millionen von Dollar in das Programm investiert. Aber es gab keine Resultate; das Programm war ein katastrophaler Fehlschlag.

Brasiliens Versuche, eine Landwirtschaft im Amazonasbecken aufzubauen, sind durch die armen tropischen Böden zerschlagen worden. Anders als Böden der gemäßigten Zone, die reiche Lager an Pflanzennährstoffen darstellen, enthalten tropische Böden nur wenig von den Mineralien, die für das Pflanzenwachstum notwendig sind. Der überwiegende Teil dieser Mineralien wird in den Waldbäumen und in den Sträuchern selbst gespeichert. Wird der Wald beseitigt, so werden die Nährstoffe durch die starken Regenfälle schnell aus dem Boden weggeschwemmt. Kleine Kahlschläge, die Wunder zu versprechen scheinen, enden in einer Katastrophe. Erfolgreiche Landwirtschaft in den Tropen verlangt mehr als ein einfaches Übertragen landwirtschaftlicher Kenntnisse aus den Industrieländern in diese Gebiete. Hier müssen durch gründliches Experimentieren mit verschiedenen Methoden und Nutzpflanzen neue Techniken entwickelt werden. Sehr wahrscheinlich kann man von den einheimischen Bevölkerungen in diesem Gebiet eine ganze Menge lernen. Der Reisanbau in Südostasien funktioniert nur, weil die Bevölkerung durch Terrassenbau, sehr sorgfältiges Düngen und die Erneuerung der Fruchtbarkeit mit Hilfe von Flußablagerungen, die die Flüsse bei Überflutungen mitgebracht haben, ihr Land zu erhalten gelernt hat.

Vermutlich kann auch in Tropengebieten Landwirtschaft ohne untragbare ökologische Folgen betrieben werden, wenn man mit sehr großer Vorsicht vorgeht. Jedoch sind die ökologischen Risiken sehr groß. Sie liegen vor allem in der Zerstörung der großen Reservoire organischer Diversität, wie die tropischen Regenwälder sie darstellen.

Das wohl am meisten diskutierte Vorhaben, neues Land zu gewinnen, liegt in der Kultivierung und Bewässerung von Gebieten der ariden Zone. Hier muß größte Vorsicht walten, da die Gefahr einer endgültigen Ruinierung des Landes groß ist. Es wird geschätzt, daß Versalzung und Salzwasserstau in Pakistan alle 10 Minuten 1 ha Land aus der Produktion nimmt. Zukünftige Versuche, große Gebiete zu bewässern, dürften an großzügige Wasserprojekte gebunden sein, die Dammbauten und Kanäle einschließen, oder an die Entsalzung von Meerwasser. Die Vorräte an Grundwasser sind in den Gegenden, wo sie erreichbar sind, allgemein schon sehr stark ausgeschöpft worden, in Trockengebieten erfolgt die Wiederauffüllung solcher Reservoire so langsam, daß sie in jedem Fall nur eine kurzfristige Lösung bringen können.

Große Wasserprojekte sind überaus teuer, und sie kosten sehr viel Zeit. Außerdem stellen sich ihnen durch die Umwelt und durch spezielle soziologische Nebeneffekte schwere Hindernisse entgegen. Über den Daumen gepeilt, kosten derartige Anlagen, die für Beregnung und Elektrizitätsversorgung genutzt werden, etwa 1000 Dollar für jede Person, die aus dem dann bewässerten Land ernährt werden wird. Die Bauzeit variiert zwischen 10 und 20 Jahren. Während dieser Periode wird das Bevölkerungswachstum möglicherweise den Produktivitätszuwachs überflügelt haben. Außerdem wird durch solche Talsperren existierendes fruchtbares Land überspült. Die hier lebende Bevölkerung muß ausquartiert werden — man weiß nicht, wohin — und die Fruchtbarkeit im Unterlauf des Flusses wird gesenkt, da kein Feinmaterial mehr mit den Überflutungen nach unten transportiert wird.

Ein deutliches Beispiel dafür ist der Assuandamm in Ägypten. Während seiner Bauzeit stieg die Bevölkerungszahl Ägyptens so stark, daß jeder neue Bewohner Ägyptens aufgrund des Dammes nur $^1/_{20}$ ha kultivierten Landes hätte bekommen können. Dazu kommen höchst negative Effekte auf die Fruchtbarkeit des Nildeltas. Ferner hat der Damm bereits die Sardinenfischerei im östlichen Mittelmeer ruiniert. Schließlich unterstützt das weite Netz von Bewässerungskanälen die Verbreitung einer schweren parasitischen Krankheit, der Bilharziose, deren Übertragung von Süßwasserschnecken abhängt.

Das Entsalzen von Meerwasser für Zwecke der Bewässerung hat sehr bald seine Grenzen. Gegenwärtig liegen die Kosten für entsalztes Wasser viel zu hoch. Wenn das zu bewässernde Land nicht nahe der Küste liegt, kommen hohe Transportkosten hinzu. Jede Hoffnung in dieser Richtung hängt an 3 Voraussetzungen: (1) Verbesserungen in der Entsalzungstechnik müssen die Wasserkosten drastisch senken können, (2) Verbesserungen in der Landwirtschaftstechnik müssen den Verbrauch des Wassers durch die Pflanzen reduzieren, (3) es müssen Sorten gezüchtet werden, die Salzwasser tolerieren. Ob und in welchem Maße diese Voraussetzungen realisiert werden können, läßt sich nicht vorhersagen. Vor den nächsten zwanzig Jahren dürfte nichts Entscheidendes geschehen. Das Bevölkerungswachstum aber wartet nicht. Und: wenn wir einmal so weit sind, daß wir Seewasser entsalzen können, dann wissen wir nicht, wohin mit dem wasserlöslichen Salz.

Die grüne Revolution. Die sogenannte grüne Revolution, die eine Änderung in der landwirtschaftlichen Praxis bedeutet, welche nach Meinung mancher Experten die landwirtschaftliche Produktion in den Entwicklungsländern derart steigern kann, daß sie die Bevölkerungszuwachsrate übertrifft, hat in der jüngsten Vergangenheit erhebliche Aufmerksamkeit auf sich gezogen. Die Revolution besteht aus zwei Komponenten: Zum ersten der vermehrten Anwendung von neuen Hochleistungssorten von Getreiden (Tabelle 13) und dem erhöhten Einsatz von Dünger, Wasser und Pestiziden, die nun einmal nötig sind, um das Wachstumspotential der neuen Wundersorten auszuschöpfen.

Die neuen Hochleistungssorten können in der Tat Ernten hervorbringen, die weit über den bisherigen liegen. Beispielsweise kann der Zwergreis IR-8 mehr als 2mal so viel Reis pro Fläche und Zeit erzeugen, *wenn er richtig behandelt wird.* Wie die anderen neuen Sorten ist diese Sorte in extremen Maße auf Düngung angewiesen. Unter manchen Bedingungen muß die Sorte dreimal so viel Dünger erhalten wie die bisherigen Sorten. Wenn die großen Wassermengen zur Verfügung stehen, die bei so hohen Düngergaben notwendig sind, und wenn es gelingt, jegliche Pflanzenschädlinge und Pflanzenkrankheiten fernzuhalten, dann tragen diese neuen Sorten eine wirklich erstaunliche Ernte.

Die neuen Sorten reifen früh, und sie sind im Gegensatz zu den klassischen Sorten von jahreszeitlichen Änderungen der Tageslänge kaum abhängig. Jedoch muß betont werden, daß die potentielle Ertragsfähigkeit der neuen Sorten nur realisiert werden kann, wenn ein ganzer Komplex von Umweltbedingungen erfüllt ist. Dazu gehören, wie bereits genannt, Dünger, Wasser und Pestizide. Ohne diese liegen die Resultate unter denen der klassischen Sorten.

Mit den neuen Sorten hat die grüne Revolution erhebliche Möglichkeiten für eine Verbesserung der Nahrungsmittelversorgung in den Entwicklungsländern. In manchen Ländern sind diese Möglichkeiten bereits in die Wirklichkeit umgesetzt worden. In Indien lag die Maisernte im Jahre 1968 um 35% über den vorhergehenden Jahren. Die pakistanische Ernte lag 37% höher als in jedem anderen Jahr. Auch auf den Philippinen und Ceylon stieg die Reisernte gewaltig an. Diese Anstiege waren großen Teils das Ergebnis der neuen Wundersorten. Im Staat Mysore in Indien erhalten die Bauern alle 14 Monate drei Maisernten. Wenn genügend Was-

Tabelle 13. Die derzeitige Verbreitung der neuen Hochleistungsgetreidesorten. Der größte Teil des Weizens und alle Anbauflächen für Reis liegen in Süd- und Ostasien. Von der Anbaufläche für 1969–1970 entfielen 59% auf Indien, 20% auf Pakistan. Kleinere Gebiete sind auch in Westasien, Nordamerika und Lateinamerika mit Hochleistungssorten bepflanzt. (Quelle: Dalrymple: Imports and Plantings of High-Yielding Varieties of Wheat and Rice in the Less Developed Countries. US Department of Agriculture, 1971). Aus den kommunistischen Staaten liegen keine Daten vor

Erntejahr	Weizen	Reis	Summe
1965/66	9660	7500	17220 ha Anbaufläche
1966/67	647600	1052000	1717000
1967/68	4273000	2724000	6997000
1968/69	8273500	4880000	13154000
1969/70	10359000	8085000	18444000

ser zur Verfügung steht, können die Bauern in Indien, Indonesien und auf den Phillipinen zwei oder sogar drei Reisernten pro Jahr einbringen. Im Falle einer Trockenzeit mit ungenügender Wasserversorgung bauen sie nun Hochleistungssorten von Hirse an, die wenig Wasser benötigen. In manchen Gebieten von Nordindien und Nordpakistan produziert die Landwirtschaft Reis im Sommer und Weizen im Winter.

Solche Fortschritte demonstrieren, daß in einigen Entwicklungsländern beachtliche Steigerungen der Nahrungsproduktion möglich sind. Eine Menge nicht beantworteter Fragen über Dauer und endgültiges Ausmaß der grünen Revolution bestehen jedoch nach wie vor. Da die neuen Sorten in jedem Fall sehr hohe Düngermengen beanspruchen, muß viel Kunstdünger bereitgestellt werden. Natürlicher Dünger steht nicht in genügendem Maße zur Verfügung. Die Produktion chemischer Düngemittel ist kein Problem, und wir wissen eine ganze Menge über ihre günstigste Anwendung. Jedoch macht man sich meist keine Gedanken über die Menge des benötigten Düngers. Die großen Leistungen von Japan und den Niederlanden werden oft als eine Hoffnung für die Entwicklungsländer bezeichnet.

Jedoch: Wenn Indien Kunstdünger in eben solchem Maße wie die Niederlande benutzen würde, würde Indien allein die Hälfte des derzeit auf der Welt hergestellten Kunstdüngers für sich beanspruchen müssen. Pro Kopf benötigen die Niederländer mehr als 12mal so viel Dünger wie die Inder (und dennoch können die Niederlande sich nicht selbst ernähren).

Wenn ein Entwicklungsland auf die neuen Wundersorten umsteigen will, muß der Kunstdünger in dem Entwicklungsland produziert oder er muß importiert werden. Dann muß der Dünger zu den Feldern transportiert werden. Für all das sind sehr erhebliche Kapitalmengen notwendig. Schließlich ist für die derart auf Düngung angewiesenen Wundersorten reichliche Wasserzufuhr unbedingt notwendig. (Man rechnet, daß eine Pflanze für die Produktion von 1 kg Trockensubstanz 500 kg Wasser verbraucht.)

Da so viel Wasser meist nicht zur Verfügung steht, müssen Leitungen angelegt werden, Beregnungsanlagen und Pumpen. Schließlich sind Pestizide ebenso wie mechanisiertes Ansäen und Ernten notwendig, um bei den neuen Sorten Höchstleistungen zu erzielen. Das alles ist für die Entwicklungsländer viel zu teuer.

So gibt es eine ganze Reihe ökonomischer Probleme, die mit der grünen Revolution zusammenhängen. In einigen Ländern werden die neuen Sorten in der Hauptsache von progressiven Farmern eingeführt, nämlich denen, die die größten und reichsten Farmen besitzen. Sie können am ehesten die finanziellen Mittel für Düngung, Pestizide, Wasser und die notwendigen Maschinen aufbringen. Da die neuen Sorten nun höhere Erträge bringen, wird der Unterschied zwischen arm und reich in kürzester Zeit potenziert. Mit der Einführung der grünen Revolution sind also spezielle Kredite für kleine Farmen besonders notwendig — selbst wenn diese nicht unmittelbar die gewünschten Erträge liefern.

Ein anderes wesentliches Problem ist der Mangel an Landwirtschaftsexperten und Landwirtschaftstechnikern in den Entwicklungsländern. Forschungsorganisationen wie das Internationale Mais- und Weizenzentrum (CIMMYT) in Mexiko und das Internationale Reisforschungsinstitut (IRRI) auf den Philippinen haben viele wesentliche Anstöße zur landwirtschaftlichen Entwicklung gegeben. Jedoch sollte die Zahl dieser Institutionen wesentlich erhöht werden, damit über in der gesamten Tropenwelt erfahrene Spezialisten zur Verfügung stehen.

Das Problem, die Landwirtschaft in den Entwicklungsländern zu revolutionieren, ist vielfach verknüpft mit dem allgemeinen Problem, die Entwicklungsländer zu entwickeln. Mangel an Kapital, an natürlichen Hilfsquellen, an erfahrenen Technikern, Mangel an effektiver Planung und das Fehlen geeigneter Transport- und Vermarktungssysteme sind überall mit extrem hohen Raten des Bevölkerungswachstums, der schlechten Ernährung und Krankheit kombiniert. So wird jede Art der Entwicklung schwierig und hindert damit die Entwicklung der Landwirtschaft. Das ist ein tödlicher Kreis, aus dem auch die grüne Revolution nicht ausbrechen kann.

Jedoch sind die biologischen Probleme, die mit der landwirtschaftlichen Entwicklung verknüpft sind, noch viel größer. Beispielsweise wurden die neuen Wundersorten zuerst in Ländern wie Pakistan, eingeführt, wo das Klima besonders günstig ist. Wie sich die Dinge in weniger günstigen Klimaten entwickeln werden, läßt sich noch nicht sagen. Auch sind die Wundersorten ohne genügende Feldversuche in die Produktion genommen worden, weil diese Feldversuche sehr viel Zeit brauchen. So ist es sehr unsicher, wie sich die Sorten auf die Dauer gegen die Angriffe von Pflanzenkrankheiten und Insekten schützen werden. Dauernd werden weitere Sorten entwickelt, um für alle möglichen Bedingungen das richtige Saatgut bereitzustellen. Dennoch gilt, daß eine Hochleistungssorte für diese Hochleistung einen Preis zahlen muß: Entweder ist ihr Eiweißgehalt gering, oder ihre Resistenz gegenüber Bakterien oder Insekten reicht nicht aus. Tatsächlich haben sich jetzt dramatische Rückschläge ergeben.

Da die Hochleistungssorten sehr viel stärker auf Wassermangel reagieren als die klassischen Sorten war von vornherein die Frage aufgetaucht, wie die Ernte in einem ungünstigen Jahr ausfallen würde. Im Anschluß an die klimatisch außerordentlich günstigen Jahre, die die hohen Erträge lieferten, folgten in Indien und Pakistan ein paar Jahre mit sehr geringem Niederschlag. Die Folge war ein nahezu vollständiger Ausfall der Ernten mit dem Hochleistungsgetreide. Infolge von Trockenlegungen der Sümpfe ist auch eine Pufferung der Feuchtigkeit durch den Boden sehr viel schlechter geworden: Die Pflanzen brauchen dauernden Regen. Schließlich ist der Eiweißgehalt bei den Hochleistungssorten relativ geringer als bei den normalen Sorten, und gerade Eiweiß ist — wie wir gesehen haben — der Hauptmangelfaktor in den Entwicklungsländern.

Einer der schwerwiegendsten Nebeneffekte der grünen Revolution ist jedoch der Verlust von Reserven an genetischer Variabilität in den Getreidepflanzen. Diese Variabilität ist eine unbedingte Voraussetzung für die Entwicklung weiterer guter Sorten. Dieser Vorgang beschleunigt sich im Augenblick mit besorgniserregender Geschwindigkeit. Auf riesigen Flächen werden alte variable Sorten durch neue genetisch einheitliche Einheitssorten ersetzt. Die Experten der FAO meinen, daß innerhalb der nächsten fünf Jahre Reserveflächen angelegt werden müssen zur Erhaltung der alten Variabilität — sonst wird die Menschheit die hier gespeicherte Information für immer verloren haben.

Da die neuen Sorten große Mengen an Pestiziden benötigen mit all ihren schädlichen ökologischen Nebeneffekten, wird ein Teil des Preises für die Landwirtschaftsentwicklung eine Vermehrung der Umweltvergiftung sein und ein Absinken der Erträge aus dem Meer. Und natürlich werden mit dem gewaltigen Verbrauch an Düngemitteln schwerwiegende Umweltprobleme auftreten (vergl. Kapitel 6). Da biologische Probleme sich langfristig entwickeln, erscheint es möglich, daß die ersten Erfolge der grünen Revolution einen falschen Eindruck vom Wert der möglichen Verbesserung in der Landwirtschaft gegeben haben.

Die neuen Sorten sind in der Hauptsache von den progressivsten Landwirten in den günstigsten Gebieten angenommen worden. Wir werden sehen müssen, ob ihr Erfolg von anderen Farmen in ungünstigeren Gegenden wiederholt werden kann. Auf der anderen Seite kann man argumentieren, daß die grüne Revolution die Traditionen aufbrechen kann: Nur die Zeit wird das lehren.

So vielversprechend die Hochleistungslandwirtschaft auch sein mag: die Geldmittel, das geschulte Personal, die ökologische Expertise und die notwendige Zeit für die Entwicklung stehen uns nicht zur Verfügung. Vielmehr befinden wir uns in einem Wettlauf. Ein Revolutionieren der Landwirtschaft in den gesamten Tropen ist ein zeitraubendes Unterfangen. Das Wachstum der Bevölkerung wird nicht warten. Die Erfüllung der Versprechen aus der grünen Revolution dauert selbst im günstigsten Fall viel zu lange für die Hungrigen dieser Welt. Selbst die optimistischsten Verfechter der grünen Revolution wie Norman Borlaug, der für seine Entwicklung der Weizensorten den Nobelpreis erhielt, geben zu, daß es unmöglich ist, länger als 2 oder 3 Jahrzehnte mit der steigenden Bevölkerungszahl Schritt zu halten. Da eine Lösung durch Geburtenkontrolle viel länger als das dauern wird, ist die Wahrscheinlichkeit, eine weltweite massive Hungersnot zu vermeiden, gering genug.

Nahrung aus dem Meer

Der vielleicht verführendste Mythos in der Bevölkerungs-Nahrungs-Krise ist der Satz, die Menschheit könne durch Gewinnung der unermeßlichen Reichtümer des Meeres gerettet werden. Dabei ist die Ansicht, daß wir in näherer Zukunft wesentlich größere Mengen an Nahrung aus dem Meer gewinnen können, eine Illusion, die nur von schlecht oder gar nicht Informierten immer wieder genannt wird. Die Biologen haben sorgfältig genug die Reichtümer des Meeres abgeschätzt, haben die Möglichkeiten, diese Reichtümer zu gewinnen, getestet und haben sie als ungeeignet befunden, die Welternährungskrise zu beseitigen.

Die Basis dieses Mythos scheint aus der theoretischen Überlegung zu kommen, daß die Fischerei um ein Vielfaches erhöht werden könnte. Eine genauere Analyse von J. H. Ryther, vom Woods Hole Oceanographic Institution, ergab 1969, daß im höchsten Fall 100 Millionen t Fisch pro Jahr gefangen werden könnten. Das ist weniger als das Doppelte von dem was jetzt aus den Weltmeeren geholt wird, nämlich etwa 70 Millionen t (die Schätzung liegt höher als die der Vereinten Nationen, da sie mit 6 bis 8 Millionen t die Fischerei der Volksrepublik China einschließt). Andere Meeresbiologen die optimistischer sind, meinen, die Fischereierträge könnten auf 150 Millionen t gesteigert werden.

Seit 1950, als die Weltfischereierträge etwa 21 Millionen t betrugen, ist eine Steigerung von 5 bis 6% pro Jahr eingetreten. Diese Zunahme beruhte auf mehr Fischerei und verbesserter Methodik, zum Teil aber auch auf besserer Berichterstattung. Im Jahre 1969 gab es in der Weltfischerei einen abrupten Stopp: Tatsächlich bedeutet der Gesamtfang von 63 Millionen t einen Rückgang um 2% gegenüber dem Vorjahr. 1970 stieg dann die Weltfischerei wiederum auf etwa 70 Millionen t, jedoch gab es 1971 einen erneuten Rückschlag. Wenn die Weltfischereierträge bis zum Jahre 2000 auf 100 Millionen t steigen würden, so würde pro Person weniger Fisch zur Verfügung stehen als 1970 — es sei denn, die Wachstumsrate der menschlichen Bevölkerung nähme inzwischen eine sinkende Tendenz an.

Um eine jährliche Fischproduktion von 100 bis 150 Millionen t zu überschreiten, wäre es nötig, in der Nahrungskette weiter nach vorn zu gehen: Anstelle der großen Fische müßte zu einem Fang des Planktons, also kleiner mariner Organis-

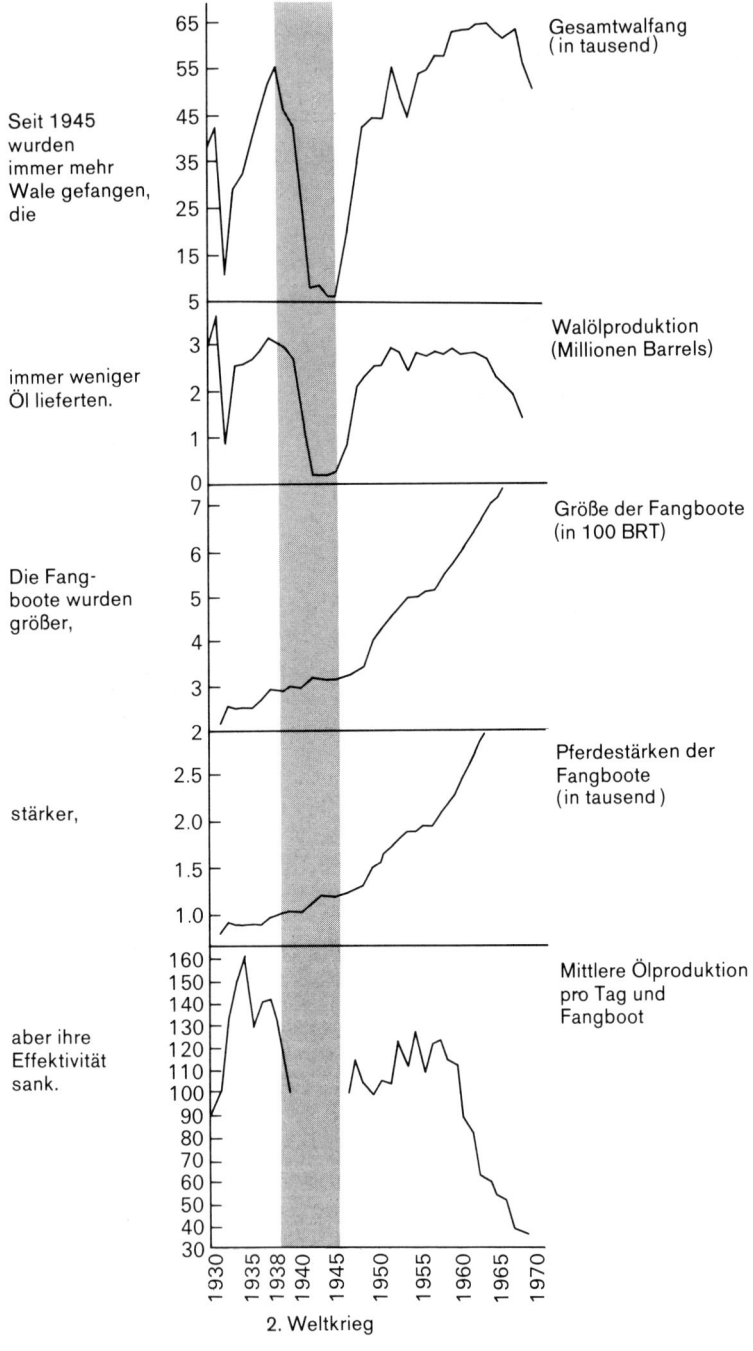

Seit 1945 wurden immer mehr Wale gefangen, die

Gesamtwalfang (in tausend)

immer weniger Öl lieferten.

Walölproduktion (Millionen Barrels)

Die Fangboote wurden größer,

Größe der Fangboote (in 100 BRT)

stärker,

Pferdestärken der Fangboote (in tausend)

aber ihre Effektivität sank.

Mittlere Ölproduktion pro Tag und Fangboot

2. Weltkrieg

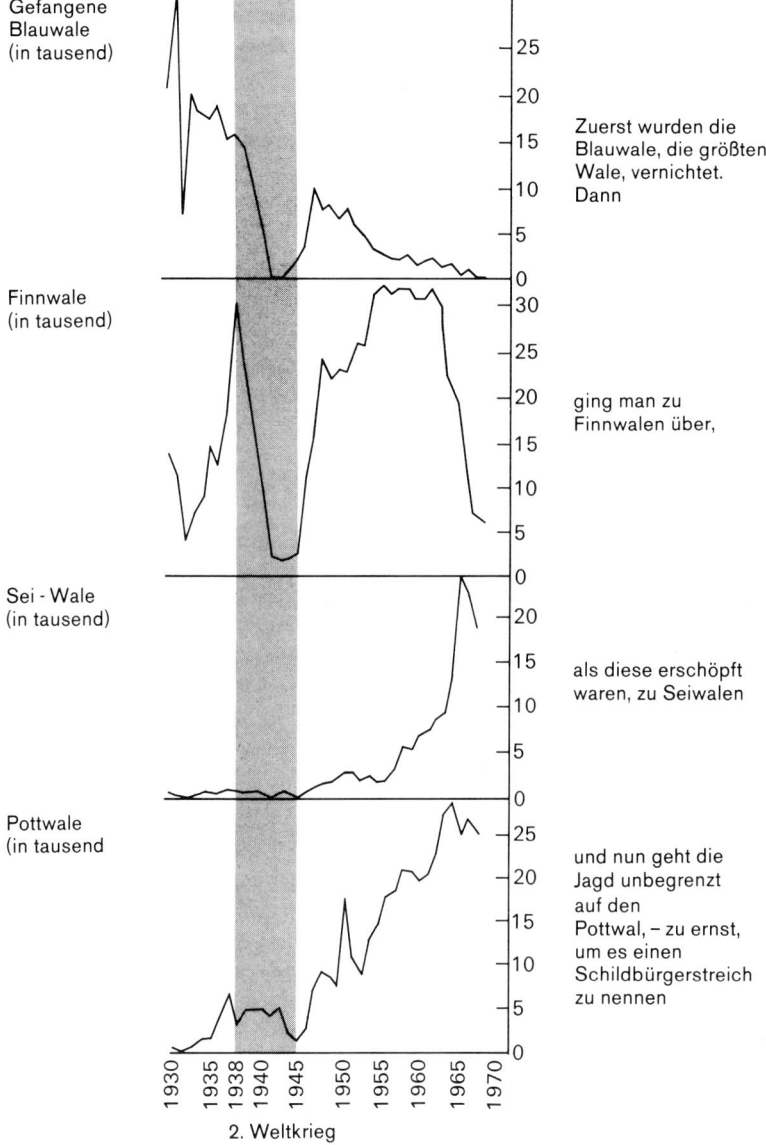

Abb. 23 u. 24. Übernutzung der Wale. (Nach New York Zoological Society Newsletter, Nov. 1968)

men, übergegangen werden. Alles deutet darauf hin, daß dies in absehbarer Zukunft nicht möglich oder zumindest nicht profitabel sein wird. Um dieses Plankton zu fangen, müßte viel mehr an fossilen Brennstoffen und an menschlicher Energie aufgewandt werden als man durch Verzehr des Planktons gewänne. Der finanzielle Aufwand würde im Vergleich zum Ertrag kolossal werden. Das Produkt würde außerdem eine sehr beachtliche Verarbeitung benötigen, ehe es als Nahrung für den Menschen geeignet wäre. Außerdem würde ein Abernten des Planktons die Fische deutlich dezimieren.

Einer starken Erhöhung der Fänge über das gegenwärtige Maß hinaus stehen jedoch zwei Dinge entgegen. Das eine ist die Überfischung, das zweite ist die Vergiftung der Ozeane, welche in Kapitel 6 diskutiert wird. Der Rückschlag von 1969 könnte bedeuten, daß uns diese zwei Probleme möglicherweise bereits überholt haben. Die Geschichte des Walfangs dient als Modell einer Übernutzung. Im Jahre 1933 wurden insgesamt 28 907 Wale gefangen. Daraus wurden 2 606 201 Barrel Walöl produziert. Im Jahre 1966 wurden 57 891 Wale getötet, also etwa doppelt so viele wie 1933. Aber doppelt so viele Wale lieferten nur 1 546 904 Barrel Walöl, nur 60% also des Ergebnisses von 1933. Der Grund läßt sich aus den Abb. 23—24 entnehmen. Die größeren Walarten sind der Ausrottung nahe, so ging die Industrie zum Fang nicht nur der jungen Individuen großer Arten, sondern mit der Zeit auch zum Fang immer kleinerer Arten über.

Lassen wir jede Diskussion über Ästhetik und Moral eines solchen unbeschränkten Abschlachtens dieser großartigen und intelligenten Tiere beiseite. Was können wir über die Industrie sagen? Zunächst: Der Marsch der Walindustrie zur Selbstzerstörung scheint dem allgemeinen Glauben zu widersprechen, daß der Mensch automatisch sein Verhalten ändert, wenn dieses Verhalten sich gegen seine eigenen Interessen richtet. Obwohl die Walindustrie von Biologen genauestens informiert wurde, besteht die Walindustrie darauf, weiterhin ständig gegen die eigenen Interessen zu verstoßen. Kurzfristiges Eigeninteresse, der Gedanke an sehr schnellen Gewinn, ist ganz offensichtlich viel zu stark, als daß er für langfristige Gedanken Platz ließe. Die Eigentümer dieser Industrie gedenken offenbar langfristig ihr Geld damit zu verdienen, daß sie sowohl die Wale als auch die Walindustrie zum Zusammenbruch bringen und dann ihr unrecht erworbenes Geld an anderer Stelle einzusetzen.

Die Technik des Raumzeitalters wird in gleicher Weise wie bei den Walen auch auf vielen Fischgründen eingesetzt, und das, obwohl in vielen Gebieten bereits eine Überfischung stattfindet und in anderen in Kürze eine solche eintreten wird. Die Sowjetunion und andere osteuropäische Staaten sind in ganz großem Stil in die Fischerei eingestiegen. Ein einziges rumänisches Fabrikschiff, welches mit modernsten Apparaturen ausgestattet war, fing an einem einzigen Tag in den Gewässern um Neuseeland ebensoviel Fisch wie die gesamte Flotte von Neuseeland mit ihren 1.500 Schiffen. Simrad Echo, eine norwegische Zeitschrift, die vom Hersteller einer Ultraschallfischlupe veröffentlicht wird, brüstete sich 1966 damit, daß die industrialisierte Heringsfischerei nun vor den Shetlandinseln angekommen sei, wo 300 entsprechend ausgerüstete norwegische und isländische Schleppnetzfischer ungeahnte Mengen Hering angelandet hätten. Ein Artikel des Herausgebers fragte: „Wird die britische Fischindustrie nun endlich zur Schleppnetzfischerei übergehen, um den absinkenden Heringsfang zu bessern?" Ein anderes Zitat aus der selben Zeitschrift gibt weitere Information: „Was werden die Shetlandfischer in der nächsten Zukunft tun? Werden sie sich an der Schleppnetzfischerei beteiligen, wo das gut geht, oder werden sie ihre Treibnetzfischerei beibehalten? Was werden sie tun, wenn sich herausstellen sollte, daß Schleppnetzfischerei einen nachteiligen Effekt auf die Heringsbestände hat?" Die Antwort ist nun klar: Im Januar 1969 meldeten englische Tageszeitungen den Zusammenbruch der Heringsfischerei an der britischen Ostküste. Die Schleppnetzfischer hatten die jungen Heringe gefangen, die durch die relativ großen Maschen der englischen Treibnetze hindurchgeschlüpft waren, und der Bestand, der die Fortpflanzung sichern sollte, war zerstört. Auch der größte Fischmehlproduzent der Welt, Peru, ist nun am Ende (Idyll 1973): Das hat gewaltige Wirkungen auf unsere Futtermittelpreise.

Das Meer gehört jedem. Das ist so, als wenn eine Wiese allen gehört. Vom Standpunkt eines einzelnen Schafhirten gibt es nur die Möglichkeit, auf so einer Wiese so viele Tiere wie möglich zu weiden. Wenn seine eigenen Tiere das Gras nicht fressen, werden andere Tiere dieses Gras nehmen. Derartige Gedankengänge gelten für alle allgemeinen Güter. Die Individuen bemühen sich, ihre Herden zu vergrößern, bis irgendwann die Tragfähigkeit der Wiese erschöpft ist, und sie durch Übernutzung zerstört wird. Genauso ist es auf dem Meer: Jedes Individuum, jede Fischereigesellschaft, jeder Staat, der einen Fischbestand nutzt, bemüht sich, einen möglichst großen Anteil aus dem Fang zu bekommen. Wenn nicht eine ganz strikte Abmachung über das Höchstmaß des Fanges getroffen wird, scheint eine Übernutzung die beste Kurzzeit-Strategie zu sein. Wenn wir den Fisch nicht fangen, sagen die Japaner, so werden die Russen sich ihn holen. Die Russen sagen das gleiche, und ebenso tun es die Peruaner und alle anderen. Das Ende der Geschichte wird eine Katastrophe für alle sein.

Die Jagd auf das Eiweiß des Meeres ist heute in vollem Gange. Die Fischereierträge haben sich von 1953 bis 1968 mehr als verdoppelt. Der Löwenanteil entfiel 1968 auf Peru, Japan und die UdSSR. Zusammen landeten sie ungefähr 40% des gesamten Weltfischereiertrages an. Die Vereinigten Staaten und Norwegen fischten als nächste etwa 7%. Die Konkurrenz wird spürbar. Sowjetische Schiffe machen Schlagzeilen durch Fischerei unmittelbar vor den Grenzen von Kanada und den Vereinigten Staaten. Zwischen 1961 und 1971 beschlagnahmte die peruanische Regierung 30 nordamerikanische Fischereischiffe. Ecuador hat in der gleichen Zeit 70 Schiffe beschlagnahmt, die angeblich in ecuadorianischen Gewässern gefischt hatten. Ecuador und Peru beanspruchen einen Streifen von 200 Meilen vor ihrer Küste als Hoheitsgebiet. Der Fischereikrieg um Island ist noch nicht beendet. Die Liste dieser Konflikte wächst mit jedem Jahr und wird bestimmt weiter wachsen.

Da nur wenige Prozent der Kalorien auf dieser Welt aus dem Meer kommen, könnte man schließen, daß eine Fangreduktion nicht besonders aufregend sei. Jedoch ist sie im Gegenteil besonders gravierend. Obwohl die Nahrung aus dem Meer relativ wenig Kalorien liefert, stellt sie ungefähr 15% des tierischen Proteins dieser Erde. Für einige Länder, besonders für die, die einen höheren Proteinanteil haben als ihnen bei gleichmäßiger Verteilung zustehen würde, würde ein Verlust dieses Eiweißes eine Katastrophe bedeuten. Beispielsweise versorgt die japanische Fischerei das japanische Mutterland mit mehr als 1$\frac{1}{2}$mal so viel Eiweiß als die japanische Landwirtschaft bereitstellen kann.

Läßt sich die See bewirtschaften wie eine Farm? Jeder Eindruck, daß derartiges in absehbarer Zeit möglich wäre, ist Illusion. Im ganzen gesehen, werden wir in absehbarer Zeit Jäger und Sammler auf dem Meer bleiben. Nur in wenigen Fällen werden wir eine Vorsorge für die Tiere treffen können (bei manchen Fischarten und bei Austern). Ein Bewirtschaften der See nach landwirtschaftlichen Gesichtspunkten bringt viele Probleme mit sich — vor allen Dingen die des Düngens und Erntens. Wohl die einzige echte Landwirtschaft wird derzeit an der japanischen Küste mit einigen Algen betrieben. Vielleicht wird man, wenn die See infolge Übernutzung und Vergiftung ihrer Fische und Muscheln beraubt ist, versuchen, Planktonalgen nach landwirtschaftlichen Gesichtspunkten anzubauen (wenn das Meer bis dahin nicht total vergiftet ist). Der Ertrag würde günstigstenfalls extrem teuer werden, er würde auch nicht sehr gut schmecken, aber in der Verzweiflung mag man es versuchen. In der unmittelbaren Zukunft gibt es keine Hoffnung, daß eine echte Bewirtschaftung des Meeres irgendwelche Probleme lösen könnte.

Die Pläne einer drastischen Steigerung der Fischereierträge haben die Konsequenzen der Vergiftung der Meere nicht bedacht. Sie sind ferner von der Annahme ausgegangen, daß die Bestände des Meeres vernünftig gehandhabt werden. Die Geschichte der Fischerei gibt keinen Anlaß zu solcher Hoffnung (Abb. 25). Vielmehr wird man junge und alte Fische weiterhin nebeneinander und gleichzeitig jagen, und die Vergiftung der Meere wird das ihrige dazu beitragen, die Fischbestände zu verringern.

So gibt uns das Meer keine Antwort auf unsere Nahrungsprobleme. Vielmehr dürfte das Meer in Zukunft kaum die Erträge liefern, die es heute liefert. Vergleichen wir es mit einer Hühnerfarm. Es ist, als würde der Farmbesitzer das Hühnerfutter, die Eier und die Hühner essen, während er den Hühnerstall anzündet, um sich warmzuhalten.

Neuartige Nahrungsquellen. Wie steht es mit den anderen so oft vorgeschlagenen Lösungen, die wir in der Zeitung lesen? Einige neuartige Nahrungsquellen bieten tatsächlich die Möglichkeit, den Mangel an Eiweiß zu mildern. Beispielsweise kann eiweißreiches Material durch Kultur einzelliger Algen auf Petroleum oder auf anderen Substraten gewonnen werden. Theoretisch könnte ein großer Teil des Eiweißdefizits der Welt, wenn nicht das ganze, durch Eiweiß aus solchen Quellen aufgefüllt werden. Fachleute halten es für möglich, daß es bis 1980 möglich sein könnte, Eiweiß aus Einzellern (SCP) für den menschlichen Gebrauch ausreichend zu reinigen, obwohl die Reinigungskosten die Sache ökonomisch nichtlohnend erscheinen lassen. (Roheiweiß aus Einzellern ist wegen des sehr hohen DNA-Gehaltes für die Nieren schädlich.) Einige Fabriken produzieren inzwischen geringe Mengen von SCP als Zusatz für die Tiernahrung. Wenn SCP für den menschlichen Verbrauch entwickelt würde, so würde sich das Problem entsprechender

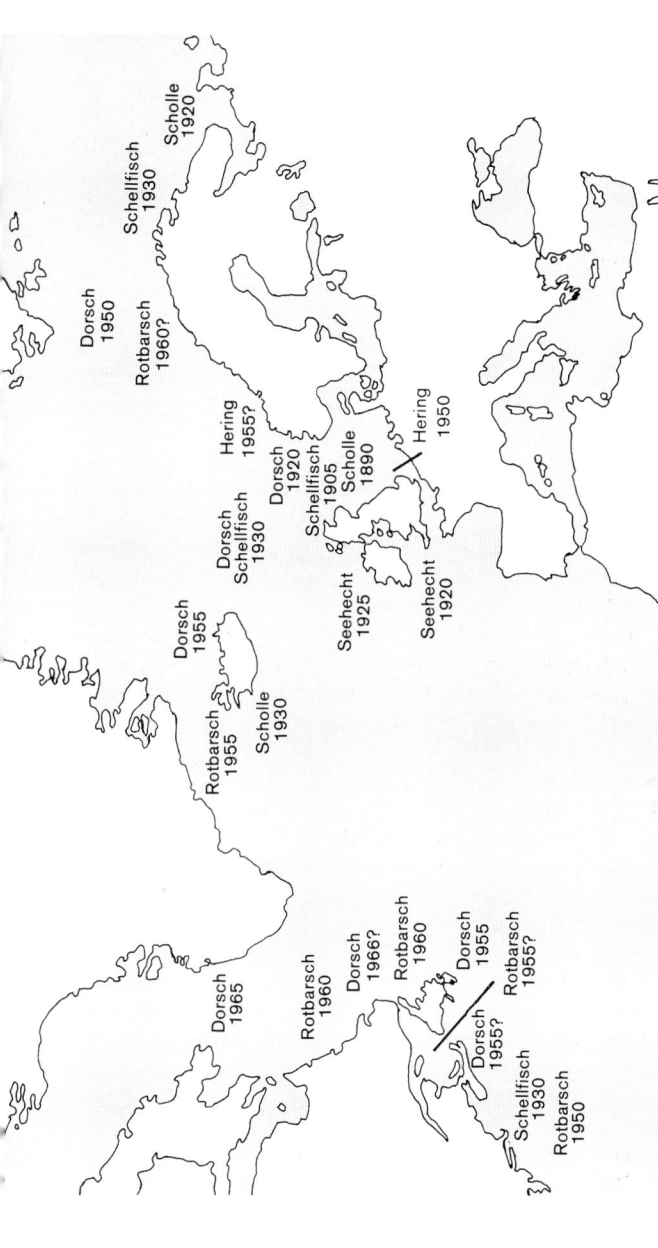

Abb. 25. Überfischung im Nordatlantik und den angrenzenden Meeresgebieten begann vor etwa 80 Jahren in der Nordsee, als erhöhte Anstrengungen beim Schollenfang keine erhöhten Fänge mehr lieferten. 1950 galt dies auch für Dorsch, Schellfisch und Hering in der Nordsee; für Dorsch, Schellfisch und Scholle im Gebiet des Nordkaps und der Barents See; für Scholle, Schellfisch und Dorsch südlich und östlich von Island und für den Rotbarsch und Schellfisch vor der nordamerikanischen Küste. Zwischen 1956 und 1966 zeigte sich die gleiche Tatsache beim Rotbarsch vor Neufundland und Labrador und beim Dorsch westlich von Grönland. Vielleicht hat auch schon der Rotbarsch am Nordkap und der Dorsch vor Labrador dieses Stadium erreicht. (Aus Holt: The Food Resources of the Ocean. Scientific American 1969)

Fabriken stellen; außerdem würden Verteilungsprobleme sowie lokale, politische und ökonomische Probleme entstehen. Das Schwierigste vor allem würde sein, die Menschen davon zu überzeugen, daß es sich hier wirklich um Nahrung handelt. Menschen sind nun einmal extrem konservativ in ihren Ernährungsweisen. Gerade die hungrigsten Menschen sind es, die die wenigsten Dinge als Nahrung anerkennen, denn sie hatten immer nur eine sehr geringe Variationsbreite von Nahrungsmitteln zur Verfügung.

Inzwischen werden noch andere Wege beschritten, um den Eiweißmangel zu mildern. Überall laufen Zuchtversuche, um Pflanzensorten mit hochwertigem Eiweiß zu züchten. Diese Arbeit ist besonders wichtig und könnte, wenn sie Erfolg hat, einen entscheidenden Beitrag zur Verbesserung der menschlichen Ernährung liefern. Programme zur Pflanzenzucht brauchen erhebliche Zeit. Auf lange Sicht werden sie jedoch der vernünftigste Weg sein. Weizensorten mit hohem Lysinanteil (Lysin ist eine Aminosäure) erweisen sich als besonders günstig für die Ernährung von Säuglingen, und ebenso in Rattenversuchen. Jedoch werden diese Versuche noch diskutiert: Die Arbeit ist nicht abgeschlossen.

Weitere Eiweißnahrungsmittel wurden entwickelt durch Zugabe von Eiweißkonzentrationen aus Ölsaat zu Nahrungsmitteln aus proteinarmen Pflanzen. Am besten bekannt ist Incaparina, welches von INCAP entwickelt wurde. Es handelt sich um eine Mischung aus Weizen und Mehl aus Baumwollsamen, welches mit den Vitaminen A und B angereichert wurde. Incaparina und ähnliche Produkte sollten als Zukunftshoffnungen angesehen werden und nicht als gegenwärtige Hilfen. Als wesentliche Eiweiß- und Vitaminträger versprechen sie einiges. Jedoch ist ihre Produktion derzeit noch unökonomisch. Außerdem werden diese Produkte noch nicht als Nahrung akzeptiert. Incaparina gibt es jetzt seit mehr als einem Jahrzehnt in Zentralamerika, aber der Erfolg bei der Annahme durch die Bevölkerung ist gering.

Andere unorthodoxe Wege, um mehr Nahrungsmittel bereitzustellen, werden derzeit diskutiert bzw. die ersten Versuche sind angelaufen. Hier gibt es den Versuch, Tiere wie das südamerikanische Wasserschwein (ein Nagetier) und die afrikanische Elenantilope zu Haustieren zu machen. Es gibt den Versuch, Wasserhyazinthen und andere Wasserpflanzen als Viehfutter zu benutzen, aus Holz Viehfutter zu machen und aus Blättern und kleinen Fischen Eiweiß zu extrahieren. Auch versucht man Algenkulturen in Kläranlagen zu entwickeln. Manche dieser Versuche versprechen einiges, zumindest eine gewisse Hilfe in lokalen Situationen. Die meisten jedoch stehen vor sehr ernsthaften Problemen — keineswegs das kleinste davon ist, die Leute davon zu überzeugen, daß sie Algen aus Kläranlagen essen sollen.

Wir müssen natürlich die Entwicklung für neuartige Nahrungsquellen vorantreiben und vor allen Dingen Wege finden, diese neuartigen Nahrungsmittel für den Menschen akzeptabel zu machen. Es ist jedoch verständlich, daß kaum eines der hier genannten Beispiele in Zukunft ein größerer Faktor in der Welternährung sein wird. Die Hoffnung kann nur sein, daß — wenn es der Menschheit gelingen sollte, die nächsten kritischen Jahrzehnte zu überleben — diese neuartigen Nahrungsmittel die normalen Nahrungsvorräte zusätzlich erweitern.

Verhinderung von Verlusten von Nahrungsmitteln. Die moderne Technik kann in diesem Punkt sehr viel helfen: Sie kann die Verteilung der Nahrungsmittel übernehmen und die Verluste auf dem Feld, beim Transport und bei der Lagerung reduzieren. Beispielsweise schätzte das indische Ministerium für Ernährung und Landwirtschaft, daß im Jahre 1968 ungefähr 10% der Getreideproduktion Indiens durch Ratten verzehrt wurde; Experten halten 12% für wahrscheinlicher. Um den Weizen zu transportieren, den die indischen Ratten in einem Jahr fressen, brauchte man einen Güterzug von fast 4800 km Länge. Dennoch gab Indien im Jahre 1968 245 Millionen Dollar aus, um Düngemittel einzuführen — ungefähr 800mal so viel, wie es für die Rattenbekämpfung ausgab. In zwei Provinzen der Philippinen verzehrten die Ratten 1952—1954 90% der Reisernte, 20—80% der Maisernte und mehr als 50% des Zuckerrohrs. Seit 1960 haben Vögel in Afrika Getreideernten im Wert von mehr als 7 Millionen Dollar jährlich vernichtet. Insekten vernichten in den Entwicklungsländern mehr als 50% des gelagerten Getreides. Pilze, Mehltau und Bakterien fordern einen weiteren hohen Tribut, auch in den Industrieländern. Man kann schätzen, daß allein verbesserte Lagerhaltung und verbesserte Transportmöglichkeiten die Nahrungsvorräte der Entwicklungsländer um 10—20% erhöhen könnten.

Die Probleme, Insektenpopulationen auf den landwirtschaftlichen Flächen zu kontrollieren, werden in Kapitel 6 behandelt. Es erfordert große Vorsicht, diese Verluste zu reduzieren, ohne ökologische Schäden herbeizuführen. Die Kontrolle von Ratten, Vögeln, Rostpilzen und anderen Schädlingen bzw. Pflanzenkrankheiten wirft ganz ähnliche Probleme auf. Der Schutz einmal geernteter Nahrungsmittel jedoch ist viel einfacher und bringt keine ökologischen Risiken mit sich. Lager können ohne weiteres rattensicher gemacht und gekühlt werden; sie können auch mit nicht persistierenden Pestiziden bedampft werden, welche erst an die Umgebung entlassen werden, nachdem sie ihre Giftigkeit verloren haben. Transportsysteme können so verbessert werden, daß ein rascher Transport, sachgemäße Behandlung und Kühlung (wo erforderlich) Vernichtungen auf dem Weg verhindern. Das ist vermutlich die sicherste und schnellste Investition, die im Augenblick möglich ist.

Müssen wir pessimistisch sein? Wir glauben nicht an den Enthusiasmus, mit dem so viele Lösungen für das Welternährungsproblem vorgeschlagen werden. Die beste Lösung, die Ernteerträge auf bereits kultiviertem Land zu erhöhen (die grüne Revolution), bringt große Schwierigkeiten. Dieses Programm und andere werden ohne Rücksicht auf ihre ökologischen Konsequenzen durchgeführt, und viel zu oft wird die kritische Bedeutung von qualitativ hochwertigem Eiweiß für die menschliche Ernährung nicht berücksichtigt. Wenn nicht viele der vorgeschlagenen Programme gleichzeitig in Gang gesetzt werden, verstreicht viel Zeit, ohne daß die Bevölkerungsexplosion des Menschen gestoppt wird. Heute ist allgemein anerkannt, daß die Nahrungsvermehrung auf keinen Fall über lange Zeiträume mit der Bevölkerungsexplosion Schritt halten kann. Wir stimmen daher dem Beraterkomitee beim amerikanischen Präsidenten deutlich zu: „die Lösung des Problems nach 1985 verlangt, daß sofort Programme für die Bevölkerungskontrolle in Angriff genommen werden".

Die zentralen Fragen für das nächste Jahrzehnt scheinen folgende zu sein:
1. Wird das Wetter günstig sein?
2. Halten offenbare Durchbrüche in der Landwirtschaft der Entwicklungsländer an, und können sie wirkliche Verbesserungen bringen trotz der großen Schwierigkeiten, die mit der grünen Revolution verbunden sind?
3. Wird der ökologische Preis, der für die grüne Revolution gezahlt werden muß, zu hoch sein?
4. Können wir schnell genug internationale Übereinkünfte für eine rationelle Ausnutzung der Meere treffen?
Nur die Zeit wird die Antworten geben. Offensichtlich ist es am Gescheitesten, für das Beste zu arbeiten und sich auf das Schlechteste vorzubereiten.

Andere erneuerbare natürliche Hilfsquellen

Der Mensch verbraucht und zerstreut nicht nur unersetzbare Mineralien und fossile Brennstoffe, er vergeudet auch Ressourcen, die normalerweise durch natürliche Prozesse immer wieder bereitgestellt werden. Zwei solche erneuerbare Hilfsquellen, die schneller verbraucht werden als sie wieder hergestellt werden können, sind Wasser und Wälder. Das besonders Schlimme an dieser Tatsache ist, daß beide Hilfsquellen unbegrenzt überleben könnten, wenn man sie nur vorsichtig behandeln und ihren Gebrauch vorsichtig planen würde.

Wasser. „Wasser ist das beste aller Dinge," sagte der griechische Dichter Pindar. Außerdem ist es eine erneuerbare Hilfsquelle. Es zirkuliert auf der Erdoberfläche in einem sehr komplexen Kreislauf, der als hydrologischer Zyklus bekannt ist (Abb. 26). Aber obwohl es zirkuliert, stellt der begrenzte Vorrat von Süßwasser für die Anzahl der Menschen, die von ihm leben können, eine Grenze dar. Das gilt sowohl lokal wie für die Erde insgesamt.

Etwa 97% des Wassers dieser Erde ist Meerwasser. Von den übrigen 3%, welches Süßwasser ist, sind etwa 77% in den Gletschern und Eiskappen gebunden, vor allem in der Antarktis und in Grönland. Da das Auftauen dieses Wassers den Meeresspiegel um etwa 50 m anheben würde, würde der größte Teil unseres landwirtschaftlich genutzten Landes dann unter Wasser stehen, ebenso wie viele Städte. So ist es das beste, dieses Wasser als Eis gebunden zu lassen — selbst wenn es reizvoll wäre, es für unseren Verbrauch freizusetzen.

Wasser wird in riesigen Mengen für die Erzeugung von Nahrungsmitteln gebraucht. Pflanzen nehmen dauernd Wasser vom Boden auf und verdunsten es aus ihren Blättern — ein Prozeß, der als Transpiration bekannt ist. Dies ist der tiefere Grund für den großen Wasserbedarf der pflanzlichen Nahrungsproduktion und des noch größeren Bedarfs der Fleischproduktion. Eine einzige Maispflanze kann in einem Sommer dem Boden etwa 200 l Wasser entnehmen und durch die Blätter verdunsten. Das Wasser, welches für die Produktion von einem Kilo Fleisch benötigt wird, schließt die Menge ein, die für das Wachstum von 10 Kilo Futterpflanzen nötig ist. Dazu kommt das Trinkwasser der Tiere und weiter Wasser für die Verarbeitung des Fleisches. Um ein Pfund trockenen Weizen zu produzieren, brauchen wir etwa 230 l Wasser, für ein Pfund Reis 750–950 l Wasser, für ein Pfund Fleisch 9500–22700 l, für 1 l Milch etwa 3800 l.

Industrielle Prozesse verbrauchen noch mehr Wasser. Alle direkten und indirekten Wege eingeschlossen, verbraucht die Produktion eines einzigen Autos ungefähr 380 000 l Wasser. Um 1900 verbrauchte jeder Amerikaner etwa 2000 l Wasser pro Tag. Heute sind es bereits etwa 5600 l, 1980 werden es 7500 l sein. Diese Zahlen schließen nicht die Aufnahme von Regenwasser durch Pflanzen ein. Jedoch ist eingeschlossen die Bewässerung, die grob gerechnet etwa 50% des Wasserverbrauches ausmacht.

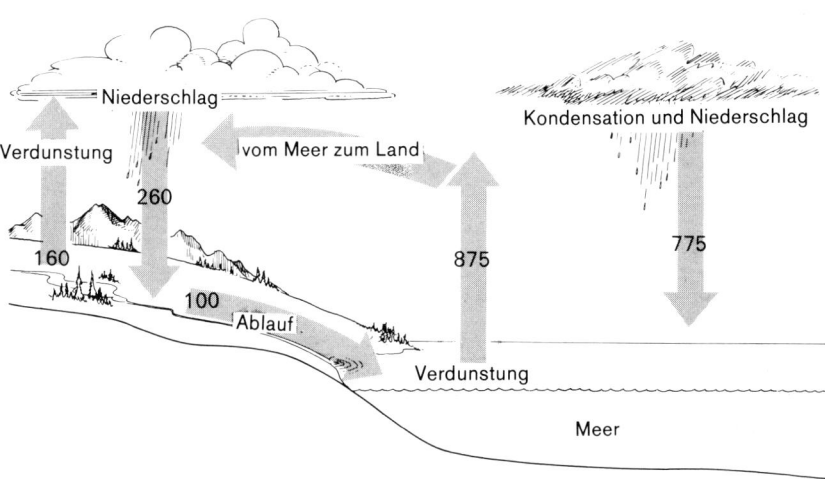

Abb. 26. Der Kreislauf des Wassers (in Kubikkilometer pro Tag). (Daten aus Borgstrom: Too Many. New York: Macmillan 1969)

Diese riesigen Mengen werden fast ausschließlich durch Abzapfen vom Ablauf im hydrologischen Kreislauf gewonnen: Die Flüsse und Ströme, die auf der Oberfläche fließen, und die unterirdischen Wasserströme sind die Hauptlieferanten. Die einzige Ausnahme ist der Gebrauch von entsalztem Meerwasser, dessen Menge statistisch uninteressant ist. Ableitungen vom Ablauf sind nicht unbedingt gleichbedeutend mit Verbrauch, da viel von diesem Wasser einfach benutzt und dann wieder in den unterirdischen Wasserstrom oder in den Fluß gegeben wird, aus dem er kam. Wenn es vernünftig geklärt ist, kann das Wasser wieder und wieder benutzt werden. Tatsächlich wird das Wasser mancher Flüsse bis zu 50mal benutzt. Jedoch schließt fast jeder Verbrauch einige Verluste in Form von Verdunstung ein, und bei der Beregnung in Form von Transpiration. Tatsächlich betragen die Verluste bei der Bewässerung zwischen 60 und 90%. Außerdem wird Wasser dem Kreislauf entzogen, wenn es so vergiftet ist, daß ein erneuter Gebrauch nicht möglich ist, oder wenn es direkt in den Ozean hineingegeben wird.

Ein weiterer wichtiger Aspekt des Bedarfs an Wasser ist die Notwendigkeit des Fließens von Wasser. Nachdem nämlich alle Verbrauchsbedürfnisse gestillt sind, muß noch genügend Wasser den Fluß hinunterfließen, um Abfälle wegzutransportieren, um elektrische Kraft zu erzeugen, um Wasserstraßen aufrecht zu erhalten und vielleicht um Erholungslandschaften zu bilden oder sogar Tiere am Leben zu erhalten. Wenn man annimmt, daß die Kapazität, Abfälle aufzunehmen und abzutransportieren, der begrenzende Faktor ist, und wenn man dabei einen Nominalwert für eine akzeptable Konzentration von Verschmutzungsstoffen setzt, so kommt man zu einer Schätzung, wie sie 1963 für die USA veröffentlicht wurde. Danach brauchen die Vereinigten Staaten im Jahre 1980 bzw. 2000 1256, bzw. 1700 Milliarden l Fließwasser pro Tag. Die mittleren Schätzungen für unbrauchbares Wasser in diesen Jahren betrugen 670 bzw. 950 Milliarden l pro Tag.

Auf den ersten Blick scheinen diese Zahlen nicht alarmierend zu sein, denn der Ablauf aus den Vereinigten Staaten beträgt über 4000 Milliarden l pro Tag. In der Praxis jedoch ist ein großer Teil davon auf eine kurze feuchte Zeit beschränkt; zur Verfügung steht nur ein sehr viel kleinerer Wert als der Durchschnitt. Durch Reservoire kann man dieses Problem etwas mildern. Mit der Speicherkapazität, die 1954 in den Vereinigten Staaten existierte, konnte ein gleichmäßiger Abfluß nur für 352 Milliarden l und Tag garantiert werden — also weniger als 10% des eindrucksvollen Gesamtwertes. Es erscheint unwahrscheinlich, daß der sichere gleichmäßige Abfluß in der zur Verfügung stehenden Zeit genügend erhöht werden könnte. Das gilt, selbst wenn man die Schäden solcher Wasserprojekte für die Umwelt nicht einrechnet und außer Acht läßt, daß infolge Versandung die ursprüngliche Speicherkapazität geringer wird.

Noch schlechter sieht die Situation aus, wenn man dieses Problem nach geographischen Regionen aufgeteilt betrachtet. Mehr als 75% des Ablaufes erfolgt in der östlichen Hälfte der Vereinigten Staaten. In vielen Teilen der westlichen Hälfte ist der verläßliche Abfluß schon jetzt unzureichend. Wenn man die Staaten Washington und Oregon ausschließt, wird der totale Abfluß in den westlichen Staaten, selbst unter der Voraussetzung, daß er vollends kontrolliert werden könnte, nicht ausreichen, um den für das Jahr 2000 angenommenen Bedarf in diesem Teil der USA zu decken.

Wenn das so ist, kann eine „Lösung" nur darin liegen, die Konzentration der Abfallstoffe zu erhöhen, was ernsthafte Folgen für die Wasserqualität hat. Eine andere Möglichkeit ist das Grundwasser schneller zu verbrauchen als es ersetzt wird. Beide Möglichkeiten kommen in den Vereinigten Staaten und anderen Industrieländern heute überall vor. Georg Borgstrom, eine Autorität auf dem Sektor der Nahrungsmittelproduktion schätzte, daß in Europa dreimal so viel Wasser entnommen wird wie im hydrologischen Zyklus erneuert wird, und daß die Nordamerikaner doppelt so viel entnehmen wie erneuert wird. Die Grundwasservorräte werden in einigen Gebieten bald so gering sein, daß weitere Entnahmen nicht möglich sind.

Ähnliche Probleme werden in vielen anderen Teilen der Erde auftreten. Das gilt besonders in Verbindung mit dem gewaltigen Wasserbedarf der Landwirtschaft. Beispielsweise hat Indien in seinem verzweifelten Kampf um mehr Nahrung in einem gewaltigen Kraftakt neues Grundwasser erschlossen. Zwischen Juli 1968 und Juni

1969 erschloß die Regierung 2000 Brunnen, dazu kamen in privater Initiative weitere 76 000 Brunnen. Zusätzlich wurden 246 000 neue Pumpen installiert, doch selbst in solchen Gebieten wie in der Gangesebene, die auf einem riesigen Grundwasserreservoir schwimmt, sind die Vorräte nicht unbegrenzt. Dauerndes Pumpen muß von einem dauernden Messen begleitet sein, damit die Drei-Ernten-Landwirtschaft entwickelt werden kann, ohne daß die Grundwasservorräte dahinschwinden.

Wälder. Den Süßwasservorräten eng verwandt ist eine andere erneuerbare Hilfsquelle: die Wälder. Daß Entwaldung zu schwerer Bodenerosion, zu Überflutungen und lokalen Änderungen des Klimas führt, ist seit Jahrhunderten bekannt, aber ohne Konsequenz. Die jährlichen Überflutungen, die Nordchina seit den ältesten Zeiten geplagt haben, sind eine Folge der Entwaldung in den früheren Dynastien. Die Chinesen versuchen nun, einige dieser Wälder wieder aufzubauen. Das früher fruchtbare Zentralitalien gehört der ariden Zone an und ist heute verheerenden Überflutungen ausgesetzt. Beides ist seit dem Mittelalter der Fall, d. h. seitdem die Bäume abgeholzt wurden. Bemerkenswerterweise sind diese Folgen der Entwaldung ohne Wiederaufforstung von mittelalterlichen Dichtern ebenso wie von späteren Schreibern genau vorhergesagt worden. Die alten Griechen und Römer waren sich offenbar der Notwendigkeit der Erhaltung von Wäldern bewußt und verstanden ihren Wert, aber diese Kenntnis scheint im Mittelalter verlorengegangen zu sein, als die Ansprüche einer wachsenden Bevölkerung auf Brennstoffe, Baumaterial und Weideland die Wälder in weiten Teilen Südeuropas zerstörten.

Heute vernichten ähnliche Ansprüche die Wälder auf der ganzen Welt. Viele wertvolle Gebiete sind vollständig verschwunden. Der größte Teil Europas, Nordasiens, das östliche Drittel und weite Gebiete der nordwestlichen Vereinigten Staaten waren einst mit Wäldern bedeckt. Nur ein Bruchteil dieser Wälder existiert heute noch, in der Hauptsache durch bewußten Schutz und Wiederaufforstung. Die größten noch bestehenden Reserven an gemäßigten und subarktischen Wäldern hat heute die Sowjetunion — dazu gehören etwa die Hälfte der Nadelwälder der Erde. Zwei Drittel davon ist Urwald, denn es ist verkehrsmäßig noch nicht erschlossen. Große Nadelwaldgebiete existieren nach wie vor in Nordamerika — von Neuschottland bis Alaska. Forstverwaltungen sind in vielen Industrieländern eingerichtet worden; aber eine Wiederaufforstung benötigt zwischen 50 und 100 Jahre (in Abhängigkeit von der Baumsorte und dem Klima).

Was von den Wäldern der gemäßigten Zone übrig bleibt, ist einem dauernd ansteigenden Druck ausgesetzt — besonders in den Vereinigten Staaten. In dem Bemühen, dem steigenden Bedarf an Bauholz und Holz für die Papierherstellung nachzukommen, werden die Holzeinschläge vergrößert — vielfach unter grober Mißachtung des Ökosystems Wald. Besonders große Schäden entstehen durch großflächige Kahlschläge. Selbst wenn diese Kahlschläge sofort wieder bepflanzt werden — was oft nicht der Fall ist — gibt es eine erhebliche Erosion, bevor die neuen Pflanzen wieder Fuß gefaßt haben. Große Flächen junger Bäume sind außerdem gegen Krankheiten, Schädlinge und Feuer wesentlich empfindlicher als Wälder, die Bäume verschiedener Altersklassen enthalten. Die Praxis des Kahlschlages mit anschließendem Umbruch des Landes wird damit verteidigt, daß eine Reihe besonders wesentlicher Forstbäume zu ihrem Wachstum Sonnenlicht und konkurrenzfreien Raum benötigen: also gepflügtes Land. Es gibt vermutlich auch andere Möglichkeiten, die hier angewandt werden könnten — und sei es der Umbruch sehr kleiner Flächen.

Wälder werden nicht nur vom Holzbedarf gefährdet. Wie auch das landwirtschaftlich nutzbare Land, so verschwindet jedes Jahr ein guter Teil früherer Forsten unter Autobahnen, Flugplätzen und anderen Entwicklungsprojekten. Der Abbau von Bodenschätzen im Tagebau zerstört weite Flächen. Dieser Prozeß ist in den Vereinigten Staaten für den Boden noch gefährlicher als das Kahlschlagverfahren. In jedem Fall sind Erosionen und Überschwemmungen die Folge. Vielfach sind diese von heftigen Wasserverunreinigungen begleitet. Eine Wiederaufforstung wird vielfach nicht einmal versucht (obwohl sie mit Vorsicht sehr wohl erreicht werden kann). Dazu werden Bäume beim Straßenbau gefällt, bei Hochspannungsleitungen und sonstigen Energiefernleitungen beseitigt, sie fallen Weideflächen für Schafe und Rinder zum Opfer, und Wälder werden zu Erholungsflächen. In solchen Erholungsgebieten erleiden die Bäume nicht selten großen Schaden durch die Mengen der Besucher. Und in manchen Gegenden, wie z. B. in der Nähe von Los Angeles, werden die Bäume vom Smog getötet.

Riesige Wälder gibt es noch in den Tropen, speziell im Amazonasgebiet, in Süd-Ost-Asien und in Zentralafrika. Unzugänglichkeit und wirtschaftliche Faktoren haben diese Gebiete bis heute vor der Zerstörung bewahrt. Jedoch sind die leichter zugänglichen Waldgebiete bereits verschwunden, oder sie sind zumindest ihrer wertvolleren Hölzer beraubt. Die Geschwindigkeit, mit der die tropischen Regenwälder heute vernichtet werden, ist im letzten Jahrzehnt so rasch gestiegen, daß ihre völlige Vernichtung bis zum Ende dieses Jahrhunderts befürchtet wird. Die Wälder Brasiliens bedeckten einst 80% des Landes, 1965 waren sie bereits auf 58% reduziert. Riesige Strecken des Amazonischen Regenwaldes werden nun für eine transkontinentale Autobahn beseitigt. Viele der besten Wälder haben der Landwirtschaft weichen müssen oder sind zu Brennholz verarbeitet worden. Wenn eine Wiederaufforstung versucht wurde, dann nur mit schnellwüchsigen, weniger wertvollen Bäumen. Die tropischen Wälder sind auch in weitem Maße ausgenutzt worden von der Möbelindustrie: In Haiti ist das Mahagoni seit langem verschwunden und in Honduras steht der Zeitpunkt des Verschwindens unmittelbar bevor. Wiederaufforstung von tropischen Regenwäldern ist kaum je versucht worden, obwohl die Bodenerosion und klimatische Änderungen als Folge der Waldvernichtung meist heftiger sind als in gemäßigten Zonen. Einige wenige tropische Staaten beginnen nun, den Wert ihrer Wälder zu erkennen und ergreifen Maßnahmen, um eine echte Forstwirtschaft einzuführen. Wenn die tropischen Wälder nicht so verschwinden sollen wie die chinesischen Wälder verschwunden sind, die europäischen und viele der nordamerikanischen Wälder, dann wird sehr bald eine neue Waldpolitik in Gang gesetzt werden müssen.

Das ist mehr als Naturschutz, mehr als die Bewahrung bestimmter Holzsorten, die in den Wäldern geerntet werden können. Die Erhaltung günstiger Grundwasserspiegel, die Erhaltung einer Sauerstoffproduktion, die Erhaltung der Wälder als Reservoire für eine große Vielfalt von Pflanzen- und Tierarten sowie auch der Erholungswert für den Menschen ist nicht hoch genug einzuschätzen. Eine vernünftige Behandlung könnte der Menschheit die Gelegenheit geben, auf ewige Zeit die Wälder zu genießen und zu nutzen.

Dieses „Management" der Wälder würde jedoch den Schutz von Bäumen verschiedener Arten und Altersklassen beinhalten, um Verluste durch Schädlinge, Insekten und Feuer niedrig zu halten; ein Einschlag dürfte nur aufgrund langfristiger Planung erfolgen. Eine Wiederaufforstung müßte durchgeführt werden und ebenso ein sorgfältiger Schutz des Bodens. In vielen Industrienationen hat man sich keineswegs immer an diese Prinzipien gehalten. Hinzu kommt, daß der vorhersehbare Mangel an Wohnraum in den nächsten Jahren riesige Holzmengen beanspruchen wird. Präsident Nixon erlaubte im Jahre 1970 eine Erhöhung des Einschlages in den Staatswäldern der Vereinigten Staaten um 60%, um dem Bedarf beim Wohnungsbau zu begegnen. Der Naturschutz glaubt nicht, daß dies ein guter Weg ist, wo doch zum gleichen Zeitpunkt große Mengen amerikanischen Holzes nach Japan exportiert werden – in ein Land, wo der Holzeinschlag zum Schutz des eigenen Bodens sehr stark eingeschränkt worden ist.

Derzeit erfolgt der Holzeinschlag auf der ganzen Welt schneller als die Wiederaufforstung. Man schätzt, daß sich der Bedarf an Holz und Holzprodukten (incl. Papier) zwischen 1969 und 2000 verdoppeln wird. Selbst eine massive Wiederbenutzung (Recycling) des Papiers wird das nicht ganz auffangen können. Wenn nicht eine sehr sorgfältige Politik der Landnutzung einschließlich der Nutzung der Wälder baldigst in Gang kommt, so werden z. B. die Vereinigten Staaten in Kürze finden, daß sie den Wohnraum für eine Generation auf Kosten der nächsten Generation beschafft haben.

Literatur

Borgstrom, G.: Too Many. Toronto: Collier-Macmillan 1969.

Brown, R.: Seeds of Change: The Green Revolution and Development in the 1970's. New York: Frederick A. Praeger 1970.

Cloud, W.: After the green revolution. The Sciences (New York), Okt. 1973, S. 6—12.

Food and Agriculture Organization of the United Nations (FAO): The State of Food and Agriculture.

Hirschleifer, J., DeHaven, J. C., Milliman, J. W.: Water Supply Economics, Technology, and Policy. Chicago: University of Chicago Press 1969.

Idyll, C. P.: The Anchovy Crisis. Scientific American Juni 1973.

President's Science Advisory Committee, Panel on the World Food Supply. The World Food Problem (3 vols.). Washington, D.C. 1967.

Problematik düngungsbedingter Höchsterträge. Umschau in Wissenschaft und Technik **20**, 645 (1970).

Technology Review, Vol. 72, No. 4 (Feb.) 1970.

Kapitel 5

Umweltverschmutzung: Direkte Auswirkungen auf die Gesellschaft

Das Wort „Pollution" ist der heute gängige Terminus technicus für schädliche Substanzen, die in unserer Umwelt durch menschliche Aktivitäten freigesetzt werden. Manchmal wird auch der Rauch von einem Waldbrand, der von einem Blitzschlag herrührt, oder das Schwefeldioxyd von einem Vulkanausbruch als Pollution bezeichnet. Ein „Pollutant" kann ein einfaches chemisches Element sein wie Blei oder Quecksilber, eine chemische Verbindung wie DDT oder Kohlenmonoxyd, oder eine kompliziertere Kombination verschiedener Materialien wie etwa Staub oder Müll. Geräusch, Strahlung und Abwärme werden vielfach ebenfalls als Pollutantien angesehen. Entsprechend der Verschiedenheit der Pollutantien gibt es eine große Breite von Wirkungen. Aus praktischen Gründen sollen sie in vier Kategorien eingeordnet werden:

1. Direkte Wirkungen auf die Gesundheit des Menschen (beispielsweise Bleivergiftung).

2. Einwirkungen auf menschliche Güter und Dienstleistungen (korrodierende Wirkung von Pollutantien auf Gebäude).

3. Andere direkte Folgen für die „Lebensqualität" (besondere Gefahr von Pollutantien in Ballungszentren).

4. Indirekte Folgen für die Gesellschaft durch Einwirkung auf Ökosysteme, die vom Menschen ausgenutzt werden. Beispiele für solche indirekten Effekte sind die Zerstörung der Vegatation und die Vergiftung von Küstengewässern mit Schweröl und Schwermetallen.

Die direkten Effekte der ersten drei Kategorien sind die sichtbarsten Konsequenzen der Pollution. Sie werden in diesem Kapitel behandelt. Die weniger leicht erkennbaren, indirekten Bedrohungen des menschlichen Lebens, die aus der Beeinflussung natürlicher Ökosysteme herrühren, können wesentlich gefährlicher sein. Sie werden in Kapitel 6 diskutiert.

Luftverschmutzung

Luftverschmutzung kennen heute alle Bewohner von Industrieländern. Diejenigen von uns, die in oder in der Nähe von Großstädten leben, können die Dunstglocke über den Städten sehen, und wir können die Verschmutzung fühlen, da sie unsere Augen und Lungen reizt. Zeitweise reduziert die Luftverschmutzung das Sonnenlicht in New York um 25% und in Chigago um 40%. Dabei ist es nicht nur die Luft über den Städten, die vergiftet ist, die gesamte Atmosphäre unseres Planeten ist inzwischen zu einem erheblichen Teil beeinflußt. Die Meteorologen kennen inzwischen Pollution um die ganze Erde herum. Smog ist über Ozeanen, über dem Nordpol und über anderen geradezu unwahrscheinlichen Plätzen beobachtet worden. Man beginnt inzwischen, die Tragfähigkeit der Atmosphäre für die Aufnahme und den Wegtransport von Pollutantien über Ballungsräumen abzuschätzen. Luftverschmutzung ist nun anerkanntermaßen nicht nur eine Sache, die Nylonstrümpfe frißt und Farben sowie Stahl korrodieren läßt, die den Himmel verdunkelt und die Wäsche auf der Leine und die die Ernte gefährdet: Luftverschmutzung kennen wir heute als Todesursache bei Menschen.

Die Ursachen der Luftverschmutzung in den Vereinigten Staaten zeigt Tabelle 14. Kohlenmonoxyd und Kohlenwasserstoffe entstehen bei der unvollständigen

Kasten 3 Analyse der Gefahren einer Luftverschmutzung

Die Folgen des Rauchens für die Gesundheit können als Problem persönlicher Luftverschmutzung angesehen werden. Wir wissen inzwischen genau, daß Zigaretten viele schädliche Wirkungen haben. Bei den Untersuchungen darüber hatte man den großen Vorteil, daß man Größe und Dauer der Raucheinwirkung genau messen konnte und daß man zudem einen relativ einheitlichen Schadstoff vor sich hatte. Dennoch bedurfte es vieler Jahre exakter Forschung, um Ärzte, Wissenschaftler und schließlich die Öffentlichkeit von der extremen Gefährlichkeit des Rauchens zu überzeugen.

Dies zeigt, wie schwierig Tests für die Gefahren einer Luftverschmutzung sind:

1. Pollutantien sind zahlreich und sehr verschieden. Viele von ihnen sind schwer aufzufinden. Ihre Konzentrationen sind geographisch sehr unterschiedlich. In vielen Gebieten gibt es nicht genügend Kontrollstellen. Langzeitaufnahmen stehen nicht zur Verfügung. Lange Untersuchungsperioden werden jedoch benötigt, um verzögerte oder chronische Effekte aufzuzeigen.

2. Im allgemeinen ist es unmöglich, bei einem gegebenen Individuum die Dauer der Belastungszeit und die Höhe der Belastung mit einem bestimmten Schadstoff festzulegen.

3. Der Grad der Luftverschmutzung wirkt zusammen mit anderen Faktoren, beispielsweise Belastung mit Stress, anderen Schadstoffen oder Nahrungsadditiven. Solche Faktoren müssen bei der Datenanalyse berücksichtigt werden.

4. Die Untersuchung wird dadurch kompliziert, daß Schadstoffe, die für sich allein getestet keine Probleme hervorrufen, in Kombination mit anderen gefährlich werden können. Beispielsweise wird Asbeststaub, der mit der Atemluft in die Lunge gerät, durch kleine Wimpern und durch einen Schleimstrom aus der Lunge dauernd wieder heraustransportiert. Bei Rauchern ist das anders. Hier funktioniert die normale Reinigung der Lunge nicht mehr, und Asbest-induzierter Lungenkrebs kann die Folge sein. Auch Schwefeldioxyd tendiert zu einer ähnlichen Wirkung. Man nimmt an, daß die Länge der Belastung der Lungen durch in der Luft vorhandene Karzinogene determiniert, wann eine bösartige Geschwulst zu wachsen beginnt. Wenn solche Karzinogene zusammen mit Schwefeldioxyd auftreten, dann wird die Belastung und damit die Gefahr sehr vergrößert. Solche Interaktionen bezeichnet man als synergistisch. Die Gefahr der zwei kombinierten Schadstoffe ist wesentlich größer als die Summe ihrer individuellen Wirkungen. Vielfach sind daher „Indikatororganismen" für die Beurteilung unserer Umweltbelastung günstiger als physikalische Messungen.

Verbrennung von Brennstoffen. Die wesentlichste Rolle spielt dabei der Verbrennungsmotor. Stickoxyde bilden sich, wenn Brennstoffe bei hoher Temperatur in der Luft verbrannt werden. Schwefeloxyde werden bei der Verbrennung von Kohle und Heizöl gebildet, die Schwefel enthalten. Staub besteht in der Hauptsache aus Asche und schließt eine große Menge von toxischen Metallen ein. Einige davon, wie Quecksilber und Kadmium, kommen natürlicherweise in Kohle und Heizöl vor. Andere, wie Blei, sind dem Benzin beigefügt worden, um das Klopfen in den Verbrennungsmaschinen zu reduzieren. Der Terminus technicus photoche-

Tabelle 14. Luftverschmutzungs-Emissionen in den Vereinigten Staaten im Jahre 1968 (in Millionen Tonnen). (Quelle: Man's Impact on the Global Environment, p. 296)

Herkunft	CO	Staub	Stick-oxyde	Schwefel-oxyde	Kohlenwas-serstoffe
Treibstoff	63,8	1,2	8,1	0,8	16,6
Brennstoff*	1,9	8,9	10,0	24,4	0,7
and. industr. Prozesse**	9,7	7,5	0,2	7,3	4,6
Abfall-verbrennung	7,8	1,1	0,6	0,1	1,6
Land- und Forstwirtschaft	16,0	9,6	1,7	0,6	8,5
Total	100,1	28,3	20,6	33,2	32,0

* Größere Beiträge zur Luftverschmutzung leisten Elektrizitätserzeugung, Raumheizung und Industrieproduktion.

** Größere Beiträge zu dieser Luftverschmutzung leisten Zementfabriken, Hochöfen, Raffinerien und die Papiererzeugung.

mischer Smog beschreibt eine große Anzahl verschiedener Bestandteile, worunter Ozon (O_3) und andere reaktionsfreudige Chemikalien sind, die durch den Einfluß von Sonnenlicht auf Stickoxyde und Kohlenwasserstoffe entstehen. Ozon und andere Chemikalien, die leicht ein Sauerstoffatom in einer chemischen Reaktion abgeben, werden vielfach unter dem terminus Oxydantien zusammengefaßt.

Luftverschmutzung ist schon für viele Menschen tödlich geworden. Die Todesraten steigen unter Smogbedingungen abnorm an. Der Tod von sehr alten und sehr jungen Menschen sowie von Menschen mit Erkrankungen der Atmungsorgane wird beschleunigt. Der wohl bisher dramatischste Fall war die Smogkatastrophe von London im Jahre 1952, als etwa 4000 Todesfälle direkt auf den Smog zurückzuführen waren. Solche Katastrophen haben jedoch geringere Bedeutung als die weniger spektakulären, jedoch auf lange Sicht gefährlicheren Lebensbedingungen unter heftiger Luftverschmutzung. Im Jahre 1969 empfahlen 60 Mitglieder

der Medizinischen Fakultät der Universität von Kalifornien den Einwohnern des stark verschmutzten Südkaliforniens besondere Vorsichtsmaßnahmen. Sie schrieben unter anderem: „Die Luftverschmutzung ist inzwischen eine große Gefahr für die Gesundheit dieser Gegend geworden, und zwar fast während des ganzen Jahres. Jeder, der nicht unbedingt muß, sollte aus den smoggefährdeten Gebieten von Los Angeles, San Bernardino und Riverside fortziehen, um chronische Krankheiten der Atmungsorgane wie Bronchitis oder Lungenemphysem zu vermeiden."

Wie sieht im allgemeinen die Wirkung einzelner Luftpollutantien aus? Kohlenmonoxyd verbindet sich mit dem Hämoglobin in unserem Blut und verdrängt den Sauerstoff, den das Hämoglobin normalerweise transportiert. Auf diese Weise wird die Sauerstoffversorgung der Zellen reduziert, das Herz muß stärker arbeiten und die Atmung muß ebenfalls verstärkt werden. Der so entstehende Streß kann bei Menschen mit Herz- und Lungenkrankheiten eine kritische Höhe erreichen. Ein 8-stündiger Aufenthalt in einer Atmosphäre mit 80 Teilen Kohlenmonoxyd pro 1 Million Teile (= 80 ppm) hat den gleichen Effekt wie der Verlust von mehr als 1 l Blut. Unter schweren Verkehrsbedingungen kann der Kohlenmonoxydgehalt der Luft auf 400 ppm ansteigen. Symptome akuter Vergiftungserscheinungen treten bei Menschen in Verkehrsstauungen häufig auf. Diese Symptome sind Kopfschmerzen, Verlust des Sehvermögens, herabgesetzte Koordination der Muskelbewegungen, Unwohlsein und Leibschmerzen. In extremen Fällen verliert der Mensch das Bewußtsein, es kommt zu Krämpfen, bis der Tod eintritt. Eine direkte Beziehung zwischen hoher Konzentration von Kohlenmonoxyd in der Atemluft und hoher Mortalität im Gebiet von Los Angeles wurde in den Jahren 1962 bis 1965 gezeigt. Die Orginaldaten dieser und der meisten anderer Informationen sind dem Artikel „Airpollution and Human Health" von L. B. Lave und E. P. Seskin (Science **199**, 723, August 1970) entnommen. Die Studie über Chattanooga (von C. M. Shy) erschien im Journal of Airpollution Control Assocation (**20**, 582–585, 1970). Die Angaben über Kohlenmonoxyd in Los Angeles entstammen einem Aufsatz von Hexter und Goldsmith in Science **172**, 265–267, April 1971.

Schwefeldioxyd spielt eine Rolle bei den erhöhten Raten von akutem und chronischem Asthma, Bronchitis und Lungenemphysem, die heute bei Menschen in stark verschmutzten Gebieten beobachtet werden. Asthma, eine schwere allergische Erkrankung, und Bronchitis befallen jedes Jahr viele Menschen. Lungenemphysem führt schließlich zum Tode. Die meisten Schwefelverbindungen reizen die Atemwege und führen zu schweren Hustenanfällen. Die hohen Mortalitätszahlen während Smogkatastrophen sind wohl überwiegend auf Schwefeldioxyd zurückzuführen.

Aus den großen Industriegebieten ziehen riesige Schwefeldioxyd-Schwaden über weite Landstriche hinweg, ehe sie an anderer Stelle wieder abregnen. In manchen Ländern kann dadurch eine Übersäuerung des Bodens erfolgen, die alles Leben tötet. In Europa hemmt z. B. der saure Niederschlag aus den großen Industriegebieten Englands, der Niederlande, Belgiens und Deutschlands das Pflanzenwachstum in Skandinavien; schon 1970 waren etwa 2000 Seen in Südnorwegen aufgrund dieser Niederschläge fischleer geworden (Umschau 1972, Ambio 1972).

Stickoxyde haben vielfach den gleichen Effekt wie Kohlenmonoxyd, indem sie die Sauerstoffbeladung des Blutes vermindern. Tierversuche haben eine Vielfalt anderer Wirkungen erwiesen, die vor allem die Lungen betreffen. Eine Untersuchung bei Schulkindern in Chattanooga erwies eine stark erhöhte Infektionsgefahr der Atemwege bei Konzentrationen von Stickoxyden, die in 85% der Städte in den Vereinigten Staaten mit über 500000 Einwohnern regelmäßig überschritten werden.

Die Kohlenwasserstoffe sind eine sehr verschiedenartige Gruppe. Ziemlich sicher ist ihre Bedeutung als krebserregende Substanz. Ähnlich vermutet man bei vielen Bestandteilen der staubförmigen Pollution, wie etwa bei Asbest und bestimmten Metallen, eine kanzerogene Wirkung. Eine Beziehung zwischen staubförmiger Luftverschmutzung und Todesfällen infolge von Leberzirrhose konnte erwiesen werden. Es ist jedoch nicht klar, welche Komponenten des Staubes toxisch wirken, oder ob andere Dinge, die mit der Staubpollution Hand in Hand gehen, ebenfalls eine Rolle spielen. Asbeststaub scheint bei Rauchern die Gefahr von Lungenkrebs noch weiter zu erhöhen.

Bedauerlicherweise ist es schwer, exakte Angaben über den wirklichen Einfluß einer Luftverschmutzung auf die Gesundheit zu machen. Die Gründe dafür sind in Kasten 3 näher dargelegt. Trotzdem gibt es massive Hinweise genug, daß die Luftverschmutzung heute eine echte Gefahr ist. Nur ein paar Beispiele: Zigarettenraucher aus dem smoggefährdeten St. Louis erkranken etwa 4mal so häufig an Lungenemphysen wie Raucher aus dem relativ smogfreien Winnipeg in Kanada. Manchmal erhöht eine Luftverschmutzung die Häufigkeit von Kopfgrippe. Zehn Jahre nach der Smogkatastrophe von Donora in Pennsylvania 1948 hatten diejenigen Bewohner die höchsten Todesraten, die damals am stärksten über gesundheitliche Schäden geklagt hatten. (Damit ist natürlich nicht bewiesen, daß der Smog sie ins Grab gebracht hat, vielmehr werden wahrscheinlich schon vorher geschwächte Menschen besonders angegriffen worden sein.) Todesfälle infolge von Lungenentzündung sind besonders häufig in Gebieten mit hoher Luftverschmutzung. Chronische Bronchitis tritt häufiger und schwerer bei englischen Postbeamten auf, die in stark verschmutzten Gebieten arbeiten als bei solchen in ländlichen Gebieten. Todesfälle infolge von Lungenemphysen sind mit der Luftverschmutzung raketenähnlich angestiegen. England hat im allgemeinen eine stärkere Luftverschmutzung als die Vereinigten Staaten, und Todesfälle infolge von Lungenkrebs treten hier doppelt so häufig auf wie in Amerika. Die Todesfälle durch Lungenkrebs in England sind direkt mit der Dichte des Rauchs in der Atmosphäre korreliert. In dem vom Smog am meisten betroffenen Teil von New York haben 55 von 100000 Personen Lungenkrebs, in weniger smogverseuchten Gebieten, nur wenige Meilen entfernt, beträgt der Anteil nur 40 von 100000.

Einige dieser Effekte werden in der Wissenschaft noch diskutiert. Das ist ganz sicher größtenteils ein Resultat der Schwierigkeiten, die in Kasten 3 beschrieben werden. Ferner wissen wir bisher sehr wenig über die wirklichen Wirkungsmechanismen der Luftverschmutzung. Wir haben lediglich statistische Beziehungen. Kurz: eine Luftverschmutzung tötet. Da eine Luftverschmutzung normalerweise langsam und wenig auffällig tötet, kommen die Todesfälle der Öffentlichkeit nicht sehr zum

Bewußtsein. Schätzungen über den Geldwert dieser Schäden bewegen sich in den USA zwischen 14 und 29 Milliarden Dollar pro Jahr. Eine Studie aus dem Jahr 1970 nimmt an, daß eine 50-prozentige Reduktion der Luftverschmutzung in den größeren städtischen Gebieten der Vereinigten Staaten mehr als 2 Milliarden Dollar einsparen würde.

Wenn die Dinge wie bisher weitergehen, wird ein Tod infolge Luftverschmutzung das Normale werden. Der Gesundheitsdienst der Vereinigten Staaten hat vorausgesagt, daß die jährlichen Emissionen an Schwefeldioxyd von 20 Millionen Tonnen im Jahre 1960 auf 35 Millionen Tonnen im Jahre 2000 steigen werden. Stickoxyde werden von 11 auf etwa 30 Millionen Tonnen ansteigen und Staubemissionen von 30 Millionen auf mehr als 45 Millionen Tonnen. Man vermutet, daß sich zwischen 1960 und 2000 die Zahl der Autos in den Vereinigten Staaten vervierfachen wird, und ebenso wird der Verbrauch an Benzin sich vervierfachen. Wir vermuten zwar, daß diese Voraussagen aus schon besprochenen Gründen nicht eintreten werden, sie zeigen jedoch, mit welchen Bedingungen wir zu leben haben werden, wenn die derzeitigen Trends weitergehen.

Städtische Luftverschmutzung: Die Geschichte eines Falles. Vor vier Jahrhunderten notierte Juan Rodriquez Cabrillo in seinem Tagebuch, daß der Rauch von den Feuern der Indianer im Gebiet von Los Angeles etwa 30 Meter steil nach oben stieg und sich dann in einer Schicht verteilte, die das Tal mit einem Nebel abschloß. Er nannte daraufhin die heutige San Pedro-Bucht „die Bucht des Rauches". Cabrillo hatte den Effekt einer termischen Inversion beobachtet. Normalerweise sinkt die Temperatur der Atmosphäre gleichmäßig mit steigender Meereshöhe. Bei einer Inversion überlagert eine Schicht warme Luft kühlere Luftmassen in der Tiefe. Auf diese Weise wird eine Vermischung von Luftmassen verhindert und Pollutantien akkumulieren unmittelbar oberhalb der Erdoberfläche (Abb. 27). Aufgrund der spezifischen Windverhältnisse im Ostpazifik und in dem Gebirgsring, der das Bassin von Los Angeles umgibt, ist dieses Gebiet ein idealer Platz für die Bildung von thermischen Inversionen, die normalerweise etwa 700 Meter über dem Boden des Bassins liegen. Solche Inversionen kommen hier fast jeden zweiten Tag vor.

Der häufige Sonnenschein in Los Angeles trägt ebenfalls zu Luftverschmutzungsproblemen bei. Das Sonnenlicht reagiert mit Sauerstoff, Stickoxyden und Kohlenwasserstoffen in der Weise, daß ein photochemischer Smog erzeugt wird. Verbrennungsprodukte von mehr als 3 Millionen Autos werden in die Atmosphäre abgegeben. Hinzu kommen die Abfälle der Ölraffinerien und anderer Industrien. So atmen die Einwohner von Los Angeles viel mehr als die übliche Mischung von Stickstoff, Sauerstoff und Kohlendioxyd ein. Sie atmen Kohlenmonoxyd, Ozon, Aldehyde, Ketone, Alkohole, Säuren, Äther, Nitrate und Nitrite, Benzpyrene und viele andere gefährliche Chemikalien ein.

Smog wurde in den Jahren während des II. Weltkrieges für Los Angeles gefährlich. Seitdem führt der Los Angeles-Verschmutzungs-Kontrollapparat einen heftigen Kampf gegen den Smog. Die Regierung hat eine starke Kontrolle der Industrie eingeführt und drastische Emissionsgrenzen für Kraftwerke, Raffinerien und andere Verschmutzungsquellen festgesetzt. Etwa 1,5 Millionen private Verbrennungsanlagen, ein Dutzend große städtische Verbrennungsanlagen, 57 offene brennende

Müllplätze und die meisten Verbrennungsanlagen in Staatsgebäuden sind ausgeschaltet worden. Die Verbrennung von Kohle ist verboten und ebenso die Verbrennung von Öl mit hohem Schwefelgehalt (letzteres wenigstens für den größten Teil des Jahres). Der Abfluß von Gasen aus Ölvorratslagen wird kontrolliert. Alle Industrien, die organische Süßungsmittel benötigen, werden ebenfalls kontrolliert, ebenso wie der Olephingehalt des Benzins, das im Bereich von Los Angeles verkauft wird. Schließlich müssen alle Autos, die in Kalifornien verkauft werden, eine Smogkontrollausrüstung besitzen, um den Ausstoß von Kohlenwasserstoffen zu senken.

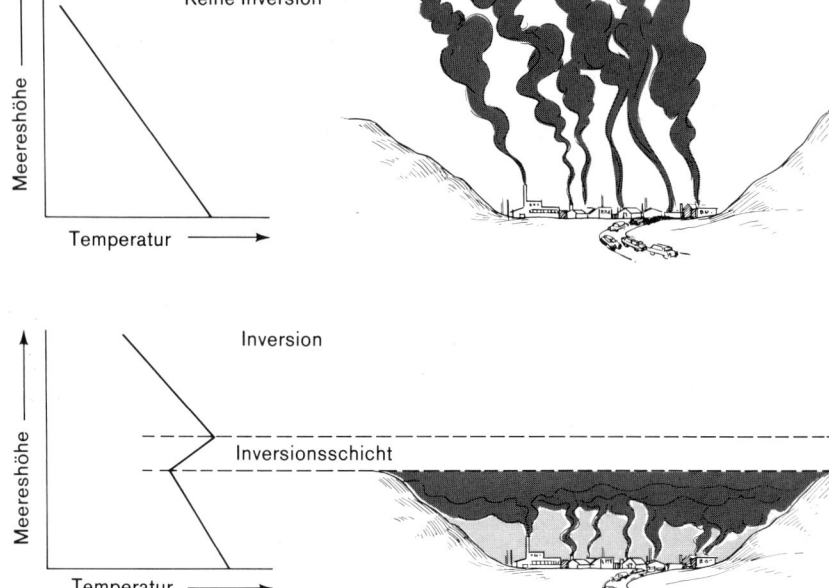

Abb. 27. Temperatur-Inversion, bei der eine Schicht warmer Luft über einer Schicht kalter Luft liegt und damit die Luftverschmutzung unmittelbar über der Erde einfängt

Schließlich wird jetzt ein erheblicher Teil der Elektrizität, die Los Angeles verbraucht, in dünn besiedelten Teilen von Neumexiko erzeugt, wo Kohle schlechter Qualität benutzt werden kann, die unter den Umweltschutz-Bestimmungen von Kalifornien oder Arizona nicht benutzt werden dürfte. Die Elektrizitätswerke „Four Corners" im nordwestlichen Neumexiko produzieren heute einen Strom von Luftverschmutzung, der oft mehr als 100 Meilen windabwärts deutlich erkennbar ist. Das Kraftwerk wird mit Kohle beheizt, die im Tagebau-Verfahren direkt neben dem Kraftwerk gewonnen wird. Dadurch wird hier Landschaft und Ökosystem zerstört. Es ist ungefähr so, als wenn man den Müll in des Nachbars Garten wirft, weil dieser

Garten groß und der Nachbar zu dumm oder zu schwach ist, um das zu verhindern.

Seit 1960 hat es wenig oder keine Verbesserung der Luftqualität von Los Angeles gegeben. Die Verschmutzung durch Stickoxyde ist etwa gleich geblieben. Seit 1970 konnte die Emission von Stickoxyden in neuen Autos gesenkt werden, und ab 1974 dürfte sie weiter sinken. Die Konzentration an Kohlenwasserstoffen blieb seit 1960 ungefähr auf gleicher Höhe. Das gleiche gilt für Kohlenmonoxyd. Die Konzentrationen an Schwefeloxyden haben dagegen sehr heftige Schwankungen gezeigt. Seit 1962 hat es viele Smogalarme gegeben, bei denen die Warnungen der öffentlichen Gesundheitsfürsorge über Radio bekannt gegeben wurden. Obwohl seit 1960 in der Dichte des Smog kein deutlicher Anstieg zu beobachten ist, steigt das Volumen der schwer verschmutzten Luft dauernd an. Die Konzentration von Ozon und anderen Oxydantien hat in Los Angeles seit 1965 abgenommen, dagegen hat sie in anderen Teilen des kalifornischen Bassins wie etwa Pasadena und Azusa konstant und langsam zugenommen. Der Smog breitet sich über größere Gebiete und in größere Höhen aus, da die Abwärme der Stadt die Inversionslagen höher drückt. Man schätzt, daß das Los Angeles-Becken derzeit nur 94% seiner Wärme von der Sonne erhält, volle 6% entstammen der Verbrennung fossiler Brennstoffe. Die Luftverschmutzung scheint inzwischen bereits lebende Pflanzen zu schädigen, die Hunderte von Meilen östlich von Los Angeles wachsen.

Warum hat Los Angeles solche Schwierigkeiten bei der Verbesserung seiner Luftqualität gehabt trotz aller Anstrengung? Die Grundantwort ist: Bevölkerungswachstum. Obwohl die Pollution pro Kopf der Bevölkerung gesenkt werden konnte, ist die Verschmutzung gleich geblieben, da die Anzahl der Menschen gestiegen ist. Jeder weitere Arbeiter muß ein Automobil benutzen, um sich in dieser riesigen Stadt zu bewegen, die kein auch nur einigermaßen angemessenes öffentliches Verkehrssystem hat. Und natürlich bedeuten mehr Menschen mehr Geschäfte und mehr Industrie. Beides zieht wiederum mehr Menschen an. Die Situation in Kalifornien ist ganz besonders kritisch, aber andere städtische Gebiete der Vereinigten Staaten und anderer Industrienationen haben die gleichen Probleme. Mehr Menschen und mehr Automobile, gekoppelt mit einem systematischen Widerstand gegen Smogkontrolle seitens Industrie und industriehungriger Lokalbehörden haben gemeinsam gegen eine Kontrolle der Luftverschmutzung gearbeitet.

Aussichten für eine Verbesserung. Seit 1970 beginnen das öffentliche Interesse und die zunehmende Aktivität der Organisationen für Natur- und Umweltschutz einen größeren Einfluß auf die Apathie der Regierungen und den Widerstand der Industrie gegen eine Kontrolle der Verschmutzung zu gewinnen. In den Vereinigten Staaten wurden die Abgasvorschriften bei Autos und Kaminen zunehmend verschärft. Die Regierung begann, Firmen zu verfolgen, die gegen die festgesetzten Grenzwerte verstießen, indem sie schwere Strafen oder gar eine Schließung der Fabrik verfügte. Autohersteller beklagten sich, daß es umöglich sei, mit den sich ständig ändernden Grenzwerten Schritt zu halten. Zahlreiche 1970er Automodelle bestanden die schwierigen Prüfungen der Emissionsschutzgesetze des gleichen Jahres nicht. Einige der bis 1970 üblichen Tests stellten sich als nicht empfindlich genug heraus, und schließlich zeigte sich, daß Autos, die bei ihrer Erstzulassung „sauber" waren, nach wenigen tausend Kilometern viel höhere Emissionswerte hatten.

Im Herbst 1970 verabschiedete der amerikanische Kongreß ein neues einheitliches Gesetz, welches sowohl für Fabriken als auch für Autos strenge Grenzwerte für die Luftverschmutzung setzte. Diese Richtsätze müssen überwiegend ab 1975 eingehalten werden. Die Emissionen von Kohlenwasserstoffen und Kohlenmonoxyd müsse bis zum 1. Januar 1975 um 90% reduziert werden, und die Emissionen von Stickoxyden ebenfalls um 90% bis zum 1. Januar 1976. Man kann hoffen, daß ein zunehmendes Interesse der Öffentlichkeit während der 70er Jahre zu weiteren Änderungen führen wird, und daß damit vielleicht der Verbrennungsmotor auf die Dauer eine geringere Rolle im Leben der Industrienationen spielt, während der Umweltschutz effektiver wird. Z. B. dürfte ein praktischer Schritt zunächst darin bestehen, die Größe, die Leistung und die Kompression der Verbrennungsmotoren zu reduzieren, während gleichzeitig jede Anstrengung unternommen wird, die Emissionen unter Kontrolle zu halten. Der Grad der Umweltverschmutzung durch ein Kraftfahrzeug ist nicht notwendigerweise von der Motorengröße abhängig, aber kleine Motoren verbrauchen weniger Benzin. So sieht ein Plan in Kalifornien eine stufenweise steigende Steuer auf alle Kraftfahrzeuge mit mehr als 65 PS vor. Wenn eine solche Steuerprogression steil genug wäre, könnte sie die Benutzung kleiner Fahrzeuge sehr erleichtern. Regelmäßige Untersuchungen, ob die Umweltschutzbestimmungen eingehalten werden, wären weiterhin wichtig.

Auf die Dauer sollte die jetzige Form der Verbrennungsmaschine möglichst durch weniger umweltverschmutzende Alternativen abgelöst werden: durch Dampfmaschinen, Elektromotoren, durch Gasturbinen, Dieselmotoren oder durch Wankel-Motoren. Dabei würden natürlich neue Probleme auftauchen. Beispielsweise verschieben Elektroautos nur die Umweltverschmutzung von der Luft über Straßen, Autobahnen und Großstädten zu der Luft über Kraftwerken. Dennoch dürfte bei solchen Systemen die Kontrolle der Verschmutzung leichter sein. Da jedoch eine Menge anderer Probleme, die mit den Kraftfahrzeugen verbunden sind, weiter bestehen werden — etwa das Ende der Rohstoffreserven oder das Problem der Autofriedhöfe — kann auch die beste aller möglichen Alternativen nur eine Teillösung darstellen. Auf die Dauer wird man um effektive öffentliche Verkehrsmittel nicht herumkommen. Vielleicht kann eine Integration von kleinen eigenen Wagen, kleinen Leihwagen und effektiven öffentlichen Verkehrsmitteln weiterhelfen. Natürlich wird jeder Versuch, unsere Abhängigkeit von der Automobilindustrie zu verringern, nicht nur auf den entschiedenen Widerstand der Industrie, sondern auch auf den Widerstand der Öffentlichkeit stoßen.

Wasserverschmutzung

In vielen Gemeinden wird die menschliche Gesundheit nicht nur durch die Luft, sondern ebenso durch das Wasser bedroht. Das Trinkwasser, das in vielen Gemeinden aus der Leitung kommt, ist schon durch 6—8 Menschen hindurchgegangen. Plakate in den öffentlichen Waschräumen, in vielen Städten am oberen Mississippi besagen: „Spüle die Toilette, sie brauchen das Wasser in St. Louis". Wenn das Wasser

St. Louis erreicht, wird es chloriert und gefiltert, und es sollte ungefährlich sein, es zu trinken. Allerdings besitzen nicht alle Städte solche Aufbereitungsanlagen. Obwohl eine Chlorierung helfen mag, gibt es ein zunehmendes Beweismaterial dafür, daß der hohe Anteil an organischer Substanz im Wasser auf irgend eine Weise Viren vor dem Chlor schützen kann. Z. B. verbreitet sich infektiöse Hepatitis in den Vereinigten Staaten in alarmierender Weise. Man hat die „Pipeline von der Toilette zum Mund" für diese Ausbreitung verantwortlich gemacht, da das Wasser durch Chlorierung nicht genügend entkeimt worden ist. Hinzu kommt die Feststellung einiger Genetiker, daß gewisse bei der Chlorierung von Wasser gebildete Chlorverbindungen Mutationen auslösen können, die zu Erbkrankheiten führen. Bei dem hohen Gehalt unseres Wassers an gefährlichen Keimen wird uns jedoch keine Wahl bleiben als es weiter zu chlorieren.

Wasserverschmutzung durch Abwässer ist eines der klassischen Beispiele für die zunehmende Disökonomie mit zunehmender Bevölkerungsdichte. Wenn entlang eines großen Stromes nur wenige Menschen leben, können sie ihre Abwässer ohne weiteres in den Fluß geben, und eine natürliche Reinigung wird die Folge sein. Wenn die Bevölkerungszahl zunimmt, darf entweder das Abwasser nicht in die Flüsse geleitet werden, oder die Entnahme von Trinkwasser aus den Flüssen muß eingestellt werden. Je mehr die Bevölkerung zunimmt, umso kompliziertere und teuerere Anlagen werden benötigt, um Trinkwasser für den menschlichen Gebrauch zu erhalten und um den Fluß mit seinen Fischen und übrigen Lebewesen am Leben zu halten. Kurz gesagt: Je mehr Menschen im Einzugsbereich eines Stromes leben, um so höher sind die Ausgaben *pro Kopf* der Bevölkerung für die Reinhaltung des Wassers.

Bei dem schnellen Wachstum vieler Gemeinden sind die einst völlig ausreichend dimensionierten Wasseraufbereitungsanlagen und Kläranlagen bald zu klein. Gelder für neue Aufbereitungs- und Kläranlagen können nur auf Kosten der für neue Schulen, Straßen, öffentliche Einrichtungen oder andere Umweltschutzeinrichtungen vorgesehene Mittel beschafft werden. Im Endeffekt scheinen die vorhandenen Geldreserven unzureichend zu sein, um all die Bedürfnisse zu befriedigen, die durch das Bevölkerungswachstum heraufbeschworen werden. Das Abwasserproblem wird durch lasche Inspektionen und lasche Bestimmungen verschärft, die Müllplätze oder Klärgebiete in der Nähe von Trinkwasserzonen erlaubt, wo noch keine großen Wasseraufbereitungsanlagen vorhanden sind.

Mit dem Bevölkerungswachstum in den Industrieländern wächst die Industrie, die das Wasser mit einer riesigen Vielfalt von Pollutantien verseucht: Blei, Detergentien, Schwefelsäure, Flußsäure, Phenole, Äther, Benzol, Ammoniak usw. Hand in Hand damit geht die Notwendigkeit einer höheren landwirtschaftlichen Produktion, und damit kommt eine noch stärkere Belastung in Form von Insektiziden, Herbiziden und Nitraten (von Düngemitteln) auf das Wasser zu. Damit verbreitet sich die Wasserverschmutzung nicht nur in den Flüssen, Seen und entlang der Küste, sondern ebenso — und das ist besonders gefährlich — im Grundwasser, wo eine Reinigung nahezu unmöglich ist. Damit steigt nun wieder die Bedrohung durch Epidemien wie Hepatitis und Dysenterie an und die Gefahr der Vergiftung durch ungeahnte Chemikalien.

Eine besondere Gefahr ist das Problem der Nitratverschmutzung. Die intensive Benutzung anorganischer Düngemittel bedeutet eine schwere Belastung für unser Wasser durch Nitrate. Nitrate akkumulieren in einem erheblichen Maße in unseren Nahrungsgetreiden. Diese Nitrate selbst sind nicht gefährlich. Manche Bakterien in unserem Darmtrakt verwandeln sie jedoch in die hochtoxischen Nitrite. Landwirtschaftliche Nutztiere und Kinder haben in ihrem Darmtrakt diese Typen der Bakterien und damit die günstigsten Bedingungen, Nitrit zu erzeugen. Außerdem kann die Verwandlung von Nitraten in Nitrite überall in der Luft erfolgen, selbst wenn die Nahrungsmittel hinterher in den Kühlschrank gelangen. Diese Nitratbelastung des Wassers ist heute schon so groß, daß Ärzte im zentralen Teil von Kalifornien dringend empfehlen, Kindern nur Mineralwasser zum Trinken zu geben. Aber in den Staaten Illinois, Wisconsin und Missouri liegen die Dinge kaum besser.

Die direkte Beziehung zwischen Energieverbrauch und Luftverschmutzung ist allgemein anerkannt. Weniger bekannt ist jedoch, daß die gleiche Beziehung auch bei der Wasserverschmutzung gilt: Die beim Bergbau entstehenden großen Abraumhalden sind dem Wetter ausgesetzt. Der Regen laugt Schwefel aus diesen Abraumhalden heraus. Dieser Schwefel gibt auf die Dauer Schwefelsäure, welcher Flüsse und Ströme für Fische unbewohnbar und für den Menschen unbenutzbar macht. Auch die Aschenberge von der Kohleverbrennung in Kraftwerken geben saure Abwässer. Abfälle vom Uranbergbau haben bereits Flüsse radioaktiv verseucht. Abfälle von Erdölraffinerien sind eine weitere Ursache der Wasserverschmutzung. (Unglücksfälle beim Transport von Öl durch Pipelines und Tanker werden im nächsten Kapitel besprochen.) Eine thermische Verschmutzung, wie sie auch noch in Kapitel 6 diskutiert wird, verschärft die Wasserverschmutzung auf zweierlei Weise: 1. Sie erhöht die Sauerstoffaufnahme der Wasserorganismen, während die Gesamtmenge des im Wasser gelösten Sauerstoffs verringert wird. Auf diese Weise können die Wasserorganismen nicht mehr so viel der eingebrachten organischen Substanz abbauen wie vorher. Die natürliche Reinigungkraft des Flusses wird verringert. 2. Zum zweiten erhöht thermische Verschmutzung die Verdunstung aus solchen Flüssen, damit wird die Konzentration in dem verbleibenden Fluß weiter erhöht.

Die Geschichte des Kampfes um sauberes Wasser ist die gleiche wie um saubere Luft. Zu wenig wurde getan und zu spät. In Amerika geriet Ende der 60er Jahre die Situation trotz einer Fülle neuer Gesetze außer Kontrolle. Bis 1970 bestand in den Vereinigten Staaten keine Möglichkeit, gegen die Menge der bekannten gefährlichen Chemikalien in den Abwässern und damit in den Flüssen einzuschreiten; die Behörden hatten lediglich die Möglichkeit, bei bakteriell verseuchten Abwässern einzuschreiten. Seit dieser Zeit hat sich einiges geändert, und es besteht eine gewisse Hoffnung, die Trinkwasserqualität in den nächsten Jahren zu verbessern.

Feste Abfallstoffe

Für die Vereinigten Staaten und wohl alle anderen Industrienationen ist die Ansammlung fester Abfallstoffe in Müllgruben und Deponien zu einem ernsten Problem geworden. Derartige Abfallhaufen sind gerade keine Augenweide. Wenn die Abfallstoffe verbrannt werden, tragen sie erheblich zur Luftverschmutzung bei. Bleiben sie an Ort und Stelle liegen, so kann das Grundwasser vergiftet werden. Außerdem sind sie hervorragende Brutplätze für Ratten, Schaben und Fliegen, also Organismen, die Krankheiten übertragen können. In den Vereinigten Staaten werden jährlich 55 Milliarden Dosen, 26 Milliarden Flaschen und Gläser, 65 Milliarden Flaschenverschlüsse und mehr als eine halbe Milliarde anderes Packmaterial weggeworfen. Hinzu kommen 7 Millionen Automobile pro Jahr und 200 Millionen Tonnen weiterer fester Abfallstoffe, die in den Städten gesammelt werden. Jede Person in den Vereinigten Staaten, ob Mann, Frau oder Kind, produziert jährlich etwa 1 Tonne fester Abfallstoffe. Zu den aus dem Verkehr gezogenen Autos kommen pro Jahr etwa 10 Millionen Tonnen Eisen oder Stahl, mehr als 3 Milliarden Tonnen Gesteinsabfall und riesige Mengen von Asche und anderen Abfallstoffen, die von der Stahlindustrie, von Kraftwerken und anderen Industrien erzeugt werden.

Inzwischen ist es allgemein anerkannt, daß die gegenwärtigen Methoden, mit dem festen Abfall fertig zu werden, völlig unzureichend sind. Die Großstädte wachsen, und durch das Wachstum allein werden die Depotmöglichkeiten für feste Abfälle verringert. Gleichzeitig aber bringt die größere Bevölkerung mehr Abfallstoffe. Hier ist der zweite klassische Fall, bei dem die Kosten pro Kopf der Bevölkerung steigen, wenn die Bevölkerung zunimmt. Die Stadt San Franzisko diskutierte einen Plan, mit der Eisenbahn den Abfall an weit entfernte Lagerstätten zu bringen, und die Großstädte an der Ostküste Nordamerikas wollten mit ihren Abfällen die stillgelegten Kohlenzechen in Pennsylvania auffüllen. Beide Gedanken wurden von der an den betreffenden Stellen lebenden Bevölkerung zurückgewiesen; zudem wären die Kosten außerordentlich hoch geworden. Bisher scheint die Ablagerung in geordneten Deponien noch immer das beste zu sein. Dennoch bringt sie viele Probleme. Die Verschmutzung des Grundwassers bleibt bestehen, und die Verschmutzung durch Staub wird vermehrt. Müllverbrennung ist eine andere Möglichkeit, welche in Europa vielfach mit Energiegewinnung kombiniert wird. Wenn hier jedoch nicht ganz besondere Vorsicht waltet, führt diese Möglichkeit lediglich zu Luft- statt Landesverschmutzung.

Abgesehen von der unbestrittenen Notwendigkeit, die Größe der menschlichen Bevölkerung in Grenzen zu halten, gibt es eine Reihe von Maßnahmen, die dazu beitragen können, das Problem der festen Abfälle zu lösen. Alle Produkte oder Verpackungen, die nicht wieder verwendet oder aufgearbeitet werden können, sollten mit hohen Steuern belastet werden. Die Produktion biologisch nicht abbaubarer Substanzen sollte verhindert werden. Hohe Pfandabgaben auf jede Bierflasche sollten dafür sorgen, daß diese Flaschen auch wirklich zurückgebracht werden. Beim Müll sollte unterschieden werden zwischen Produkten, die wiederverwendet werden können, und solchen, die biologisch abgebaut werden müssen. Neuere Wohnblocks sollten daher von vornherein mit zwei verschiedenen Müllschluckern versehen werden. Beim Automobilbau sollte von vornherein auf eine leichte Trennbarkeit der industriell wiederverwertbaren Teile und der biologisch abbaubaren Teile geachtet werden.

Bei der unmittelbaren Knappheit der nicht erneuerbaren Substanzen auf dieser Erde dürfte ein derartiges Konzept auch wirtschaftlich interessant sein (über Müllkompostierung vgl. Knoll, 1972).

Pestizide und verwandte Verbindungen

Einige Substanzen, so etwa chlorierte Kohlenwasserstoffe (DDT und ähnliche organische Verbindungen), Blei, Quecksilber und Chloride, erreichen uns auf so vielen Wegen, daß sie als allgemeine Pollutantien bezeichnet werden müssen. Chlorierte Kohlenwasserstoffe gehören zu den am allgemeinsten verbreiteten künstlichen Chemikalien in der Umwelt. Von diesen ist DDT am längsten verwandt worden: Es wurde gegen Ende des II. Weltkrieges in ungeheuren Mengen produziert und angewandt. Es ist noch jetzt das am meisten verbreitete und am besten bekannte synthetische Insektizid. Vielfach findet man es in Konzentrationen von mehr als 12 ppm im menschlichen Fett und bis zu 5 ppm in der Muttermilch (obwohl im allgemeinen die Konzentration bei 0,25—0,26 ppm liegt). Muttermilch in den Vereinigten Staaten enthält so viel DDT, daß sie im Handel zwischen den Bundesstaaten nicht zugelassen wäre; in Kuhmilch darf die Konzentration 0,05 ppm nicht überschreiten. Auch andere chlorierte Kohlenwasserstoffe unter den Insektiziden, etwa Aldrin, Dieldrin und Hexachlorbenzol sind in der Muttermilch gefunden worden.

Neuerdings ist eine weitere Klasse chlorierter Kohlenwasserstoffe als wesentlicher Pollutant in unserer Umwelt erkannt worden: die polychlorierten Biphenyle (PCB). Diese Verbindungen werden bei vielen Industrien gebraucht und werden in unserer Umwelt auf die verschiedenste Weise freigesetzt. Sie verdampfen aus Lagerstätten, sie werden aus den hohen Schloten der Fabriken emittiert, sie werden mit Industrieabfällen in Flüsse und Seen geleitet, gehen zusammen mit einer Anzahl weiterer Kohlenwasserstoffe in die Atmosphäre, wenn Autoreifen abgerieben werden. Wie die Pestizide tauchen sie in der Muttermilch auf. Sie sind extrem toxisch für den Menschen, wenn sie als Dämpfe eingeatmet werden. Bisher gibt es keine Grenzwerte für diese Stoffe in menschlichen Nahrungsmitteln. Es erscheint möglich, daß sie auch krebserzeugende Wirkung haben.

Chlorierte Kohlenwasserstoffe sind — wenn auch in sehr geringen Konzentrationen — in unserem Trinkwasser, in unserem Obst und in unserem Gemüse vorhanden und ebenso in der Luft, die wir einatmen. Größere Mengen befinden sich im Fleisch, in Fischen und in Eiern. Zeitweise kann die aufgenommene Menge direkt und hoch sein. Nur zu häufig geben Landwirte viel zu hohe Insektizidmengen auf ihre Felder. Eine genaue Inspektion ist kaum durchzuführen. Schlecht informierte Händler sprühen ihre Vorräte, um Fruchtfliegen abzutöten. Schon um Unfälle zu vermeiden, sollte der Verkauf von Pestiziden in Nahrungsmittelgeschäften grundsätzlich verboten sein.

Ein Kollege von mir beobachtete in der Küche eines Restaurants ein massives Sprühen gegen Schaben; und der Sprühnebel — vermutlich Chlordan — verbreitete sich schön gleichmäßig über alle Speisen. Andere Restaurants pflegten Lyndanverdampfer zu benutzen — diese Methode ist jetzt verboten worden. Ob derartige Methoden üblich sind oder nicht, ist weniger wichtig. Wir alle können eine dauernde schwache Belastung mit Pestiziden nicht vermeiden. Beispielsweise sind in mehr als 12 Bundesstaaten der USA die Pestizidkonzentrationen höher als erlaubt. Einzelne Fische hatten sogar eine 10fach zu hohe DDT-Belastung.

Kann diese schwache Dauerbelastung gefährlich sein? Spezifiziert die Regierung, wie lange eine solche schwache Belastung aufgrund von Langzeitexperimenten ungefährlich erscheint? Haben Mediziner und Biologen uns vor einer Gefahr durch Pestizide geschützt? Stimmt es, daß DDT keinen schädlichen Effekt auf Menschen hat, es sei denn, man nimmt es in massiven Dosierungen? Bedauerlicherweise ist die Antwort auf die letzten drei Fragen ein klares „nein". Aufgrund von Problemen, die den bei der Luftverschmutzung diskutierten sehr ähnlich sind, war es immer sehr schwierig, die chronischen Wirkungen und Langzeiteffekte der Pestizide exakt zu analysieren und zu beschreiben. Die Biologen haben schon seit langem davor gewarnt, daß DDT und verwandte Verbindungen solche Effekte haben könnten, selbst wenn Schäden nicht direkt und sofort erkennbar sind. Wie es jedoch oft geschieht, ist die Möglichkeit subtiler chronischer Effekte von der Industrie verworfen, von der Regierung ignoriert und von der Öffentlichkeit vergessen worden. Daß DDT geringe sofortige Toxität auf Tier und Mensch hat, ist bekannt, seit DDT erstmalig in Gebrauch genommen wurde. Und dies ist nie bezweifelt worden. Befürworter der Pestizide sind sogar bis zu dem gefährlichen Extrem gegangen und haben löffelweise reines DDT gegessen, um zu beweisen, wie harmlos es ist. Solche Aktionen beweisen jedoch nicht, daß DDT harmlos ist, wenn es langfristig und regelmäßig aufgenommen wird. Die Wirkungen einer solchen Belastung lassen sich vielmehr erst an der nächsten oder übernächsten Generation ablesen.

Der Mensch kann akute Vergiftungen sehen und verstehen. Die subtilen physiologischen Änderungen langsamer Vergiftungen kann er aber nur schwer erkennen, und daher findet er es außerordentlich schwierig, die Gefahr zu verstehen. Was bedeutet das schon, wenn hohe Konzentrationen chlorierter Kohlenwasserstoffe in unserem Körper gespeichert werden? Haben die Wissenschaftler nicht Experimente mit Freiwilligen durchgeführt, die DDT aßen, ohne daß es ihnen schadete? Haben nicht auch Studien an Arbeitern in einer DDT-Fabrik gezeigt, daß ihnen nichts geschah? Die Antwort ist, daß diese beiden Studien, die die Harmlosigkeit des DDT für den Menschen beweisen sollten, nur sehr schlecht durchgeführt wurden und völlig unzureichend sind, um uns von einer langfristigen Ungefährlichkeit des DDT zu überzeugen. Beide Studien wurden mit Menschen unternommen, die als Erwachsene erstmalig mit DDT in Berührung kamen. Die Studie mit freiwilligen Verbrechern lief über weniger als zwei Jahre. Die Studie an den Arbeitern ließ diejenigen Arbeiter außer acht, die von der Fabrik entlassen worden waren. Auswirkungen auf Entwicklungsvorgänge im Mutterkörper und bei Säuglingen wurden nicht berührt. Keine Frauen und keine Kinder wurden untersucht. Niemals ist auch nur ein Versuch gemacht worden, die möglichen Effekte von DDT auf große Populationen über mehrere Jahrzehnte hinweg zu verfolgen, und niemals sind die Todesursachen von Menschen mit dauernder hoher DDT-Belastung und dauernder niedriger DDT-Belastung verglichen worden.

Die Biologen haben jetzt mit solchen Studien begonnen. Tierversuche geben uns einige Hinweise. Bei hohen Dosen fördert DDT das Auftreten von Krebs, speziell Leberkrebs bei Mäusen. Also kann DDT carcinogen auch beim Menschen sein. Rattenlebern, die einen Gehalt von etwa 10 ppm DDT besaßen, zeigten eine sehr hohe Aktivität von Enzymen, die normalerweise für den Abbau von verschiedensten Chemikalien — z. B. Arzneimitteln — verantwortlich sind. Auch das Gewicht des Uterus und die Ablagerung von Dextrose im Uterus wurde erhöht. Wir wissen, daß DDT die Geschlechtshormone von Ratten und Vögeln beeinflußt und Sterilität bei Ratten hervorrufen kann. Wir wissen ebenfalls, daß die Fortpflanzungsphysiologie der Ratte viele Ähnlichkeiten mit der Fortpflanzungsphysiologie des Menschen zeigt. DDT induziert eine Aktivität der gleichen Leberenzyme beim Menschen, aber wir wissen bisher nicht, ob auch hormonale Änderungen wie bei der Ratte auftreten können.

Bei Autopsien von Toten wurde eine Korrelation zwischen dem DDT-Gehalt im Fettgewebe und der Todesursache gefunden (Radomsky, J. L., Deichmann, W. B., Klicer, E. E.: Food and cosmetic toxicology 6, 209—220, 1968). Die Konzentration von DDT und seiner Abbauprodukte DDE und DDD sowie das Dieldrin (ein anderer chlorierter Wasserstoff) waren in dem Fett von Patienten, die an Gehirnerweichung, zu hohem Blutdruck, Leberzirrhose und verschiedenen Krebssorten starben, viel höher als in Gruppen von Patienten, die an Infektionskrankheiten starben. Die Lebensgeschichten der Patienten dieser Studien zeigten, daß die Konzentrationen des DDT und seiner Abbauprodukte im Körperfett mit dem normalen Verbrauch an Pestiziden zu Hause eng korreliert waren.

Zu diesem Problem brauchen wir viel mehr verläßliche Untersuchungen. Jedoch genügt unser jetziges Wissen bereits, um gegenüber gegenteiligen Behauptungen überaus vorsichtig und skeptisch zu sein. Der Neurophysiologe Alan Steinbach nimmt an, daß sich DDT insofern von anderen Nervengiften unterscheidet, daß seine Effekte irreversibel zu sein scheinen. So lassen sich die Folgen von DDT auch im Elektroenzephalogramm erkennen. Das ist nicht überraschend, da sich bei Tierversuchen Änderungen des Zentralnervensystems aufgrund von chlorierten Kohlenwasserstoffen ergeben haben. Beispielsweise lernen Forellen sehr rasch, einen elektrischen Schock zu vermeiden. Die gleichen Tiere jedoch verlieren diese Lernfähigkeit, wenn sie langfristig einer Konzentration von 20 ppb (20 Teilchen auf 1 Milliarde Teilchen) DDT im Aquarienwasser ausgesetzt werden.

Offenbar hat sich in den USA die Menge des im menschlichen Fettgewebe gespeicherten DDT im letzten Jahrzehnt nicht vermehrt. Es hat im allgemeinen wohl eine Konzentration von etwa 7—12 ppm erreicht. Bei einer bestimmten Belastung wird offenbar etwa ein Jahr benötigt, bis ein Gleichgewicht zwischen der Aufnahme und dem Verlust durch Exkretion und Abbau erreicht wird. Die mittlere Konzentration des DDT in menschlichen Populationen unterscheidet sich sehr drastisch in den verschiedenen Ländern. Auch mit den Nahrungsgewohnheiten und dem Alter der Volksgruppe gibt es Schwankungen. Andere Pollutantien greifen möglicherweise in die Exkretion von DDT ein. Ein Experiment zeigte, daß Hunde, die DDT und Aldrin gleichzeitig erhielten, doppelt so viel DDT speicherten als Hunde, die ebenso lange nur DDT bekamen.

Schon aufgrund solcher additiven Wirkungen ist es schwer, die Größe der direkten Gefährdung des Menschen durch das gegenwärtige Niveau der chlorierten Kohlenwasserstoffe zu beurteilen. In den meisten Analysen wurde nur mit

DDT gearbeitet, obwohl die Menschen natürlich gleichzeitig einem weiten Bereich anderer verwandter Verbindungen ausgesetzt sind. Einige von diesen haben sogar eine sehr viel höhere unmittelbare Toxizität. Es gibt Hinweise dafür, daß Dieldrin, welches etwa viermal so toxisch ist wie DDT, an Leberzirrhose beteiligt ist, und daß Hexachlorbenzol für Leberkrebs verantwortlich sein kann. Die kritische Frage ist jedoch nicht die der unmittelbaren Toxizität, sondern die der Langzeitwirkung. Die ältesten Menschen, die seit ihrer Geburt hohen DDT-Konzentrationen ausgesetzt waren, sind nun zwischen 20 und 30 Jahre alt. Möglicherweise ist ihre Lebenserwartung bereits beträchtlich verringert. Es ist aber auch möglich, daß keine signifikante Verringerung der Lebenserwartung bei ihnen festzustellen ist. Niemand weiß das, und niemand kann es im Augenblick vorhersagen.

Auch wird es weitere Zeit dauern, bis man erfährt, wie die allgemeinen Effekte der allgemeinen Belastung mit chlorierten Kohlenwasserstoffen aussehen werden. Wir können vielleicht unsanft erwachen, da diese Verbindungen sehr langsam in der Umwelt abgebaut werden und auch nach Einstellung ihrer Produktion noch Jahrzehnte vorhanden sein werden (Tab. 15). Die fortgesetzte Verwendung von chlorierten Kohlenwasserstoffen erhöht also die in unserer Umwelt vorhandene Menge. Sie stellt ein gewissenloses globales Experiment dar, und wir Menschen spielen zusammen mit den anderen Tieren des Globus die Rolle des Meerschweinchens.

Umweltverschmutzung durch Schwermetalle

Blei. Die Biologen fangen jetzt gerade an, die Wirkungen der chlorierten Kohlenwasserstoffe auf den Menschen zu verstehen. Jetzt erst beginnen sie zu merken, daß sie bisher die Gefahr, die von diesen Stoffen ausgeht, unterbewertet hatten. Im Gegensatz dazu gibt es hinsichtlich der Gefahr einer akuten Bleivergiftung genügend Material. Wir wissen genau, was Blei verursachen kann, obwohl wir noch nicht recht wissen, wie sich eine dauernde Belastung mit niedrigen Bleikonzentrationen speziell in der Atemluft auswirken kann. Gerade unsere Atemluft enthält jedoch heute aufgrund der Abgabe aus Kraftfahrzeugen sehr viel Blei. Bleivergiftungssymptome lassen sich an Appetitlosigkeit erkennen, an allgemeiner Schwäche und Müdigkeit; Bleivergiftung verursacht Läsionen des neuromuskulären Systems, des Kreislaufsystems, des Gehirns und des Magen-Darm-Kanals. Möglicherweise ist eine zu hohe dauernde Belastung mit Blei ein Grund für den Niedergang der griechischen und römischen Zivilisation. Die Römer umrandeten ihre Bronzegefäße, von denen sie aßen, mit denen sie kochten, und in denen sie ihren Wein aufbewahrten, mit Blei. So vermieden sie den charakteristischen unangenehmen Geschmack des Kupfers. Die bekannten Symptome einer Kupfervergiftung tauschten sie gegen den angenehmen Geruch des Bleis und die mehr subtilen Symptome einer Bleivergiftung.

Heute erfolgt eine Luftverschmutzung durch Bleihütten und durch die Verbrennung von Benzin, das Bleitetraäthyl enthält. Dazu kommen andere Möglichkeiten: Pestizide, Farben, bleienthaltende keramische Gegenstände und Gläser.

Der Geochemiker Clair C. Patterson sagte 1965, daß es definitive Hinweise darauf gäbe, daß die Einwohner der Vereinigten Staaten derzeit einer schweren chronischen Bleivergiftung unterliegen. Der Durchschnittsamerikaner atmet 400 Millionstel Gramm Blei pro Tag mit der Luft ein oder nimmt es mit der Nahrung oder dem Wasser auf: und das schon seit Jahrzehnten.

Die Zunahme der Bleivergiftung in der Atmosphäre wurde durch Studien über den Bleigehalt der Eiskappe von Grönland genauer analysiert. Der Bleigehalt der Eiskappe verfünffachte sich zwischen 1750 und 1940. Er verzwanzigfachte sich zwischen 1750 und 1967. Die Seesalze in der Eiskappe von Grönland haben sich dagegen seit 1750 nicht verändert. Daraus ist zu schließen, daß Änderungen in der allgemeinen Ablagerungsweise von Materialen im Eis nicht der Grund der Bleivermehrung sind. Ähnliche Befunde sind in der Antarktis nicht festgestellt worden. Daraus ist zu schließen, daß die Bleivergiftung zunächst mit Bleihütten und dann in der neuesten Zeit mit der Verbrennung von Benzin zusammenhängt. Beide Quellen sind auf der Nordhalbkugel konzentriert. Die Verbreitung dieser Verschmutzung auf die Südhalbkugel ist durch die Art und Weise der atmosphärischen Zirkulationen weitgehend abgeblockt.

Man fürchtet, daß in naher Zukunft die Bleibelastung durch die Atemluft, vor allen Dingen bei der Stadtbevölkerung, eine wesentliche Rolle spielen wird, obwohl die allgemeine Bleibelastung durch Nahrung und Getränke immer noch höher ist. In Los Angeles und anderen Großstädten wird heute wahrscheinlich bereits mehr Blei durch die Lungen aufgenommen als durch den Darmtrakt. Im Mittel betrug die Konzentration des Bleis im Blut eines Amerikaners etwa 0,25 ppm. Das ist etwas weniger als die Hälfte des Wertes, bei dem Bleiarbeitern die Aufgabe ihrer Arbeitsstelle empfohlen wird. Automechaniker und Parkplatzwächter haben im allgemeinen Werte zwischen 0,34 und 0,38 ppq. in ihrem Blut.

Blei ist ein kumulativ wirkendes Zellgift. Es ist unvernünftig zu warten, bis ein großer Teil der Bevölkerung chronische oder akute Vergiftungssymptome zeigt, bevor wir versuchen, den Bleigehalt in der Umwelt abzusenken. Chronische Bleivergiftung ist im allgemeinen schwer zu diagnostizieren, und schwache Anfangseffekte könnten bereits heute die Regel sein. Außerdem besteht immer noch die Möglichkeit synergistischer Interaktionen mit den anderen Giften unserer Umwelt.

Bleiarme und bleifreie Benzinsorten werden seit 1970 von den meisten größeren Ölgesellschaften der Vereinigten Staaten angeboten. Doch eineinhalb Jahre später machten sie erst 5% des Gesamtverkaufs des Benzins aus. Offensichtlich war sich die Bevölkerung noch nicht über die gefährlichen Folgen einer Bleivergiftung im klaren. Doch die Gründe lagen hauptsächlich in der Preisdifferenz — bleifreies Benzin kostet 0,7 bis 1,3 Cents mehr pro Liter — und in der Tatsache, daß viele Autos mit bleifreiem Benzin nicht gut fahren konnten. Die seit 1970 produzierten Kraftfahrzeuge sind eher in der Lage, bleifreies Benzin zu verarbeiten. Automotoren, die 1975 bestehen wollen, werden nicht in der Lage sein, bleihaltiges Benzin zu verarbeiten. Damit wird in den nächsten Jahren ein Umschwung zu bleifreiem Benzin stattfinden. Vermutlich kann die Kostendifferenz aufgefangen werden, wenn mehr bleifreies Benzin benötigt wird. Selbst wenn es ein wenig teuerer sein sollte: Bleifreies Benzin ist eine gute Sache — vorausgesetzt, daß neue Additive nicht neue Probleme schaffen.

Eine andere Bleiquelle: In Dänemark werden von den Jägern jährlich ca. 250 to Blei verschossen, d. h. pro km² fallen pro Jahr ca. 5,5 kg Blei an (Feldornithologen 15, 1—27, 1973). Viel anders dürfte es in dicht besiedelten Gebieten der Industrieländer nirgendwo sein.

Quecksilber. Auf viele sehr verschiedene Weise kommt Quecksilber in unsere Umwelt. Es wird bei industriellen Vorgängen ausgelaugt, besonders bei solchen, die Chlor produzieren (welches seinerseits in großen Mengen in der Plastikindustrie gebraucht wird), und bei der Sodaproduktion (welche viele industrielle Verwendungsmöglichkeiten hat). Ferner wird Quecksilber von der Papierindustrie in Flüsse abgegeben. Quecksilber ist ein wesentlicher Bestandteil der in der Landwirtschaft benutzten Fungizide, die intensiv bei der Saatgutbeizung benutzt werden. Geringe Quecksilbermengen gibt es in fossilen Brennstoffen, und sie werden bei der Verbrennung in die Luft gebracht. Trotz der niedrigen Konzentration kann der enorme Verbrauch an fossilen Brennstoffen doch eine erhebliche Quecksilberbelastung für die Umwelt bringen. Auch Arzneimittel, die mit Abwässern weggespült werden, und sogar zerbrochene medizinische Thermometer können bei der Umweltbelastung durch Quecksilber eine erhebliche Bedeutung gewinnen.

Wie hoch die natürliche Quecksilberkonzentration in Gewässern ist, ist nicht völlig geklärt. Der Quecksilbergehalt des Seewassers schwankt in Abhängigkeit von der Salinität und Meerestiefe und scheint im allgemeinen bei 1 ppb (1 Teil pro 1 Milliarde) zu liegen. Bisher scheinen die Aktivitäten des Menschen diesen Grundbestand in den Ozeanen nicht wesentlich erhöht zu haben, und der Quecksilbergehalt ozeanischer Fische scheint nicht erhöht. Natürlich ist damit nicht gesagt, daß Quecksilber, auch wenn es von natürlichen Quellen stammt, für uns ungefährlich sei.

Anders sehen die Dinge in Flachmeeren und Küstengewässern aus — also in Gewässern, die heute einen Großteil der Fische produzieren, die wir als Nahrungsmittel aufnehmen. Der Quecksilbergehalt der Ostsee ist bereits so hoch, daß das Verschwinden von Seeadler und Fischadler in den unmittelbaren Küstengewässern auf Quecksilbervergiftung zurückgeführt wird. Entsprechend ist auch das Bild im Süßwasser: Quecksilberkonzentrationen sind hier unmittelbar mit den Quellen der Quecksilbervergiftung korreliert. Ein kanadischer Fluß hat einen Quecksilbergehalt von 0,05 ppb oberhalb der Stadt Edmondson und von 0,12 unterhalb der Stadt. Das Flußsediment unterhalb einer Fabrik, welche Quecksilber zur Chlor- und Sodaproduktion benutzte, hatte 1800 ppm Quecksilber. Solche Beispiele ließen sich beliebig vermehren. So waren die Seen in Schweden in sehr starkem Maße durch Methylquecksilber vergiftet, bis die Verwendung dieses Giftes bei der Saatgutbehandlung untersagt wurde. Inzwischen sind die Seen wieder weitgehend quecksilberfrei — aber das Quecksilber ist in die Ostsee gespült worden (Nuorteva).

Elementares Quecksilber ist relativ ungefährlich für den Menschen. Bestimmte Mikroorganismen können diese metallische Quecksilber in giftige Formen, z. B. Methylquecksilber, verwandeln. Dieser Vorgang läuft fortwährend ab, so daß das gesamte metallische Quecksilber, welches im Süßwasser und im Flachmeer abgelagert wird, in die toxische Form überführt und für Jahrzehnte oder Jahrhunderte an die Tiere abgegeben wird, selbst wenn ein weiterer Ausstoß an Quecksilber nicht mehr eintritt. Methylquecksilber wird von den Organismen konzentriert und in der Nahrungskette weitergegeben. Fische scheinen Methylquecksilber sowohl aus der Nahrung als durch ihre Kiemen aufzunehmen und können in ihren Körpern eine mehr als 1000fach höhere Konzentration aufweisen als das Wasser, in dem sie leben. Methylquecksilber wird wesentlich leichter aufgenommen als anorganisches Quecksilber und kaum ausgeschieden. Eine weitere Konzentrierung in der Nahrungskette spielt eine entscheidende Rolle, wie durch sehr hohe Konzentrationen im Thunfisch, im Schwertfisch und in Vögeln gezeigt werden konnte, die an der Spitze der marinen Nahrungskette stehen. Konzentrationen im Thunfisch liegen oft im Bereich von 0,13–0,25 ppm, und Konzentrationen im Schwertfisch sind noch höher. Bei schwedischen Fischadlern wurde gezeigt, daß nur die Federn Quecksilber enthielten, die während der Mauser in Schweden neu gebildet wurden. Die Federn jedoch, die während des Winterquartiers in Afrika neu gebildet wurden, enthielten kein Quecksilber: ein Beweis für die hohe Quecksilberbelastung in der Heimat. Schwertfische wurden vielfach nicht als Nahrungsmittel freigegeben, weil ihr Quecksilbergehalt zu hoch lag.

Die Symptome einer Vergiftung durch Methylquecksilber sind verschieden. Blindheit, Taubheit, Verlust des Koordinationsvermögens, Idiotie oder Tod können das Schicksal derjenigen sein, die hohen Konzentrationen ausgesetzt sind. Die einzelnen Individuen variieren sowohl in ihrer Anfälligkeit gegenüber Methylquecksilber als auch in ihrer Belastung. Bevölkerungsgruppen, die große Mengen von Fisch essen, sind größeren Mengen von Quecksilber ausgesetzt als solche, die kaum Fisch aufnehmen. Neben diesen allgemeinen Belastungen gibt es lokale Katastrophen. Berühmt geworden ist die Minamata-Katastrophe (Japan) von 1953. Dort erhöhte eine chemische Fabrik ihre Produktion sehr stark und steigerte damit auch den Ausstoß von Quecksilber. Das Ergebnis war das Auftreten der Minamatakrankheit: Von der Bevölkerung, die dort weitgehend von Meerestieren lebte, starben über 100 Menschen oder erlitten schwere Schäden ihres Nervensystems.

Trotz dieses und ähnlicher Fälle scheint es unwahrscheinlich, daß eine epidemische Quecksilbervergiftung auf uns zukommt. Doch angesichts unserer Unkenntnis zahlreicher Aspekte des Problems (einschließlich der Langzeiteffekte und der möglichen Interaktionen von Methylquecksilber mit anderen Chemikalien) ist extreme Vorsicht geboten. Die Tatsache, daß ein Teil unserer Quecksilberbelastung auf der natürlichen Quecksilberkonzentration der Ozeane beruht, ist kein Grund, das Problem zu ignorieren. Nur geringe, vom Menschen induzierte Anstiege über diese natürliche Konzentration hinaus können vielleicht extrem gefährlich werden. Inzwischen sind verschiedene Schritte unternommen worden, um den Quecksilberausstoß in die Umwelt zu limitieren, und manche Nahrungsmittel (wie Schwertfische) werden vermutlich vom Weltmarkt verschwinden. Wir hoffen, daß die Menschheit die Quecksilbergefahr rechtzeitig erkannt hat, um hier eine Katastrophe zu vermeiden.

Cadmium, Arsen and andere Schwermetalle. Außer den gut untersuchten Schwermetallen Blei und Quecksilber können einige andere ebenfalls in der Umwelt gefährlich werden. Cadmium ist in verdächtig hohen Konzentrationen in Austern gefunden worden, aber wir wissen über die Bedeutung dieser Konzentrationen ebenso wenig wie über die Wege, die Cadmium in der Umwelt nimmt. Cadmiumvergiftung verursacht eine schwere Erkrankung, die in Japan Itai-Itai („Auau") genannt wird wegen der Schmerzen, die sie verursacht. Aus Japan wurden eine Reihe von Todesfällen gemeldet, dort ist Cadmiumvergiftung von Nahrungsmitteln als ernsthafte Bedrohung erkannt worden. Konzentrationen, die über die vom U. S. Public Health Service festgesetzten Höchstwerte hinausgingen, wurden im unbehandelten Trinkwasser von 20 Großstädten gefunden. Die Werte schwanken von 10—130 ppb. Gefährlich hohe Konzentrationen von Cadmium und Chrom wurden auch im Grundwasser in Teilen von Long Island festgestellt. Diese Verunreinigung stammt aus Abfällen, die während des II. Weltkrieges dort abgelagert wurden. Die vergiftete Zone breitet sich langsam aus. Sie wird die nächsten Brunnen, welche Trinkwasser für die Öffentlichkeit liefern, vermutlich nicht vor dem Jahre 2000 erreichen, doch die Situation verlangt eine genaue Beobachtung. Man sieht aus diesem Beispiel, wie empfindlich unser Grundwasser auf langfristige Vergiftung reagiert.

Auch Arsen kommt in Spuren in Nahrungsmitteln und im Trinkwasser vor. Es stammt meist aus arsenhaltigen Pestiziden und aus Detergentien, welche eine vielleicht weniger toxische Form, das Arsenat, enthalten. Möglicherweise wird dieses Arsenat jedoch unter bestimmten Bedingungen zu dem toxischen Arsenit abgebaut. Darüberhinaus wird Arsen in den Geweben mancher Pflanzen und Tiere konzentriert — darunter sind einige wichtige Nahrungsorganismen des Menschen.

Die Metalle, die von der MIT-Studie über kritische Umweltprobleme als die „toxischsten, hartnäckigsten und häufigsten" charakterisiert werden, sind Blei, Quecksilber, Cadmium, Chrom, Arsen und Nickel. Wir brauchen dringend mehr Information über ihre Folgen für die Umwelt und ihre Kurzzeit- und Langzeitwirkungen. Bis solche Informationen vorliegen, wäre es das Klügste, ihre Abgabe in die Umwelt so weit wie möglich zu limitieren.

Radioaktive Strahlung

Radioaktive Substanzen sind solche, deren Atome einen spontanen Kernzerfall zeigen, und die dabei sowohl schnelle Partikel als auch durchdringende elektromagnetische Strahlung (im allgemeinen identisch mit Röntgenstrahlen) abgeben. Beides wird unter dem Begriff „ionisierende Strahlung" zusammengefaßt. Wir verbringen unser ganzes Leben in einer Welt mit solch einer Strahlung. Sie stammt aus kosmischer Strahlung, von radioaktiven Substanzen in der Erdkruste und von anderen solchen Substanzen (so wie Kalium-40), die durch die lebende Welt hindurchzirkulieren. Die normale Größenordnung liegt zwischen 0,08 bis 0,15 rad pro Person und Jahr (das „rad" ist das übliche Maß für ionisierende Strahlung).

Der Mensch hat sich also in der Gegenwart dieser unausweichlichen Strahlung entwickelt, aber das bedeutet nicht, daß diese Strahlung ungefährlich ist. Es bedeutet vor allen Dingen nicht, daß eine durch den Menschen verursachte Erhöhung dieser Strahlung unbeachtet bleiben darf.

Tatsächlich gibt es Grund für die Annahme, daß eine Fülle der genetischen Defekte, Krebserkrankungen und Fehlgeburten auf der normal vorhandenen Strahlung beruht. Wir wissen, daß ionisierende Strahlung Mutationen erzeugt. Mutationen sind zufällige Änderungen in der Struktur der DNA, dem langen Molekül, welches die genetische Information enthält, die für unsere Entwicklung und das Funktionieren aller Organismen notwendig ist. Die bei weitem überwiegende Zahl der Mutationen ist gefährlich, genauso, wie zufällige Änderungen in einem komplexen Apparat, etwa einem Fernsehapparat, gefährlich sind. Wenn eine solche Mutation in einer Fortpflanzungszelle erfolgt, die also Spermien oder Eier produziert, wird die Mutation auf die folgenden Generationen weitergegeben.

Anders als bei Mutationen, deren Effekte auf die nächsten Generationen weitergegeben werden, gibt es Konsequenzen von radioaktiver Strahlung, die den Bestrahlten direkt in Mitleidenschaft ziehen. Solche Konsequenzen sind beispielsweise Krebs oder eine Verkürzung der Lebensdauer ohne Rücksicht auf die eigentliche Todesursache. Die Mechanismen, durch welche die radioaktive Strahlung diese Schäden hervorruft, sind bis heute noch nicht völlig verstanden. Es ist klar, daß die Häufigkeit und die Schwere solcher Effekte mit der Strahlungsdosis zunimmt, obwohl es nicht völlig klar ist, ob hier immer eine direkte Beziehung zwischen Dosis und Effekt vorliegt.

Natürlich müssen diese Folgen radioaktiver Strahlung gegenüber den sozialen Notwendigkeiten abgewogen werden. Wir werden uns hier vor allen Dingen mit den Nachteilen beschäftigen, denn wir sind sicher, daß die Befürworter eines weiteren Ausbaus von Kernspaltungsanlagen die Vorteile schon genügend in den Vordergrund stellen werden.

Im Augenblick ist der größte Teil der vom Menschen verursachten Strahlung (über 90%) die Folge medizinischer Röntgenstrahlung im Dienste von Diagnose und Therapie. Der Gesundheitsexperte Karl Z. Morgan nimmt an, daß im Augenblick überflüssige Strahlenbehandlung in jedem Jahr für 3000 bis 30000 unnötige Todesfälle verantwortlich ist.

Eine andere Strahlungsquelle ist der radioaktive Fallout von Kernwaffen. Für die Amerikaner bedeutet dieser Fallout nur 1–2% der natürlich vorkommenden Strahlung. Jedoch war die Zunahme so stark, daß wir über den Atomtestvertrag zwischen den Vereinigten Staaten, Großbritannien und der UdSSR, der die oberirdischen Tests verbot, glücklich sein müssen. Leider setzen sowohl die Chinesen als auch die Inder und Franzosen ihre oberirdischen Kernwaffentests fort; wir haben keinerlei Grund zu der Annahme, daß hier keine nachteiligen Folgen des radioaktiven Fallout auftreten, besonders, da diese Dinge ja nicht gleichmäßig verteilt sind. Durchschnittswerte für die gesamte Weltbevölkerung sind oft sehr irreführend. Sie erinnern ein wenig an die alte Geschichte des Statistikers, der in einem See ertrank, der im Durchschnitt nur 60 cm tief war.

In Zukunft dürfte eine weitere wesentliche Quelle für radioaktive Strahlung der weitere Ausbau von Kernkraftwerken sein (Kapitel 3). Während 1970 die Kernkraftwerke nur 1% der in den Vereinigten Staaten verbrauchten Energie erzeugten, scheint sich der Anteil etwa alle 2 Jahre zu verdoppeln. Das bedeutet eine Verzehnfachung alle 6,5 Jahre.

Die mit Kernkraftanlagen zusammenhängende Strahlung kann auf die verschiedenste Weise in die Umwelt gelangen: Bei dem Abbau des Urans, bei dem Betrieb des Kernkraftwerks, beim Transport des verbrauchten Brennmaterials und bei der Lagerung langlebiger radioaktiver Abfälle. Zu diesen normalen Prozessen kommt die Möglichkeit eines Unglücksfalles dazu, bei dem ein Kernkraftwerk viel größere Mengen von Radioaktivität freisetzt — möglicherweise durchaus soviel wie bei Hunderten von Hiroshima-Bomben. Die zivilisierte Welt ist hier Fanatikern faktisch auf Gnade und Verderb ausgeliefert.

Natürlich will niemand mit einem solchen Unglücksfall rechnen, und alle Fachleute versichern uns, daß die Wahrscheinlichkeit nahe null ist. Doch da die Konsequenzen so schlimm wären, sind solche Versicherungen nicht besonders beruhigend. Schließlich sind unmögliche Dinge schon früher passiert, wie etwa die Versenkung unsinkbarer Schiffe. Ein Dokument der amerikanischen Atomenergiekommission über die Sicherheit von Reaktoren, das 1964 publiziert wurde, berichtet von 11 kritischen Unglücksfällen in Experimentalreaktoren, die zu ungewöhnlicher Strahlungsbelastung führten. Ein Unglücksfall in dem schnellen Brüter nahe Detroit im Jahre 1956 war schlimmer als der „größte denkbare Unglücksfall". Durch viel Glück gab es keine Verletzungen. Dieser Fall in unmittelbarer Nähe von Detroit macht die Versicherungen der Atomenergiekommission nicht glaubhafter.

Der ganze Komplex der Reaktorsicherheit ist für Nichtwissenschaftler und sogar für Wissenschaftler anderer Fachgebiete außerordentlich schwer zu beurteilen. Bemerkenswert ist jedoch, daß die größten Versicherungsgesellschaften Nordamerikas, die sich vermutlich Rat von kompetenter Seite leisten können, es abgelehnt haben, bei einem Unglücksfall in einem Kernkraftwerk mehr als 1% der möglichen Schadenssumme zu übernehmen. Das gilt selbst für einen Zusammenschluß dieser Gesellschaften, und ähnlich liegen die Verhältnisse auch in den anderen Industrienationen. Die Tatsache hat zu der kuriosen Situation geführt, daß der Staat, also die Öffentlichkeit, die Versicherung übernimmt, daß also die möglichen Opfer selbst für Schäden aufkommen müssen. Das gilt besonders, da der amerikanische Staat seine Verantwortung wertgemäßig begrenzt hat (auf etwa 478 Millionen Dollar) und höhere Schäden auch von der Öffentlichkeit nicht übernommen werden.

Kaum einfacher liegen die Dinge bei der Deponierung des radioaktiven Abfalls. Flüssige Abfälle hoher Radioaktivität werden derzeit in Stahlbehältern an verschiedenen Stellen im Lande aufbewahrt. Dies soll eine zeitlich begrenzte Maßnahme sein, da diese Abfälle Jahrhunderte lang der Biosphäre ferngehalten werden müssen. Ungefähr 750000 l (von ungefähr 302 Millionen bisher deponierten Litern) sind aber bereits auf der Deponie von Hanford, Washington, ausgesickert. Der Plan der amerikanischen Atomenergiekommission, diese flüssigen Abfälle in eine feste Form zu überführen und sie in Salzbergwerken zu deponieren, ist durch ungelöste technische Fragen und eine wachsende Skepsis der Öffentlichkeit vielleicht für alle Zeiten unmöglich gemacht worden.

Bei den weniger radioaktiven, aber noch immer sehr gefährlichen „Low-level" Abfällen, scheint es so, daß das Bestreben, Geld zu sparen, die Vernunft übertölpelt. Das Komitee Rohstoffe und Mensch der Nationalen Akademie der Wissenschaften der USA hat die Situation wie folgt zusammengefaßt: „Aus ökonomischen Gründen sind bei fast allen Betrieben der Atomenergiekommission noch heute Methoden üblich, die beim gegenwärtigen Stand der Abfallmengen kaum tragbar sind, die jedoch absolut untragbar werden, wenn die Abfallmengen größer werden."

Ein anderer Weg, auf dem Radioaktivität aus Kernspaltungen die Öffentlichkeit erreicht, ist das Entweichen geringer Mengen radioaktiver Substanzen während des normalen Betriebes der Kernkraftwerke und der Aufbereitungsanlagen. (Verbrauchter Reaktorbrennstoff wird aufbereitet, um ihm für einen späteren Gebrauch das wertvolle Plutonium und das Uran zu entziehen). Nach einer heftigen Kontroverse zwischen den auf dem Gebiet des Strahlenschutzes arbeitenden Wissenschaftlern änderte die amerikanische Atomenergiekommission im Jahre 1971 ihre Richtlinien für die Emission von Radioaktivität aus bestimmten Kernreaktoren während des normalen Betriebes, indem sie den erlaubten Pegel auf ein Hundertstel heruntersetzte. Wenn dies wirklich gültig wird, so dürften die neuen Richtlinien wirklich das Problem des Normalbetriebes gelöst haben. Jedoch schloß die Atomenergiekommission ausdrücklich alle neuen Reaktoren, die jetzt entwickelt werden, von diesen Richtlinien aus und ebenso alle Wiederaufbereitungsanlagen.

All diese Kontroversen haben eine Reihe grundsätzlicher Fragen aufgeworfen, die hier beachtet werden müssen, und auf die die amerikanische Atomenergiekommission bisher keine zufriedenstellende Antwort hat. Warum sollte sowohl Kontrolle als auch Aufbau einer neuen Technologie Aufgabe ein und derselben Behörde sein? Wenn es nicht die Absicht der Atomenergiekommission ist, die Öffentlichkeit einer schweren Gefahr auszusetzen, die durch die gegenwärtig herrschenden Bestimmungen möglich ist, warum verstärkt dann die Atomenergiekommission nicht die Auflagen, um sicher zu sein, daß die Öffentlichkeit weniger gefährdet wird? Wo die vorliegenden Daten die *Möglichkeit* schwerer Schäden für die Gesundheit der Bevölkerung zugeben, hat dann die Öffentlichkeit ein Recht, ein kommerzielles Projekt aufzuhalten, bevor erwiesen ist, daß eine Gefährdung wirklich auftritt? Darf andererseits jemand ein Projekt vorantreiben, bevor er beweisen kann, daß es ein sicheres Projekt ist?

In all diesen Dingen sind wir mit Problemen konfrontiert, die so neu sind, daß wir uns gezwungen sehen, unsere Grundregeln für individuelle und kollektive Sicherheit zu überdenken. Bisher ging unsere Gesetzgebung davon aus, daß eine Person oder eine Gruppe das Recht hat, irgend etwas zu tun, solange diese Aktivität andere nicht schädigt. Wenn eine Person behauptete, daß sie geschädigt wurde, hatte diese Person die Beweislast zu tragen. Jetzt hat unsere Gesellschaft eine Technologie, die unsere Atemluft, unsere Trinkwasservorräte und die natürlichen

Vorgänge, auf denen unser Leben beruht, mit einer Menge und einer Vielfalt von Substanzen bombardiert, deren exakte Wirkungen unbekannt sind. Es sollte klar sein, daß in solchen Fällen, die vielleicht auch schon die noch Ungeborenen belasten, die Beweislast auf diejenigen übertragen werden muß, die diese Kräfte freisetzen. Auf diesem lebenswichtigen Gebiet muß Unwissenheit über die Wirkung der eigenen Tätigkeit ein Grund zur Einschränkung dieser Tätigkeit sein.

Chemische Mutagene

In neuerer Zeit sind Biologen immer mehr mit der Tatsache konfrontiert worden, daß Mutationen nicht nur durch radioaktive Strahlung, sondern auch durch bestimmte Chemikalien hervorgerufen werden. Das verstärkte Interesse an den Ursachen von Fehlgeburten und die umfassenderen Kenntnisse über die chemische Basis von Vererbung und Entwicklung haben zu der Erkenntnis geführt, daß die Menschheit vielen Tausenden von synthetischen Chemikalien ausgesetzt ist, deren mutagenes Potential unbekannt ist. Koffein und LSD sind verdächtigt worden, beim Menschen mutagen zu wirken. Tierversuche haben jedoch keine schlüssigen Beweise geliefert. Koffein wirkt eindeutig mutagen bei Fruchtfliegen, jedoch nicht bei Mäusen. Unter den vielen anderen Chemikalien, die als eindeutig mutagen erkannt sind, befinden sich Stickstoffverbindungen, von denen die Organophosphate unter den Insektiziden abgeleitet wurden, Wasserstoffsuperoxyd, Formaldehyd, Cyclohexylamin (ein Abbauprodukt des Süßstoffes Cyclamat) und Säure, die aus dem Fleischsalz Natriumnitrit im Magen entsteht. Im Jahre 1971 zeigte sich, daß DDT mutagen bei Mäusen wirkt.

Um unsere Zivilisation durch die nächsten Jahrzehnte intakt zu halten, werden wir unser Hauptaugenmerk auf die Quantität von *Homo sapiens* richten müssen. Es wäre jedoch unsinnig, selbst im Angesicht der Krise, die Frage nach der zukünftigen *Qualität* der menschlichen Bevölkerung zu vernachlässigen. Jede vernünftige Anstrengung sollte unternommen werden, um das Ausmaß der möglichen Mutationen zu erfassen und zu reduzieren.

Lärm

Überall auf der Welt wird der Mensch sich einer neuen Art von Umweltbelastung bewußt: der Lärmbelastung. Das Problem ist in den Blickpunkt geraten durch die Entdeckung, daß viele Teenager nach stundenlangem Hören von Rockmusik einen bleibenden Gehörverlust erleiden, wie auch durch das öffentliche Interesse an Überschallflugzeugen.

Geräusch wird normalerweise in db gemessen. Eine Verzehnfachung der Lautstärke gibt 10 Einheiten auf der db Skala, eine Verhundertfachung 20 Einheiten. Die untere Grenze unseres Hörvermögens wird bei 0 db angesetzt.

Selbst wenn man relativ kurzfristig einem intensiven Geräusch ausgesetzt ist, kann ein zeitweiser Verlust der Hörgenauigkeit die Folge sein. Dauernder Gehörverlust ist die Folge ständiger Belastung mit hohen Geräuschpegeln. Geräuschpegel in der Stärke von 50 − 55 db können den Schlaf stören und beim Erwachen ein Gefühl der Mattigkeit bewirken. In neuerer Zeit gibt es zunehmend Beispiele dafür, daß Geräusch im 90 db Bereich irreversible Schäden des Nervensystems zur Folge hat. Diese Schäden, die unter anderem einen dauernden Gehörverlust beinhalten (wie bei Rockfans bekannt) können bei Geräuschpegeln auftreten, die keineswegs als schmerzhaft angesehen werden. Geräusch kann ein Faktor bei vielen streßverwandten Krankheiten, wie etwa Magengeschwüren und hohem Blutdruck, sein. In jedem Fall bedeutet Lärmbelästigung zweifellos eine zunehmende Bedrohung unserer Gesundheit und allgemeinen Lebensfreude. Selbst wenn wir nicht dem Knall der Überschallverkehrsflugzeuge ausgesetzt sind, wird das Problem der Geräuschbeseitigung für unsere Gesellschaft wesentlich bleiben. Man wird Aktionen gegen Motorräder, Mopeds, Schneemobile, Rasenmäher, Bootsmotoren, Modellmotoren und dergleichen unternehmen. Das Problem ist technisch leicht lösbar und unterscheidet sich daher sehr drastisch von den übrigen. Nur kurz sei darauf hingewiesen, daß die nächtliche Beleuchtung unserer Siedlungen für viele Organismen tödlich sein kann. Die Tageslänge, vielfach in Kombination mit der durch den Mondschein bedingten Nachthelligkeit, steuert bei vielen Organismen die Fortpflanzungsbereitschaft. Durch dauernde Beleuchtung kommen diese Organismen aus ihrem Rhythmus und können schwer geschädigt werden, wenn sie nicht sogar in Kürze ganz aussterben. Das gilt besonders für Tiere des Gezeitenbereichs der Meere. Für den Menschen liegen keine entsprechenden Daten vor.

Die Umwelt „Stadt"

Die physische und ästhetische Zerstörung der Umwelt ist in unseren Großstädten am deutlichsten. Der dehumanisierende Effekt des Lebens in den Slums und Ghettos, wo kaum Aussicht auf eine Verbesserung der Lebensbedingungen besteht, sind oft als Gründe für die zunehmende Kriminalität in den Städten genannt worden. In der Umgebung der Slums erreicht die Kriminalität normalerweise Höchstwerte. Alle diese Symptome deuten darauf hin, daß die modernen Großstädte für den Menschen keine günstige Umwelt sind.

Es scheint mehr als genug Hinweise dafür zu geben, daß die gewohnten Maßstäbe und Verhaltensweisen unserer Kultur in den Großstädten zusammenbrechen, und auch dafür, daß eine große Zahl von Kontakten mit Individuen, die einer anderen sozialen Schicht angehören, zu geistiger Abnormität führen können. (Geistige Abnormität wird hier definiert als das, was die Mehrheit der Bevölkerung darunter versteht). Antigesellschaftliches Verhalten und Geisteskrankheit gibt es in allen Kulturen. Die gleichen Dinge wurden von Psychiatern in Großstädten und bei ganz primitiven Völkerschaften gefunden. So können wir einigermaßen sicher sein, daß das Fehlen einer natürlichen Umwelt (wobei „natürlich" die Umwelt bedeutet, in der Homo sapiens entstand), nicht der einzige Grund solchen Verhaltens ist. Dennoch mag das Fehlen einer natürlichen Umwelt die

Probleme der Menschen, die in unseren übervölkerten, smogverseuchten und unpersönlichen Metropolen leben, vergrößern.

Die Kriminalität ist in Städten etwa 5 mal so hoch wie in ländlichen Gebieten. Ein Teil des Unterschiedes mag auf unterschiedliche statistische Erfassung zurückzuführen sein. Dennoch dürften Faktoren wie Arbeitslosigkeit, Armut und eine arme soziale Umwelt eine erhebliche Rolle spielen. Gewaltverbrechen sind positiv mit der Bevölkerungsdichte der amerikanischen Großstädte korreliert. Diese Korrelation erwies sich in den verschiedensten Jahren und den verschiedensten Städten als gültig. Jedoch hat die Kriminalität in den letzten Jahren auch in den Vorstädten zugenommen, besonders bei Teenagern aus relativ reichen Gebieten. Ihre Verbrechen sind öfter gegen Reichtum gerichtet als dies bei Gewaltverbrechen im alten Sinne der Fall ist.

Jedoch zeigen keine der vorliegenden Daten, daß die Zusammenballung der Menschen allein schon die Ursache von Verbrechen ist. Neuere Untersuchungen lassen vermuten, daß ein Verbrechen eher mit hohen Einwanderungsraten in die Großstädte korreliert ist als mit der aktuellen Bevölkerungsdichte. Auf der anderen Seite deuten die Arbeiten des Psychologen Jonathan Freedman und seiner Kollegen darauf hin, daß Geisteskrankheiten dazu tendieren mit erhöhter Populationsdichte zuzunehmen.

Die Zerstörung der Umwelt der amerikanischen Großstädte ist am deutlichsten für die armen Bevölkerungsschichten, die in diesen Städten leben. Für sie hat die „Umweltzerstörung" nichts mit dem Verschwinden von Fischen und Tieren zu tun oder mit Abfall auf Campingplätzen. Für sie ist die „Ökologie des Ghettos" wesentlich mit dem Tierleben in ihren Häusern verbunden — mit Ratten, Mäusen und Schaben. Die Luftverschmutzung erreicht ihre höchsten Werte im Zentrum der Großstädte, und hier liegen auch die größten Probleme der Abfallbeseitigung vor. Im Winter gibt es im Zentrum der amerikanischen Großstädte nur unzureichende Heizung. Der Raum ist knapp, Kriminalität ist hoch, die Ernährung unzureichend, die Gesundheitsfürsorge günstigstenfalls schlecht, Erholungsmöglichkeiten existieren nicht, die Schulen sind extrem schlecht und öffentliche Verkehrsmittel funktionieren nicht. Kurz: die Nachteile und Probleme der Großstädte sind für die armen Bevölkerungsschichten besonders deutlich. Entsprechend ist die Säuglings- und Kindersterblichkeit in diesen Schichten besonders hoch.

Durch eine Sanierung der Häuser und ihrer unmittelbaren Umgebung würde sich manches verbessern lassen. Die Entwicklung neuer öffentlicher Verkehrsmittel, die Entwicklung von Lösungen für rassische Minderheiten ist jedoch schwierig. Wenn es möglich wäre, städtische Gebiete so zu planen und zu erschließen, daß die Menschen in der Nähe ihres Arbeitsplatzes leben könnten, dann würden sich viele Probleme von allein lösen. Wenn man es schaffte, die nähere Umgebung der Fabriken angenehm zu machen, würde das allein die Umweltverschmutzung massiv reduzieren. Vielleicht würden auch die sozialen Probleme, die durch die getrennte Existenz von Schlafstädten und zentralen Ghettos entstehen, auf diese Weise gemildert. Natürlich bedeutet das alles Zeit, Einfallsreichtum und Geld. Jedoch nützt auch der größte Einsatz nichts, solange unsere städtischen Zentren so rasch weiterwachsen wie in den letzten zwanzig Jahren.

Literatur

Council on Environmental Quality: Annual reports. 1971 and 1972. Environmental Quality. U. S. Government Printing Office. Washington, D. C.

DFG-Mitteilungen 2/1973 und 2/1974: Umweltforschung der Deutschen Forschungsgemeinschaft.

Environmental Quality Laboratory. California Institute of Technology: Smog: A Report to the People of the South Coast Air Basin. Los Angeles: Ward Ritchie Press 1972.

Esposito, C.: Vanishing Air. New York: Grossman Publishers 1970.

Gofman, J. W., Tamplin, A. R.: Poisoned Power. Emmaus, Pa.: Rodale Press 1971.

Holdren, J., Herrera, Ph.: Energy. New York: Sierra Club Books 1971.

Knoll, K. H.: Umweltfreundliche Abfallbeseitigung. Umschau 1, 45—47 (1972).

Murdoch, W. W. (ed.): Environment: Resources, Pollution, and Society. Stamford, Conn.: Sinauer Associates 1971.

Nuorteva, P.: Methylquecksilber in den Nahrungsketten der Natur. Naturwiss. Rundschau 24, 233—243 (1971).

Schulz-Baldes, M.: Lead uptake from Sea Water and Food, and Lead Loss in the Common Mussel Mytilus edulis. Marine Biology 25, 177—193 (1974).

Study of Critical Environmental Problems (SCEP). Man's Impact on the Global Environment. Cambridge: MIT Press 1970.

Sulphure Pollution across National Boundaries. Ambio 1. 1. 15—20, 17 (Stockholm).

Umweltgutachten 1974. Der Rat der Sachverständigen für Umweltfragen. Stuttgart: Kohlhammer Verlag.

Whyte, W. H.: The Last Landscape. Garden City, New York: Doubleday 1968.

Kapitel 6
Die Zerstörung ökologischer Systeme

Die direkten Auswirkungen der Umweltverschmutzung auf unseren Reichtum, auf die menschliche Gesundheit und auf unsere Lebensqualität sind vielseitig und wichtig. Letzten Endes werden sie sich jedoch möglicherweise als nicht so bedeutsam für unsere Gesellschaft erweisen wie die weniger auffälligen Konsequenzen für die ökologischen Systeme, die unser menschliches Leben erhalten (siehe Kasten 1 für eine Zusammenfassung der ökologischen Terminologie).

Grüne Pflanzen sind die grundlegende Energiequelle für alle Formen des Lebens auf der Erde. Die Kreisläufe der Nährstoffe versorgen diese Pflanzen mit allen für das Wachstum erforderlichen Materien. Diese Nährstoffkreisläufe tun etwas, was der Mensch bis heute nicht kann: sie verwandeln Abfallstoffe in Rohstoffe, indem sie die Sonnenenergie ausnutzen. Das Getreide unserer Zivilisationsgesellschaft wird ernährt, bewässert und vor möglichen Krankheiten geschützt, indem eine erstaunliche Vielfalt natürlicher Vorgänge zusammenwirkt. Dazu gehört auch die Bildung und die Erhaltung des Bodens, auf dem die Pflanzen wachsen. Krankheitserreger für Mensch, Haustier und Nutzpflanzen werden von natürlichen Feinden und von Umweltbedingungen stärker und regelmäßiger kontrolliert als durch die Tätigkeit des Menschen. Das Klima und die Zusammensetzung der Atmosphäre werden durch geophysikalische und biologische Prozesse reguliert, die auf menschliche Eingriffe empfindlich reagieren können.

Diese und andere „Dienstleistungen" unseres globalen Ökosystems können weder heute noch in absehbarer Zukunft durch unsere Technik ersetzt werden. Alle diese Vorgänge sind bis heute nicht wissenschaftlich exakt verstanden; schon allein die Größe der zu leistenden Aufgaben ist so ungeheuer, daß selbst dort, wo wissenschaftliche Kenntnis vorhanden ist, die Mittel der Zivilisation nicht ausreichen, um die gleichen Leistungen zu finanzieren oder die entsprechende Technik zu entwickeln und zu produzieren. Wenn menschliches Leben ohne die Hilfe funktionierender Ökosysteme unmöglich ist, so ist es notwendig, die Mechanismen, durch welche die Ökosysteme funktionsfähig erhalten werden, sowie die möglichen Gefahren durch Umweltverschmutzung und andere Aktivitäten des Menschen sehr sorgfältig zu untersuchen.

Biogeochemische Kreisläufe

Durch die Ökosysteme der Erde wandert dauernd Sonnenenergie hindurch. Jedoch haben unsere Ökosysteme keine entsprechende extraterrestrische Quelle für die Stoffe, die sie für das Leben brauchen, wie Kohlenstoff, Stickstoff, Phosphor, Kalium und Schwefel. Diese Substanzen müssen ständig neu aufbereitet — „recycled" — werden, wenn das Ökosystem fortbestehen soll. Kohlenstoffkreislauf, Stickstoffkreislauf und Phosphorkreislauf sollen im folgenden beschrieben werden.

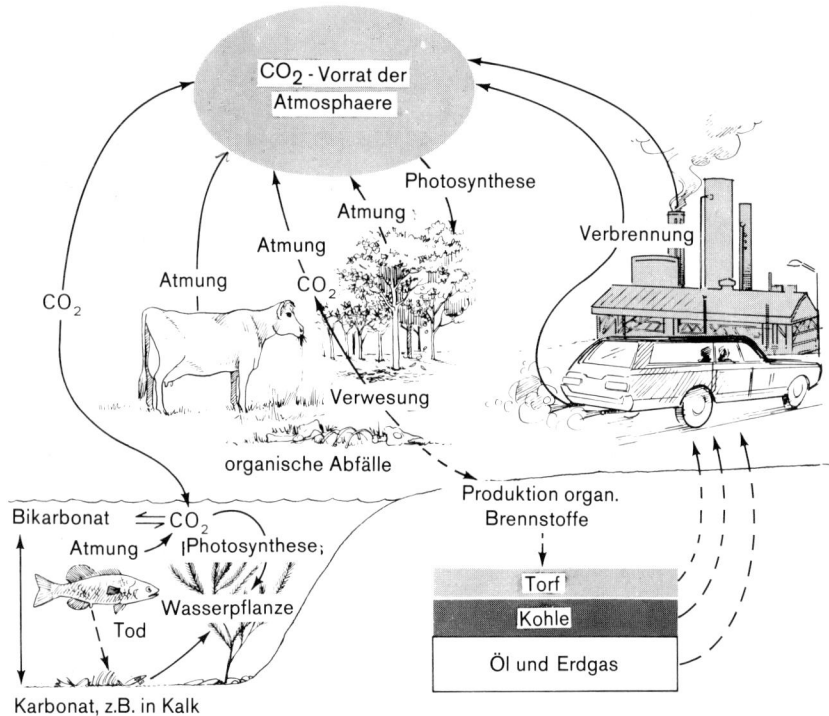

Abb. 28. Der Kohlenstoffkreislauf. Ausgezogene Pfeile deuten auf den Fluß von CO_2

Der Kohlenstoffkreislauf. Kohlenstoff ist der Grundbestandteil all der großen Moleküle, die so charakteristisch für das Leben sind. Leben ist nur möglich aufgrund der besonderen Eigenschaften des Elementes Kohlenstoff. Das wesentliche Reservoir des Kohlenstoffs ist Kohlendioxydgas (CO_2), welches in der Atmosphäre unseres Planeten und im Wasser gelöst vorkommt. Wie aus Abb. 28 ersichtlich, wird bei der Photosynthese Kohlenstoff (als CO_2) dem Kohlenstofflager entzogen und zum Aufbau von Kohlehydraten und anderen Kohlenstoff enthaltenden Verbindungen benutzt. Die Energie, die zum Aufbau der großen Moleküle verwandt wird, ist Sonnenenergie, die bei der Photosynthese aufgefangen wird. Als Abfall wird Sauerstoff freigesetzt und in die Atmosphäre eingegeben. Der Kohlenstoff in den nun produzierten komplizierten Verbindungen wandert in der Nahrungskette von Pflanzen zu Pflanzenfressern und Fleischfressern, sowohl Pflanzen als auch Tiere entziehen diesen organischen Verbindungen Energie durch komplexe biochemische Vorgänge, die als Zellatmung bekannt sind. Hierbei werden organische Moleküle durch Oxydation, eine langsame Verbrennung, wieder in anorganische Moleküle überführt, und die bei der Photosynthese in ihnen gespeicherte Energie wird genutzt. Die Endprodukte der Atmung, Wasser und Kohlendioxyd, sind die Grundmaterialien der Photosynthese.

Ein wesentlicher Bestandteil des Kohlenstoffkreislaufs ist also die Wanderung der Kohlenstoffatome aus dem CO_2-Lager in der Luft und im Wasser in Pflanzen hinein und die Nahrungskette hinauf. In den Pflanzen und in verschiedenen Teilen der Nahrungskette wird wieder Kohlendioxyd gebildet und dem Lager zugeführt. Auch durch die Aktivität der Bakterien und Pilze, die den Bestandesabfall zersetzen, wird dem „CO_2-Pool" in Luft und Wasser wieder Kohlenstoff zugeführt. Diese Mikroorganismen zerlegen auch die kompliziertesten Kohlenstoff enthaltenden Moleküle toter Pflanzen und Tiere in ihre einfachen Bestandteile.

Die Menge des Kohlenstoffs, die im Zuge der Photosynthese jedes Jahr zu komplizierten Verbindungen aufgebaut wird, bezeichnet man als Bruttoprimärproduktion eines Ökosystems (im allgemeinen angegeben in Gramm Kohlenstoff/qm Oberfläche und Jahr). Zieht man von dieser Bruttoprimärproduktion das Kohlendioxyd ab, welches die Pflanzen in ihrer Atmung wieder an die Umwelt abgeben, so erhält man die Nettoprimärproduktion. Diese Zahl läßt sich leicht in ein Maß der Energie verwandeln, die den Nahrungsketten zur Verfügung steht: ungefähr 600 Millionen Billiarden Kalorien sind das pro Jahr für die gesamte Biosphäre. Ungefähr 5% davon gehen durch landwirtschaftliche Ökosysteme hindurch (Rodwell, G. M.: The energy cycle of the biosphere. Scientific American September 1970).

Der dem Kohlenstoffpool entzogene Kohlenstoff wird ihm — auf 1 Zehntausendstel genau — durch Atmung und Verwesung wieder zugefügt. Ein kleines Ungleichgewicht bleibt bestehen: ein sehr geringer Teil des Kohlendioxyds wird für Millionen Jahre in der Erdkruste festgelegt. Dies geschieht, wenn unvollständig zersetztes organisches Material akkumuliert und durch geologische Vorgänge in fossile Brennstoffe, wie Kohle, Öl, Erdgas überführt wird. Auch durch die Bildung von Kalkstein wird Kohlenstoff zeitweise aus dem Zyklus herausgenommen — vielfach unmittelbar durch die Lebensprozesse der Organismen (wie bei der Bildung der Korallenriffe). Solches Kohlendioxyd wird dem CO_2-Pool in der Verbrennung fossiler Brennstoffe und bei der Verwitterung von Kalkstein wieder zugeführt.

Der Stickstoffkreislauf. Unsere Luft besteht zu fast 80% aus Stickstoff, einem anderen Element, das von allen lebenden Systemen benötigt wird (es ist ein essentieller Bestandteil der Eiweißkörper und der DNA). Stickstoff bewegt sich in den Ökosystemen auf einer Reihe komplizierter Wege. Ein Teil davon ist in Abb. 29 dargestellt. Anders als Sauerstoff und Kohlendioxyd der Atmosphäre kann gasförmiger Stickstoff von den meisten Organismen nicht direkt genutzt werden. Einige Mikroorganismen, so bestimmte Bakterien und Blaualgen, können dagegen gasförmigen Stickstoff in komplexere Verbindungen verwandeln, die von Pflanzen und Tieren genutzt werden können. Die bekanntesten dieser stickstoffbindenden Organismen sind die Bakterien, die in kleinen Knötchen an den Wurzeln von Leguminosen, wie Klee, Luzerne, Bohne und Erbse, leben. Diese und andere Stickstoffbinder, die frei im Boden vorkommen, nutzen den atmosphärischen Stickstoff direkt aus und bilden so ihr eigenes Eiweiß.

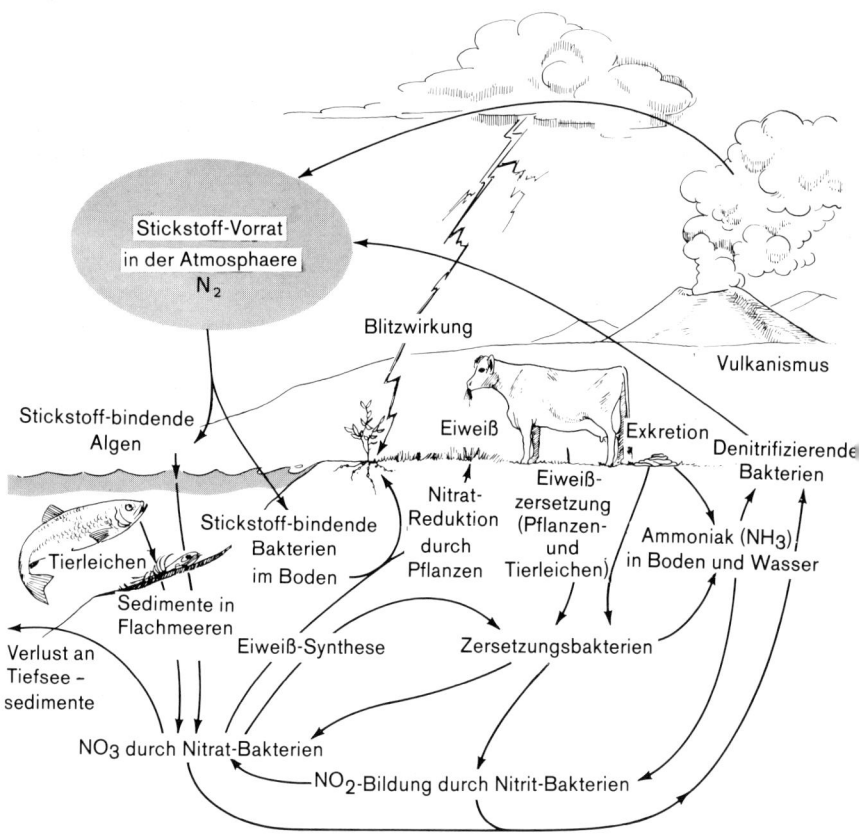

Abb. 29. Der Stickstoffkreislauf

Stickstoffhaltige Verbindungen werden für Pflanzen und schließlich auch für Tiere verfügbar, wenn diese Bakterien sterben. Tiere bauen in erheblichem Maße stickstoffhaltige organische Moleküle ab und produzieren Ammoniak, Harnstoff oder Harnsäure als Abfallprodukte. Die Verwesung toter Pflanzen und Tiere, bei der Bakterien und Pilze die Hauptrolle spielen, führt ebenfalls zur Produktion von Ammoniak. Eine spezielle Bakteriengruppe, die der Nitritbakterien, kann die Energie in den chemischen Bindungen des Ammoniaks ausnutzen und diesen Stoff zu Nitrit abbauen (NO_2). Eine andere Bakteriengruppe, die der Nitratbakterien, verwandelt Nitrit in Nitrat (NO_3). Nitrate sind die Hauptstickstoffquelle für die Pflanzen. Daher kann der Stickstoffkreislauf vollendet werden, ohne daß gasförmiger Stickstoff produziert wird.

Stickstoff tritt also auf zwei Wegen in die Organismen ein: Einmal direkt aus der Atmosphäre über stickstoffbindende Mikroorganismen und zum andern als Nitrat, das von den Pflanzen aufgenommen wird:

$$NO_3 \rightarrow \text{Eiweiß} \rightarrow \text{Ammoniak} \rightarrow NO_2 \rightarrow NO_3$$

Eine andere Sorte von Bakterien (denitrifizierende Bakterien) führt Stickstoff in die Atmosphäre zurück. Diese Bakterien zerbrechen Nitrate, Nitrite und Ammoniak und setzen gasförmigen Stickstoff frei. In diesem System geht ein Teil des Stickstoffs verloren: Nitrate sind leicht löslich, sie werden aus dem Boden ausgewaschen und schließlich in Tiefseesedimenten abgelagert.

Der Phosphorkreislauf. Phosphor ist ein unabdingbarer Bestandteil von DNA- und RNA-Molekülen, die bei der Weitergabe der genetischen Information (Vererbung) aller Organismen die Hauptrolle spielen. Phosphorverbindungen sind die Hauptenergieträger der lebenden Zelle. Phosphor kreist nicht so einfach wie Stickstoff im Ökosystem. Die Hauptphosphorquellen sind phosphathaltige Gesteine,

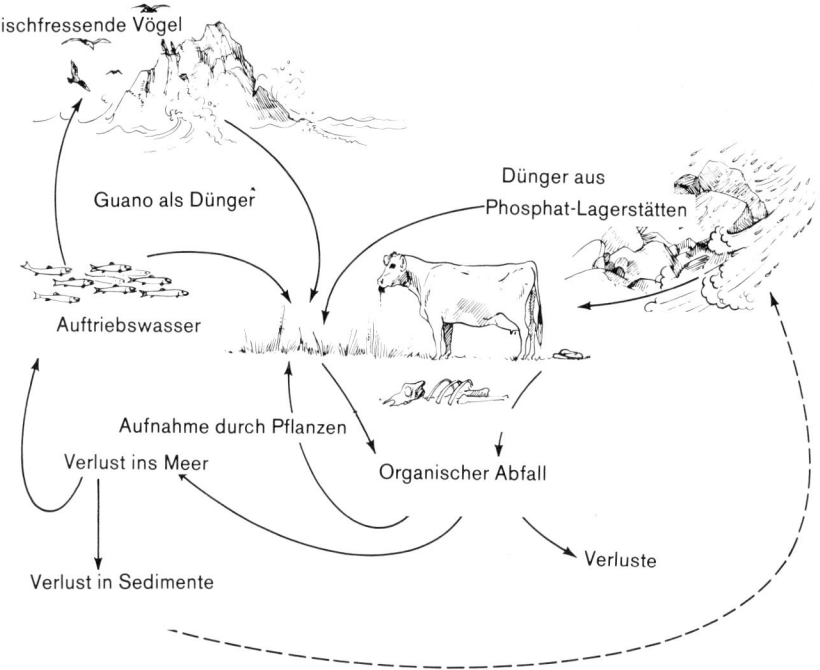

Fischfressende Vögel

Guano als Dünger

Dünger aus Phosphat-Lagerstätten

Auftriebswasser

Aufnahme durch Pflanzen

Verlust ins Meer

Organischer Abfall

Verluste

Verlust in Sedimente

Hauptquelle : Sedimente, die durch geolog. Kräfte gehoben werden

Abb. 30. Der Phosphorkreislauf

Guano (Exkremente von Seevögeln) und Lager von fossilisierten Tieren (Abb. 30). Durch natürliche Erosion wird Phosphor aus diesen Lagerstätten ausgewaschen. Ebenso gelangt es als Düngemittel des Menschen in die Biosphäre. Zum Teil gelangt der Phosphor in der Form von Phosphaten in den Boden und wird hier von Pflanzen aufgenommen. Er kann durch mehrere Tiere und Mikroorganismen hindurchwandern, bevor er wieder in den Boden gelangt. Der größte Teil des Phosphats, der bei der Verwitterung von Gesteinen frei wird, findet schließlich seinen Weg ins Meer. Der Abbau des Phosphors aus Bergwerken und seine Verwendung durch den Menschen beschleunigen diesen Prozeß. Im Meer kann dieser Phosphor von marinen Ökosystemen ausgenutzt oder in Flachsee- oder Tiefseesedimenten deponiert werden. Einiges davon kann wieder durch Auftriebswässer an die Oberfläche gelangen, der größte Teil wird in Tiefseesedimenten verlorengehen. Nur durch geologische Prozesse, die Tiefseesedimente an die Oberfläche bringen, können diese Phosphate wieder aufgearbeitet werden. Es erscheint unwahrscheinlich, daß derartige geologische Prozesse in absehbarer Zukunft für einen Ausgleich ausreichen werden. Aus diesem Grunde sollte die Menschheit erhebliche Anstrengungen unternehmen, die Phosphate zurückzugewinnen und so das Leben auf der Erde zu verlängern, anstatt die Phosphate zu Pollutantien zu machen, wie das jetzt üblicherweise geschieht (fast alle Waschmittel enthalten Phosphate und tragen so zur Verschmutzung unserer Gewässer bei).

Nahrungsnetze: Ökologische Komplexität und Stabilität

Das Konzept des Nahrungsnetzes wurde in Kasten 1 eingeführt. Nahrungsnetze verschiedenster Art spielen die zentrale Rolle bei den geochemischen Zyklen, die wir gerade besprochen haben. Das Nahrungsnetz einer Flußmündung auf Long Island ist von Woodwell, Wurster und Isaacson gut untersucht worden (Scientific American März 1967). Die von ihnen ermittelten Beziehungen sind in Abb. 31 zusammengefaßt. Ihre Untersuchung zeigt eine Reihe wichtiger Merkmale, die den meisten Nahrungsnetzen gemeinsam sind. Eines ist die Komplexität. Obwohl auf dem Bild nur wenige Pflanzen- und Tierarten dieses Ökosystems gezeigt werden, ist es deutlich, daß die meisten Konsumenten von mehreren Organismen leben und daß die meisten Beuteorganismen von mehr als einem Räuber angegriffen werden. Mit anderen Worten: die Nahrungsketten haben untereinander Verbindungen.

Diese Querverbindungen bewirken eine Art Versicherung gegen Übervermehrungen oder Zusammenbrüche. Wenn eine Pflanzen- oder Tierart eines komplexen Ökosystems infolge von Krankheit oder Überschwemmung völlig oder teilweise ausgestorben ist, so können die Pflanzenfresser mit Hilfe anderer Futterpflanzen überdauern. Wenn eine Raubtierpopulation geringer wird, dürfte ein Ausbruch der Beutepopulation unwahrscheinlich sein, da andere Raubtiere in die Lücke springen.

Nimmt man beispielsweise an, daß die Salzwiesenpflanze — Grille — Drossel-Abteilung auf Abb. 31 ein gänzlich isoliertes Ökosystem darstellt, so würde der Abschuß der Drosseln zu einer Massenvermehrung der Grillen führen. Dies hätte

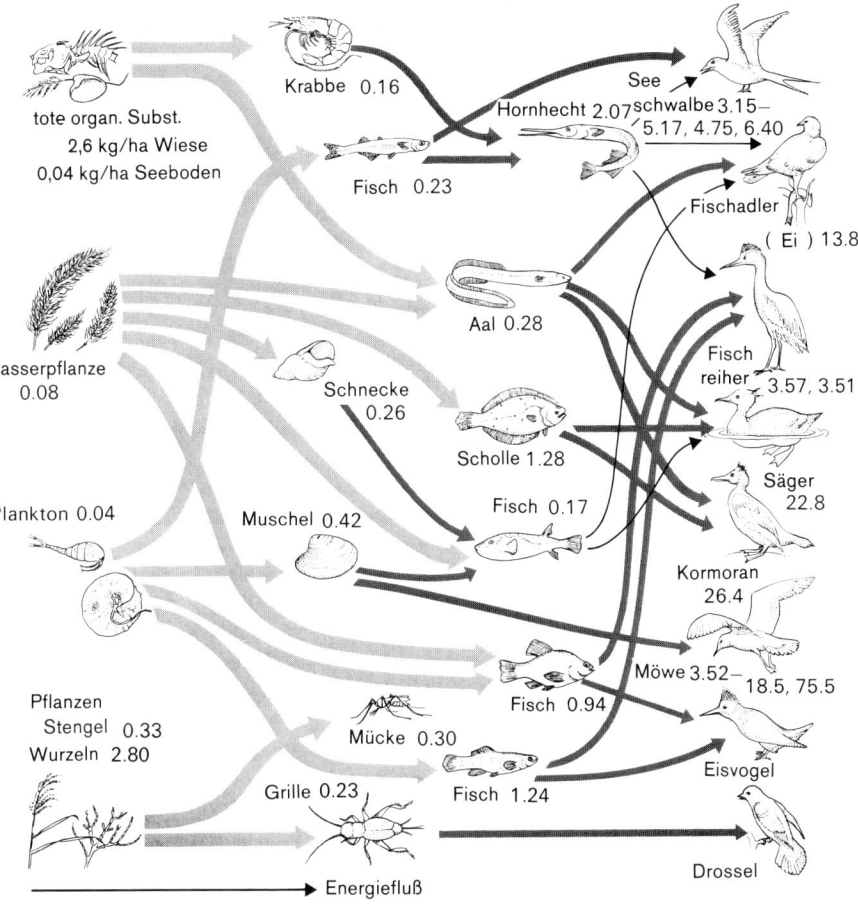

tote organ. Subst.
2,6 kg/ha Wiese
0,04 kg/ha Seeboden

Krabbe 0.16

Fisch 0.23

Hornhecht 2.07

See schwalbe 3.15—
5.17, 4.75, 6.40

Fischadler
(Ei) 13.8

Aal 0.28

Wasserpflanze 0.08

Schnecke 0.26

Scholle 1.28

Fisch reiher 3.57, 3.51

Plankton 0.04

Muschel 0.42

Fisch 0.17

Säger 22.8

Kormoran 26.4

Pflanzen Stengel 0.33
Wurzeln 2.80

Mücke 0.30

Fisch 0.94

Möwe 3.52—18.5, 75.5

Grille 0.23

Fisch 1.24

Eisvogel

Drossel

Energiefluß

Abb. 31. Teil eines Nahrungsnetzes im Estuar von Long Island. Pfeile deuten auf den Fluß der Energie. Zahlen geben den DDT-Gehalt in den jeweiligen Organismen in ppm an. (Nach Woodwell: Toxic Substances and Ecological Cycles. Scientific American)

eine Vernichtung der Pflanzen zur Folge und anschließend ein Verhungern der Grillen. Kurz: eine Änderung auch nur eines Gliedes in einer solchen Kette hätte katastrophale Konsequenzen. Nehmen wir jedoch an, daß die Kormorane von dem komplexeren System entfernt würden. Möglicherweise würden sich die Aale und Schollen vermehren und damit die Grünalgen (Cladophora) reduzieren. Aber es wäre mehr Nahrung für Säuger und Fischadler da. Ihre Population würde sich vermutlich vergrößern und damit zu einer Reduktion der Aale und Schollen führen. Die Algen würden sich wieder vermehren. Natürlich geschehen diese Dinge nicht in derart einfacher Form. Aber man kann an diesem Bild die grundlegende stabilisierende Wirkung der Querverbindungen erkennen. Wie in Kasten 1 gesagt wurde, kann die ökologische Stabilität als die Fähigkeit eines Ökosystems definiert werden, nach einer Störung wiederum zu regenerieren, oder — anders herum — als Resistenz gegen große und schwere Veränderungen in den Populationsgrößen der Arten des Ökosystems.

Es gibt viele Arten biologischer Komplexität und viele Mechanismen, mit deren Hilfe die Komplexität zur Wahrung einer Stabilität beiträgt. Hierher gehört etwa die Artenmannigfaltigkeit durch Anbieten unterschiedlicher Wege für den Fluß der Stoffe und der Energie durch das Ökosystem. Ein anderer möglicher Vorteil des Ökosystems mit vielen Arten ist die Existenz vieler ökologischer Nischen. (Eine Nische ist für einen Biologen eine biologische Rolle, etwa der „Beruf" eines Tieres. Eine leere Nische bietet Möglichkeiten für die Invasion fremder Arten, die das System stören können.) Die einfache Artenzahl ist nicht der einzige Faktor, welcher eine Stabilität determiniert. Dazu muß vielmehr eine Ausgewogenheit in der Häufigkeit der einzelnen Arten kommen, wenn die Kapazität der verschiedenen biochemischen Wege adäquat ausgefüllt sein soll, und wenn die Nischen fest besetzt sein sollen.

Um ein übersimplifiziertes Beispiel zu benutzen, betrachten wir zwei Gemeinschaften, die jede aus einer Million Organismen von 1000 Arten besteht. Die Situation, bei der jede Art aus 1000 Individuen besteht, ist stabiler als die Situation, bei der eine Tierart 900 100 Individuen und die anderen 999 Arten jeweils 100 Individuen besitzt.

Ein Maß für die Komplexität gibt es sowohl auf dem Niveau der Population als auf dem der Organismengemeinschaft. Ein Maß der Komplexität in der Population einer einzelnen Art ist die genetische Variabilität, welche Möglichkeiten zur Anpassung an neue Umweltsituationen bereitstellt. Eine sehr variable Organismenpopulation wird sehr wahrscheinlich Individuen mit vererbbaren Charakteren besitzen, die sie beispielsweise vor einem neuen Parasiten oder einem neuen Räuber schützen, vor Nahrungsmangel oder vor plötzlichen klimatischen Änderungen. Eine andere Art der Komplexität in Populationen ist die physiologische Variabilität in der Form einer gemischten Alterszusammensetzung. Hier liegt der Vorteil der Komplexität darin, daß spezifische Umweltparameter, die nur auf ein Entwicklungsstadium wirken, beispielsweise Jungtiere, die Gesamtpopulation nicht schädigen können. Daneben gibt es weitere Formen der Komplexität wie etwa die Variabilität hinsichtlich des speziellen Lebensraumes oder Differenzen in der geographischen Verbreitung einer bestimmten Art.

Komplexität und Stabilität in ökologischen Systemen sind keineswegs gut verstanden oder solide belegt. Es gibt eine Reihe von Ausnahmen. Doch steigt die Zahl der gut belegten Fälle an, die eine generelle Korrelation zwischen diesen Merkmalen belegen. Dazu kommen theoretische Überlegungen, die vor allen Dingen von mathematischer Seite sehr weit getrieben worden sind, und schließlich eine sehr geringe Anzahl kontrollierter Experimente im Laboratorium und im Freiland.

Die Änderung von Ökosystemen

Wie jeder andere Organismus hat der Mensch immer einen gewissen Effekt auf die Ökosysteme gehabt, von denen er ein Teil war. Die Geschichte bedeutender und bewußter Änderungen von Ökosystemen begann jedoch zweifellos erst mit der Entwicklung der Landwirtschaft. Seitdem hat der Einfluß des Menschen die entlegendsten Gegenden des Planeten erreicht. Durch die steigende Zahl der Menschen und durch die Entwicklung der modernen Technik wurde dieser Einfluß immer stärker.

Auf welche Weise ändert der Mensch ökologische Systeme? Offensichtlich werden manche Ökosysteme schlicht zerstört bei so unterschiedlichen Aktivitäten wie dem Anbau von Getreide, dem Roden der Wälder, dem Legen von Feuer, dem Bau von Dämmen, dem Versprühen von Entlaubungsmitteln auf Dschungelgebiete, dem Bau von Häusern und Straßen. Die Resultate dieser Aktivitäten sind ebenso verschieden wie die Aktivitäten selbst. Wenn eine Prärie in ein Kornfeld verwandelt wird, so wird ein stabiles komplexes Ökosystem durch ein instabiles einfaches ersetzt. Versuche, solche instabilen Systeme künstlich zu stabilisieren, können zu weiterer Destabilisierung führen und Änderungen an weiteren Stellen zur Folge haben.

Mißbrauch des Bodens. Rodungen der Wälder bringen Änderungen, die im Endeffekt das Waldökosystem zerstören. Tiere, die von Bäumen abhängig sind, verschwinden. Viele der kleineren Waldpflanzen brauchen den Schatten der großen Bäume. Sie und die von ihnen abhängigen Tiere verschwinden ebenfalls. Nach der Entfernung der Pflanzen und der großen Bäume ist der Boden den Witterungseinflüssen direkt ausgesetzt, er tendiert zu einer raschen Erosion. Der Verlust der obersten Bodenschicht reduziert die wasserhaltende Kapazität eines Gebietes, reduziert den Vorrat an Wasser, verursacht das Versanden von Stauseen und hat andere ernste Konsequenzen für den Menschen. Die Flutwellen entlang vieler Flüsse der Welt vom Jangtsekiang in China zum Eelfluß in Kalifornien werden durch die Entwaldung ihrer Ufer- und Quellgebiete verstärkt. Entwaldung reduziert außerdem die Menge des von den Bäumen aus dem Boden in die Luft transportierten Wassers bei dem Vorgang der Transpiration. Hierdurch wird das Klima verändert; es wird im allgemeinen trockener und zeigt größere Temperaturschwankungen. Schließlich wird, wenn eine Wiederaufforstung versäumt wird, die entwaldete Zone von anderen Pflanzen eingenommen, die für den Menschen kaum so günstige Eigenschaften aufweisen wie die Bäume, die der Mensch entfernt hat.

Die Tätigkeit des Menschen hat schon jetzt eine beachtliche Vermehrung der Wüstengebiete verursacht. Die riesige Sahara ist zu einem großen Teil vom Menschen gemacht. Sie ist das Resultat zu intensiver Beweidung, falscher Beregnung und Entwaldung, zusammen mit davon abhängigen und natürlichen langfristigen Klimaänderungen. Heute wandert die Sahara in jedem Jahr mehrere Meilen weiter südwärts. Diese neue Ausbreitung ist die Folge der Eingriffe des Menschen in das System. Die große Tharwüste in Westindien ist ebenfalls teilweise das Resultat der Tätigkeit des Menschen. Vor 2000 Jahren war das Zentrum dieser Wüste ein

tropischer Wald. Die Ausbreitung dieser Wüste ist durch schlechte Kultivierungs-
methoden, durch Raubbau an den Wäldern und durch zu intensive Beweidung
beschleunigt worden. Ähnliche Aktivitäten können zu einer Wiederholung der
gleichen Vorgänge in vielen Erdteilen führen, besonders gefährdet ist das Amazo-
nas-Becken. Die Situationen der Sahara und Thar werden in zwei Büchern beschrieben: (Kassas, M.: Desertification versus Potential for Recovery in Circum-
Saharan Territories, in: Arid Lands in Transition, Washington, D.C.: 1970; Ses-
hachar, B. R.: Problems of Environment in India, in: Proceedings of Joint Collo-
quium on International Environmental Science, Report 63. - 562. Washington, D.
C.: U. S. Govt. Printing Office, 1971).

Erosion — ein anderes Problem, welches der Menschheit sicher seit der landwirtschaftlichen Revolution zugesetzt hat — ist heute besonders schwerwiegend
geworden. Schätzungsweise ist heute die Hälfte des beackerten Landes in Indien
nicht genügend vor Erosion geschützt. Auf einem Drittel des bearbeiteten Landes
droht die Erosion die oberste Bodenschicht vollständig abzutragen. Wie Borgstrom beobachtet hat, sind die Bemühungen um die Erhaltung des Bodens besonders dort schwierig, wo die Bevölkerung sehr schlecht ernährt ist. Er zitiert eine
Studie, die eine Reduktion des kultivierten Landes in der Türkei um ein Fünftel
und eine Reduktion der Viehherden um ein Drittel empfiehlt. Diese Verringerung
der Herden sollte die Gefahr katastrophaler Erosionen infolge von Überweidung
verringern. Das Programm konnte nicht durchgeführt werden, da die Menschen
an dieser Stelle von dem Land und den Herden abhängig waren. Wie es oft geschieht, siegte eine kurzsichtige Notwendigkeit über langfristige Erfordernisse.

In den meisten Tropengebieten sind die Böden extrem arm. Sie können keine
großen Mineralreserven für das Pflanzenwachstum halten, wie etwa Phosphor,
Kalium und Kalzium. Die heftigen Regenfälle lösen die Mineralien aus dem Boden
heraus. Dementsprechend haben diese Böden einen sehr hohen Gehalt an Eisen-
und Aluminiumoxyden in ihren obersten Schichten. Der größte Teil der Nährstoffe eines tropischen Regenwaldes ist nicht im Boden, sondern in der Vegetation
konzentriert. Nährstoffe, die in den Boden abgegeben werden, werden sehr schnell
von der lebenden Vegetation aufgenommen. Das riesige Wurzelsystem nimmt die
Mineralien unmittelbar nach ihrer Freisetzung auf. Dieser Vorgang vollzieht sich
das ganze Jahr über. Hinzu kommt der schnelle Abbau der toten Pflanzenmasse
durch die bei den hohen Temperaturen und der hohen Feuchtigkeit sehr aktiven
Bakterien. So besteht keine Möglichkeit, daß sich im Boden Nährstoffe anreichern
wie dies in gemäßigten Zonen der Fall ist.

Wenn ein tropischer Wald durch chemische Mittel entlaubt oder zum Zwecke
der Landwirtschaft gerodet wird, so ist die kontinuierliche Wiederaufbereitung der
Nährstoffe unterbrochen. Das größte Nährstoffreservoir — die lebenden Pflanzen
— wurde entfernt. Die Regen waschen in kurzer Zeit den geringen Vorrat an
Nährstoffen aus. Als letzte Substanzen verschwinden Eisen- und Aluminiumoxy-
de. Der Boden ist der Sonnenstrahlung und dem Sauerstoff unmittelbar ausgesetzt. Nun beginnt eine Serie komplexer chemischer Änderungen, die vielfach
schließlich zur Bildung einer felsenartigen Substanz führt, die Laterit genannt
wird. Solche Lateritbildung ist in weiten Gebieten der Tropen festzustellen. Sie hat

vor Jahrhunderten begonnen und setzt sich auch heute noch fort. Wer etwa Angkor Wat in Kambodscha gesehen hat mit den gewaltigen Großstädten und Tempeln, die die Khmer etwa vor 800 bis 1000 Jahren gebaut haben, der sollte sich hier seine Gedanken machen. Die Baumaterialien waren Sandstein und Laterit. Die Lateritbildung, eine Folge menschlicher Aktivität, ist vielleicht der eigentliche Grund für das Verschwinden der Khmerkultur.

Ackerbau für ein oder zwei Jahre auf sehr kleinen Flächen, die man dann wieder dem Regenwald überläßt, ist eine uralte Methode der Landwirtschaft in Gebieten, wo der Boden zur Lateritbildung neigt. Tropische Regenwälder können im Regelfall solche kleinen Flächen wieder erobern, ehe die Lateritbildung vollständig erfolgt ist. Ob große Flächen, die längere Zeit ohne Regenwald gewesen sind, wieder aufgeforstet werden können, ist eine offene Frage. Wiederaufforstungsversuche sind in einigen Gebieten erfolgreich gewesen, wo der Boden sehr sorgfältig gepflügt, Dünger hinzugefügt und das ganze System zunächst intensiv bearbeitet wurde. Aber eine natürliche Wiederbewaldung erscheint sehr unwahrscheinlich, und die meisten entsprechenden Versuche sind fehlgeschlagen. Lateritbildung breitet sich nach wie vor in den Tropengebieten aus und wird zweifellos immer rascher fortschreiten als Folge der verzweifelten Suche des Menschen nach Nahrung. So schrieb die Geologin Mary McNeil, „Die ehrgeizigen Pläne, die Nahrungsproduktion in den Tropen zu erhöhen, um dem Anwachsen der Bevölkerung stand zu halten, haben das Problem der Lateritbildung überhaupt nicht bedacht; man wird Maßnahmen zu seiner Verhinderung in Angriff nehmen müssen." Zusammen mit anderen Daten legt sie eine Beschreibung des Fiaskos bei Iata im Amazonasbecken vor, wo die brasilianische Regierung landwirtschaftliche Anwesen zu gründen versuchte. Lateritbildung zerstörte das Projekt, nachdem sich in weniger als fünf Jahren die Felder in ein Pflaster aus Felssteinen verwandelt hatten.

Landwirtschaft und Instabilität. Landwirtschaftliche Tätigkeit kann, auch wenn die Qualität der Böden, Erosion oder Salzakkumulation keine Probleme aufwirft, zu ökologischen Schwierigkeiten führen. Die Landwirtschaft ist ein Vereinfacher von Ökosystemen, denn sie ersetzt relativ komplexe natürliche Gemeinschaften durch relativ einfache, wenigartige und genetisch sehr einheitliche. Da landwirtschaftliche Gemeinschaften weniger komplex sind, tendieren sie zu geringerer Stabilität als ihre natürlichen Entsprechungen. Sie sind anfällig gegen Invasionen von Unkräutern, gegen Insekten und Pflanzenkrankheiten, und sie reagieren besonders empfindlich auf Wetterextreme und Klimaänderungen. Der Mensch hat immer versucht, seine landwirtschaftlichen Gesellschaften gegen derartige Instabilitäten zu schützen, z.B. durch Windschutzhecken und neuerdings durch Pestizide und Fungizide. Die Anstrengungen sind keineswegs immer erfolgreich gewesen. Die Katastrophe des irischen Kartoffelanbaus im letzten Jahrhundert ist vermutlich das am besten bekannte Beispiel des Zusammenbruchs eines landwirtschaftlichen Ökosystems. Die nahezu vollständige Abhängigkeit der irischen Bevölkerung von einer einzigen hochproduktiven Pflanzenart führte zum Tod von eineinhalb Millionen Menschen (in einer Population von 8 Millionen), als die Kartoffelmonokultur in den 40er Jahren des vorigen Jahrhunderts durch einen Pilz vernichtet wurde.

Fortschritte in der landwirtschaftlichen Technik haben dieses Problem nicht gelöst. Sie haben es eher verschärft. Das Dilemma kann folgendermaßen zusammengefaßt werden: Die Landwirtschaft versucht, Ökosysteme so zu beherrschen, daß sie höchste Produktionsleistungen erbringen; die Natur kontrolliert Ökosysteme in der Weise, daß sie ein Höchstmaß an Stabilität erbringen. Beide Ziele sind unvereinbar. Kurzgesagt: Produktivität läßt sich nur auf Kosten der Stabilität erreichen.

Natürlich brauchen wir die Landwirtschaft zur Ernährung der menschlichen Bevölkerung. Wir müssen daher eine gewisse Instabilität der landwirtschaftlichen Ökosysteme akzeptieren und wenn möglich durch Technik kompensieren. Jedoch sind einige Trends in der modernen Landwirtschaft ökologisch bedenklich. Diese Trends sind teilweise aus der Notwendigkeit zu erklären, dem nie gekannten Bevölkerungszuwachs durch einen entsprechenden Zuwachs der landwirtschaftlichen Produktivität zu begegnen; teilweise haben diese Trends ausschließlich kurzfristige ökonomische Gründe. Drei wesentliche Punkte sind zu nennen:

1. Je mehr Land von der Landwirtschaft übernommen wird, um so weniger nicht genutztes Land bleibt für die Dienstleistungsfunktionen natürlicher Ökosysteme und für die Erhaltung der notwendigen Artenvielfalt übrig.

2. Selbst in den Teilen der Erde, wo landwirtschaftlich genutztes Land nicht mehr vermehrt oder aus ökonomischen Gründen sogar vermindert wird, haben die Versuche, die Ernten drastisch zu erhöhen, einen Mißbrauch an Pestiziden und anorganischen Düngemitteln hervorgerufen. Dieser Mißbrauch hat weitreichende ökologische Konsequenzen.

3. Die Jagd nach hohen Erträgen hat eine große Anzahl traditioneller Getreidesorten auf der ganzen Welt durch eine sehr geringe, speziell gezüchtete Auswahl von Hochleistungssorten ersetzt. Gebiete von nie gekannter Größe werden nun mit genetisch sehr einheitlichen Reis- oder Weizensorten bepflanzt. Aufgrund dieser enormen Ausdehnung von Monokulturen sind die Gefahren für eine epidemische Vernichtung solcher Kulturen sehr viel größer als je zuvor.

Typen von Pollutantien

Die Ausbreitung und Intensivierung der Landwirtschaft wird von einer fortgesetzten industriellen Revolution begleitet. Damit vervielfacht sich die Menge und Vielfalt der Substanzen, die durch den Menschen in die Biosphäre eingebracht werden. Ein Teil dieser Substanzen ist für die Biosphäre völlig neu (synthetische Substanzen, die nur vom Menschen produziert und freigesetzt werden). Ein Teil ist lediglich in seiner Menge gegenüber den natürlichen Konzentrationen vervielfacht (quantitative Pollutantien).

Qualitative Pollutantien sind beispielsweise die bekanntesten synthetischen Pestizide und verwandte Stoffe (DDT, PCB). Diese Pollutantien werden von den Organismen nicht zersetzt und dürften daher auf Jahrzehnte, wenn nicht Jahrhunderte, in der Biosphäre bleiben. Ihre Langzeiteffekte können derzeit nicht beurteilt werden.

Die quantitativen Pollutantien müssen nach 3 Kriterien untersucht werden:
1. Substanzen, die in geringen Mengen harmlos sind, können in großen Mengen einen natürlichen Kreislauf zerstören, indem sie (a) einen Teil des Zyklus überladen (wie wir es mit dem denitrifizierenden Teil des Stickstoffzyklus tun, wenn wir überdüngen, was zu der Akkumulation von Nitraten und Nitriten im Grundwasser führt), (b) durch Destabilisierung eines sehr fein ausgewogenen Gleichgewichtes (wie wir es möglicherweise mit dem globalen Wärmeaustausch tun, der unser Klima bestimmt, indem wir durch die Verbrennung fossiler Brennstoffe der Atmosphäre in ungeahnten Mengen CO_2 hinzufügen) oder (c) dadurch, daß wir einen natürlichen Zyklus völlig aus dem Gleichgewicht bringen (wie es mit dem Klima geschehen könnte, wenn der Mensch weiter so hohe Abwärmemengen in die Atmosphäre gibt).

2. Eine normalerweise im Durchschnitt zu vernachlässigende Menge eines Stoffes kann sehr großen Schaden hervorrufen, wenn dieser Stoff an einer besonders empfindlichen Stelle plötzlich oder über einem kleinen Gebiet freigesetzt wird (beispielsweise die Zerstörung von Korallenriffen in Hawai durch Sand, der von Baustellen heruntergewaschen wird).

3. Jede Hinzufügung einer Substanz, die schon in ihrer natürlichen Konzentration gefährlich sein kann, muß sehr genau beobachtet werden. Radioaktive Substanzen fallen in diese Kategorie und ebenso das Quecksilber.

Konzentration toxischer Substanzen in Ökosystemen. Nirgendwo ist die ökologische Naivität des Menschen evidenter als in der allgemeinen Anschauung über die Fähigkeit von Atmosphäre, Böden, Flüssen und Ozeanen, die Verschmutzung zu verdünnen und abzubauen. Oft hört man die folgende Argumentation: Wenn ein Liter Gift zu einer Milliarde Liter Wasser hinzugefügt wird, dann kann die höchste Giftkonzentration schließlich nur ein ppb (ein Teil auf eine Milliarde) betragen. Das könnte auch ungefähr stimmen, wenn eine komplette Vermischung sehr schnell stattfinden würde, was oftmals nicht geschieht, und wenn wir es nur mit physikalische Systemen zu tun hätten. In Wirklichkeit ist die Situation radikal verschieden.

Beispielsweise können filtrierende Organismen, wie Muscheln, Gifte aus dem umgebenden Wasser sehr stark konzentrieren. Austern erwerben ihre Nahrung durch eine ständige Filterung des Wassers, in dem sie leben. Sie existieren in flachem Wasser nahe der Küste, wo die Verschmutzung am stärksten ist. Dementsprechend enthalten ihre Körper viel höhere Konzentrationen an radioaktiven Substanzen und tödlichen Chemikalien als das Wasser, in dem sie leben. Beispielsweise können sie eine 70 000fache Konzentration von chlorierten Kohlenwasserstoffen (Insektiziden) gegenüber dem Wasser in ihrem Körper akkumulieren. Nahrungsketten funktionieren dann als eine Art biologischer Verstärker. Das Diagramm des Nahrungsnetzes von Long Island (Abb. 31) zeigt, wie die Konzentrationen von DDT und seinen Abkömmlingen in der Nahrungskette ansteigen. Diese Tendenz ist besonders deutlich für die chlorierten Kohlenwasserstoffe, da sie in fettigen Substanzen leicht löslich sind, in Wasser dagegen kaum. Obwohl Muschel und Schnecke auf derselben trophischen Stufe stehen, akkumuliert die filtrierende

Muschel viel mehr DDT als die Schnecke. Die Ursache liegt in der unterschiedlichen Nahrungsbeschaffung: Die Schnecke filtriert nicht.

Der Mechanismus der Konzentration in Nahrungsketten ist sehr einfach. Wie
man entsprechend dem zweiten Gesetz der Thermodynamik erwarten kann, ist die
Masse der herbivoren Tiere nicht so groß wie die Masse der Pflanzen, von denen
sie leben. Mit jedem Schritt nach oben in der Nahrungskette wird die Biomasse
reduziert. Nicht die gesamte Energie, die in den chemischen Bindungen der Organismen in einer trophischen Stufe vorhanden ist, tritt in der nächsten trophischen
Stufe wieder als chemisch gebundene Energie auf, weil ein großer Teil dieser Energie bei jedem Schritt in Wärme verwandelt wird. Im Gegensatz dazu sind die
Verluste an DDT und entsprechenden Verbindungen im Bereich einer Nahrungskette sehr klein. Dementsprechend nimmt die Konzentration von DDT auf jeder
Stufe zu. Die Konzentrationen in den Vögeln am Ende der Nahrungskette können
10 bis viele hundert Mal so hoch sein wie bei den Tieren an der Basis der Kette.
Bei Raubvögeln kann die Konzentration von DDT mehr als 1 Million stärker sein
als in dem Wasser, aus dem sie ihre Nahrung beschaffen.

Insektizide und Ökosysteme

Insektizide bedrohen nicht nur die menschliche Gesundheit, sie sind das stärkste
Werkzeug des Menschen für die Vereinfachung und damit für die Destabilisierung
von Ökosystemen. Der Konzentrationsanstieg der persistentesten dieser Verbindungen mit jedem Schritt aufwärts in der Nahrungskette setzt gerade diejenigen
Arten den höchsten Konzentrationen aus, die die geringste Fortpflanzungsrate
haben und daher am wenigsten in der Lage sind, eine Vergiftung zu überdauern.

Es gibt eine Reihe von Gründen, aus denen die Organismen, die die Positionen
an der Spitze der Nahrungskette besetzt halten, empfindlicher auf Gift reagieren
als beispielsweise Pflanzenfresser. Der erste Grund führt uns zum zweiten Gesetz
der Thermodynamik zurück. Wegen des Energieverlustes bei jedem Übergang
sind die Spitzenkonsumenten nur in geringer Individuenzahl vorhanden. Wenn ein
Gift einem Ökosystem zugefügt würde, welches den größten Teil der Raubtiere
und der Pflanzenfresser töten würde, würde dieses Gift also höchstwahrscheinlich
die Population der Raubtiere völlig ausrotten, aber von den Pflanzenfressern einige übriglassen — einfach weil weniger Räuber da sind. Rein aufgrund der Gesetze
des Zufalls haben die Pflanzenfresser eine größere Chance, zu überleben. Dabei ist
es nicht nötig, alle Individuen einer Art zu töten, um die Ausrottung zu bewerk-
stelligen. Wenn die Überlebenden zu selten geworden sind, als daß Männchen und
Weibchen einander finden und Nachwuchs produzieren könnten, erfolgt die Ausrottung ebenso. Außerdem treten bei sehr wenigen überlebenden Individuen spezifische genetische Probleme auf, die mit der Inzucht zusammenhängen und damit
die Population langsam auf Null absinken lassen.

Ein weiterer Grund für die Gefährdung der Arten in den Spitzenpositionen der
Nahrungsketten ist, daß kleine Populationen eine geringe genetische Variabilität

besitzen. Die Individuen sind nicht alle genetisch gleich. Nimmt man an, daß unter 100 000 Individuen eines ist, welches aufgrund seiner spezifischen genetischen Situation gegen ein spezifisches Pestizid immun ist, und nehmen wir weiter an, daß dieses Tier ein Pflanzenfresser ist, dessen Population aus einer Million Individuen besteht, dann werden von diesen Pflanzenfressern 10 Individuen überleben. Ein Räuber, der von diesen Pflanzenfressern lebt und der die gleiche Variabilität besitzt, ist natürlich nur in geringerer Individuenzahl vorhanden. Nehmen wir an, daß von diesem Räuber nur 10 000 Individuen in dem gleichen Gebiet vorhanden sind: dann haben wir mit unserem Insektizid den Räuber vernichtet, aber den Pflanzenfresser, dem das Insektizid eigentlich galt, am Leben gelassen. In diesem übersimplifizierten Beispiel sind die Konsequenzen deutlich. Die kleine Gruppe resistenter Schädlinge kann rasch eine neue Population aufbauen, ohne weiter den Attacken des Räubers ausgesetzt zu sein. Da außerdem die meisten Individuen der neuen Schädlingspopulation resistent sind, ist die nächste Behandlung mit Insektiziden nahezu wirkungslos. Nur wenn die Dosis erhöht wird, kann noch ein Erfolg erzielt werden, aber in der nächsten Generation muß die Dosis wiederum erhöht werden. Alle großen Populationen können leicht eine solche Resistenz entwickeln. Das ist für viele Moskito- und Fliegenpopulationen geschehen und läßt nun Malaria-Vernichtungsprogramme scheitern.

Es gibt noch einen anderen Grund, warum unsere künstlichen Gifte so viel effektiver gegen Räuber und Parasiten als gegen Pflanzenfresser sind. Im Laufe der Jahrmillionen haben die Pflanzen gegen den Angriff von Tieren Schutzmittel entwickelt. Viele dieser Schutzmittel sind jedem von uns geläufig: Die Stacheln des Kaktus, die Dornen der Rose und eine ungeheuere Vielzahl chemischer Substanzen, die der Mensch sich vielfach zu Nutze gemacht hat. Coffein, Chinin und Pfeffer sind Beispiele dafür. Diese Pflanzensubstanzen sind in Wirklichkeit natürliche Pestizide. Der Mensch hat einige von ihnen, wie etwa Nikotin und Pyrethrin für den ursprünglichen Zweck, also als Insektengifte, in seinen Dienst gestellt. Nikotin hat heutzutage viel an Bedeutung verloren, Pyrethrine sind jedoch noch heute vielfach die aktiven Bestandteile der Insektensprays, die wir in Wohnungen benutzen.

Auf der anderen Seite haben die Insekten Mechanismen entwickelt, mit diesen natürlichen Insektiziden fertig zu werden. Lange bevor der Mensch auf der Szene erschien, brannte der evolutionäre Krieg zwischen Pflanzen und Insekten. Die Pflanzen entwickelten fortwährend bessere Verteidigungsmechanismen, und die Insekten konterten mit besseren Angriffsmöglichkeiten. So ist es kein großes Wunder, daß die pflanzenfressenden Insekten relativ wenig Mühe hatten, mit den synthetischen Pflanzengiften fertigzuwerden. Moderne Pestizide führen vielfach zu höheren Konzentrationen der Schädlinge, weil sie die Feinde der Schädlinge dezimieren.

Heute kennen wir eine ganze Anzahl von Fällen, in denen diese differentielle Wirkung der Insektizide Pflanzenfressern zu Massenvermehrungen verholfen hat. Das schädliche Massenauftreten von Milben ist ein Ergebnis der Pestizidindustrie. Gedankenloser Mißbrauch von DDT und anderen Pestiziden hat viele dieser insektenähnlichen Spinnenverwandten zu einer solchen Vermehrung verholfen, daß sie heute als Schädlinge eine wesentliche Rolle spielen. Das Auftreten der roten Spinnenmilbe, die in den europäischen Apfelplantagen zu einer Pest wurde, erfolgte nach dem reichlichen Einsatz von DDT gegen den Apfelwickler. In solch einer Situation greift man gewöhnlich zu höheren Pestizidkonzentrationen, oder man entwickelt neue Pestizide, die wesentlich heftiger wirken, und beschwört dadurch neue Probleme herauf. Beispielsweise scheinen einige Milbenbekämpfungsmittel sehr starke Karzinogene zu sein.

Kasten 4 Synthetische Insektizide

Die synthetischen Insektizide bestehen aus zwei großen chemischen Gruppen: den chlorierten Kohlenwasserstoffen und den Organophosphaten.

Chlorierte Kohlenwasserstoffe. Zu dieser Gruppe gehören DDT, Benzol-Hexachlorid (BHC), Dieldrin, Endrin, Aldrin, Chlordan, Lindan, Isodrin, Toxadrin und ähnliche Verbindungen. Am besten untersucht wurde das DDT, und ein Großteil der folgenden Darstellung basiert auf diesen Untersuchungen. Obwohl andere chlorierte Kohlenwasserstoffe in Wasser löslich, giftiger oder weniger persistent sein können, kann DDT doch als typisch für die gesamte Gruppe gelten. Bei Insekten und anderen Tieren wirken diese Verbindungen in der Hauptsache auf das Zentralnervensystem. Die genaue Funktionsweise ist jedoch bis heute nicht bekannt. Als Effekt tritt eine Übererregbarkeit ein, die zu Krämpfen und zur Lähmung führt, bis der Tod erfolgt. Bei Wirbeltieren gibt es chronische Effekte — etwa Herzverfettung und eine Fettdegeneration der Leber, die oft tödlich wirkt. Fische und andere wasserlebende Tiere scheinen chlorierten Kohlenwasserstoffen gegenüber besonders empfindlich zu sein. Hier wird die Sauerstoffaufnahme in den Kiemen weitgehend blockiert, und die Tiere ersticken. Chlorierte Kohlenwasserstoffe können offensichtlich die Bildung einer Vielzahl von Enzymen beeinträchtigen; darauf ergibt sich eine Fülle von Effekten.

Chlorierte Kohlenwasserstoffe sind im allgemeinen in Fetten und Fettgeweben relativ leicht löslich. Damit werden sie in Fettgeweben gespeichert, die von den empfindlichen Nervensystemen weit entfernt liegen und scheinen so relativ harmlos. Bei einer plötzlichen Aktivierung der Fettreserven (etwa bei Zugvögeln während der Wanderung) können gefährliche Situationen auftreten. In ihrer Toxizität gegenüber Pflanzen gibt es bei den chlorierten Kohlenwasserstoffen große Unterschiede. Sie bremsen die Photosynthese, die genauere molekulare Basis ist unbekannt. Die größere Wirkung der chlorierten Kohlenwasserstoffe auf Insekten als auf Säugetiere scheint vorzugsweise eine Funktion der verglichen mit der Haut der Säugetiere leichteren Durchdringung der Insektenkutikula zu sein. Vier Eigenschaften machen die chlorierten Kohlenwasserstoffe für Ökosysteme besonders gefährlich:

1. Chlorierte Kohlenwasserstoffe haben ein breites Spektrum biologischer Aktivität. Sie sind Breitbandgifte, die viele verschiedene Organismen auf verschiedene Weise angreifen. Sie sind für alle Tiere giftig, also auch für Wirbeltiere.

2. Sie sind außerordentlich stabil. Beispielsweise ist bis heute nicht klar, wie lange DDT in Ökosystemen persistiert. 50% des DDT, das bei einer einmaligen Behandlung auf dem Boden aufgebracht wird, lassen sich noch 10 Jahre später nachweisen. Die anderen 50% sind jedoch nicht zu biologisch inaktiven Molekülen zersetzt worden. Sie sind vielleicht nur aus dem Boden in andere Ökosysteme ausgeschwemmt worden. Wahrscheinlich hat DDT und sein biologisch hochaktives Zersetzungsprodukt

In solchen Fällen wurden früher mögliche Schädlinge durch natürliche Kontrollen in Schranken gehalten. Diese natürlichen Kontrollen sind durch die Chemikalien vernichtet worden. Daß überhaupt so viele Organismen für den Menschen gefährlich werden, wenn ihre Räuber und Parasiten durch Pestizide beseitigt sind, ist allein schon ein hervorragendes Zeugnis für die Wirksamkeit biologischer Kontrollen. Diese Kontrollen arbeiten unaufhörlich. Und sie verhindern den Ausbruch möglicher Massenvermehrungen kostenlos. Die destabilisierenden Effekte der Pe-

DDE eine ungefähre Halbwertszeit (die Zeit, die nötig ist, um 50% abzubauen) von wesentlich mehr als 10 Jahren. DDE ist möglicherweise so gut wie unzerstörbar.

3. Chlorierte Kohlenwasserstoffe sind außerordentlich beweglich. Beispielsweise neigt DDT dazu, sich an Staubkörner anzulagern, und wird so um die ganze Welt geblasen: Vier verschiedene chlorierte Kohlenwasserstoffe wurden in Staub gefunden, der über Barbados aus der Luft gefiltert wurde. Froschpopulationen in ungesprühten Gebieten hoch in der Sierra Nevada von Kalifornien sind DDT-verseucht. DDT verdunstet zusammen mit Wasser. Wenn Wasser verdunstet und in die Atmosphäre eintritt, wird es von DDT begleitet. Chlorierte Kohlenwasserstoffe wandern daher in der Luft und im Oberflächenwasser mit.

4. Chlorierte Kohlenwasserstoffe werden in den Fetten von Organismen konzentriert. Wenn die Welt geteilt würde in lebende und nicht lebende Teile, dann würden die chlorierten Kohlenwasserstoffe dauernd vom unbelebten Teil in die belebten Syteme einwandern. Es ist daher nicht möglich, DDT durch Analysen von Boden, Wasser oder Luft zu kontrollieren. Solche Versuche sind einfach lächerlich. Wasser ist mit DDT gesättigt — d. h. mehr kann sich darin nicht lösen — wenn 1,2 ppb (1,2 Teile pro 1 Milliarde Teile) in ihm gelöst sind. Außerdem bleibt die Verbindung nicht lange im Wasser. Es geht sofort heraus, wenn irgend ein Organismus in diesem Wasser vorhanden ist.

Diese vier Eigenschaften — Breitbandwirkung, Stabilität, Beweglichkeit und Affi-

nität für lebende Systeme — sind der Grund für die Furcht der Biologen, das DDT und alle chlorierten Kohlenwasserstoffe könnten alles Leben auf unserem Planeten zerstören. Wenn nur eine ihrer Eigenschaften fehlen würde, wäre die Situation nicht ganz so schwierig, aber die Kombination ist eine tödliche Bedrohung.

Organophosphate. Zu dieser Gruppe gehören unter anderem Parathion, Malathion, Azodrin, Diacinon, TEPP, Phosdrin und verschiedene andere. Diese Gifte sind Abkömmlinge des Giftgases Tabun, welches in Deutschland während des 2. Weltkrieges entwickelt wurde. Sie alle hemmen Cholinesterase. Das Enzym Cholinesterase vernichtet die Überträgersubstanz Acetylcholin an unseren Nervenverbindungen. In akuten Vergiftungsfällen ist das Resultat daher eine Überaktivität des Nervensystems: Dadurch, daß Acetylcholin bei einer Nervenreizung nicht sofort wieder abgebaut wird, bleibt der Reiz unbegrenzt bestehen, der Organismus verliert jede Kontrolle über seinen Körper. Organophosphate sind nicht stabil und nicht persistent. Daher gibt es keine chronischen Effekte in Ökosystemen und keine Akkumulation in Nahrungsketten.

Organophosphate hemmen auch noch andere Enzyme. Darauf beruht ihre spezielle Wirkung gegen Insekten: Sie vergiften spezifische Insektenenzyme, die bei Säugetieren kaum eine Rolle spielen.

stizide auf die Ökosysteme sind genügend bekannt: In der wissenschaftlichen Literatur werden sie normalerweise als Beispiele dafür herangezogen, daß eine Simplifizierung von Ökosystemen zur Instabilität führt. Unglücklicherweise reagiert der Landwirt auf Instabilität in Form einer Massenvermehrung von Schädlingen, indem er höhere Dosen gefährlicherer Gifte anwendet und damit die Situation noch weiter verschlimmert.

Das bekannteste organische Pestizid ist zweifellos DDT. Es ist der älteste und am meisten angewandte chlorierte Kohlenwasserstoff, der als Insektizid eine Rolle spielt. Heute kann er überall gefunden werden — nicht nur dort, wo DDT angewandt wurde, sondern auf der ganzen Erde. Jedes Tier auf der Erde ist irgendwo mit DDT zusammengekommen, und das gleiche gilt für alle Menschen. Die Konzentrationen im Fettgewebe von Nordamerikanern liegen bei etwa 12 ppm, die Menschen in Indien und Israel haben viel höhere Konzentrationen. Aufregender waren die Entdeckungen von DDT im Fettgewebe von Eskimos oder in antarktischen Pinguinen und Robben. Robben von der schottischen Ostküste haben DDT-Konzentrationen von 23 ppm in ihrem Fett. Umweltvergiftung durch Pestizide ist ein weltweites Problem.

Da DDT langsam zersetzt wird, bleibt es über Jahrzehnte in den Böden erhalten. Beispielsweise wurden Salzwiesen auf Long Island 20 Jahre lang zur Mückenbekämpfung mit DDT besprüht. In der oberen Bodenschicht dieses Gebiets fanden sich bis zu 40 kg DDT pro ha. Solche Konzentrationen sind in den Böden der Vereinigten Staaten keineswegs ungewöhnlich. Da dieses hochkonzentrierte DDT in der Nahrungskette weitergegeben wird, besteht eine akute Lebensgefahr für fischfressende Vögel und eine ebenso akute Gefahr für ihre Fortpflanzungsfähigkeit. Der Ausfall der Fortpflanzung beim nordamerikanischen Seeadler, der auf DDT zurückgeführt werden kann, ist inzwischen so groß geworden, daß diese Art unmittelbar vom Aussterben bedroht ist. Entsprechendes gilt für die Population so verschiedener Vögel wie des Wanderfalken, des braunen Pelikans und des Bermudasturmvogels. DDT und andere chlorierte Kohlenwasserstoffe stören den Kalziumhaushalt der Vögel. Daraufhin werden die Eierschalen so dünn, daß sie vom Gewicht des brütenden Vogels zerdrückt werden. Ähnliche Effekte sind für die polychlorierten Biphenyle (PCB) nachgewiesen worden, die den Insektiziden nah verwandt sind. Diese polychlorierten Biphenyle werden in riesigen Mengen in der chemischen Industrie benutzt. Sie spielen ebenfalls eine Rolle bei dem geringen Fortpflanzungserfolg von räuberischen Vogelarten. Sie können eine etwa 5mal stärkere Wirkung haben als DDT, und sie werden noch langsamer zersetzt als DDT.

Die Beweise gegen DDT im Falle der Vogeleier sind überwältigend. Verglichen mit Material aus allen Museumssammlungen ergibt sich überall ein scharfes Absinken der Dicke der Eischalen während der Periode 1945—1947, d.h. zu der Zeit, als DDT allgemein eingeführt wurde. Das gilt für alle Vögel, die in der Nahrungspyramide relativ hoch angesiedelt sind. In England konnte eine enge Korrelation zwischen dem Gehalt an chlorierten Kohlenwasserstoffen in verschiedenen geographischen Regionen und der Dicke der Eischale beim Wanderfalken, beim Sperber und beim Steinadler gefunden werden (Abb. 32).

Ausnahmen machen die Dinge noch überzeugender: Die Eischalen einer Population von Seeadlern in Florida zeigten eine solche Verdünnung bereits 1943. Genauere Untersuchungen führten zu dem Ergebnis, daß in diesem Gebiet großflächige Testversuche mit DDT bereits 1943 stattfanden. Ein Wanderfalkenpaar an der Küste von Kalifornien hatte keinen Ausfall beim Fortpflanzungsgeschäft. Eine Analyse ergab, daß sie fast ausschließlich Tauben im Binnenland jagten. Diese Tauben sind Pflanzenfresser: Der Wanderfalke befand sich damit in der Nahrungspyramide an einem viel niedrigeren Punkt als die fischfressenden Seevögel. Sie nahmen weniger DDT auf, und daher konnten sie sich erfolgreich fortpflanzen.

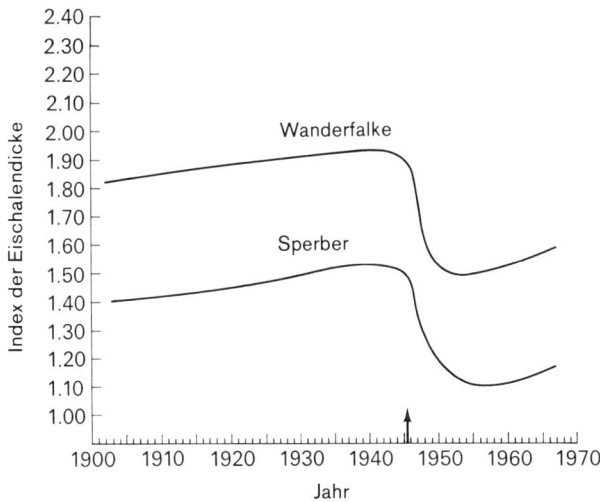

Abb. 32. Änderungen in der Dicke der Eischale des Wanderfalken und des Sperbers in England. Der Pfeil deutet auf den ersten weitverbreiteten Gebrauch von DDT hin. (Nach Ratcliffe: J. Appl. Ecol. 7, 67—115, 1970)

Schädlingbekämpfung: Erfolg oder Mißerfolg? Die Landwirtschaft auf der Erde ist heute ein ökologisches Katastrophengebiet. Mit groß angelegten Zuchtversuchen werden die Pflanzen ihrer natürlichen Schädlingsbekämpfungsmethoden beraubt. Die natürlichen Pflanzeninhaltsstoffe schmecken uns wenig gut (einige allerdings benutzen wir als Gewürz, obwohl sie von den Pflanzen als Schädlingsabschreckungsmittel dienen). Wir bauen unser Getreide in riesigen einfachen Monokulturen an, die Schädlingsmassenvermehrungen heraufbeschwören müssen, auf die wir dann mit synthetischen Pestiziden reagieren. Auf diese Weise vernichten wir vielfach Arten, die gar nicht das Ziel der Vernichtungsaktion sind. Da synthetische Schädlingsbekämpfungsmittel — ob sie nun Insektizide oder Herbizide sind — soviele gefährliche Effekte auf beliebige Organismen haben, sollte man sie genauer Biozide nennen. Es gibt ein paar hoffnungsvolle Anzeichen dafür, daß irgendwann vielleicht einmal eine ökologisch gesunde Landwirtschaft betrieben werden wird, der Trend geht jedoch noch immer in die andere Richtung.

Die prozentualen Ernteschäden durch Insekten in den Vereinigten Staaten sind in den letzten 20 Jahren etwa gleich geblieben, obwohl der Verbrauch an Insektiziden gewaltig gesteigert worden ist. Im Jahre 1948 schrieb der Ökologe William Vogt in seinem Buch „Der Weg zum Überleben", daß in jedem Jahr ein Zehntel aller Getreidepflanzen in den Vereinigten Staaten von Insekten gefressen wird. Vogt gründete seine Behauptung auf Statistiken, die von der entsprechenden Behörde der Vereinigten Staaten publiziert wurden. Im Jahre 1969 kam Georg Borgstrom, der die Zahlen der gleichen Behörde verwandte, zu dem Ergebnis, daß die auf Insekten zurückzuführenden Schäden ein Sechstel des Gewinns aus unserer gesamten Getreideproduktion betragen. Zieht man die Verluste in den Lagerhäusern ab, so betragen die Verluste auf dem Feld etwas mehr als ein Zehntel der jährlichen Produktion, also etwa soviel wie 1948. Das Beratergremium des amerikanischen Präsidenten schätzte die Verluste auf den Anbauflächen 1950 zwischen 4 und 14% je nach Getreideart.

Nach Angaben des Zoologen Robert L. Rudd wurden 1948 als wichtige Insektizide lediglich Bleiarsenat, Benzolhexachlorid und DDT benutzt. In den 60er Jahren hatten die chlorierten Kohlenwasserstoffe die beiden erstgenannten Insektizide weitgehend verdrängt, und diese neuen Insektizide wurden in einem alarmierend starkem Maße verwandt. Im ganzen ergab sich zwischen 1960 und 1970 eine Verdoppelung der Pestizidbenutzung in den Vereinigten Staaten, wo 1970 ungefähr 500 Mio. kg benutzt wurden. Natürlich ist es schwierig, genaue Angaben über Verluste durch Schädlinge zu bekommen, und die Maßstäbe der Beurteilung haben sich verschoben. Dennoch bleibt die gleichbleibende Höhe der Verluste durch Insekten über die Zeit überraschend. Trotz gewaltiger Insektizidgaben fordern die Insekten Amerikas noch immer 10% der sehr stark erhöhten landwirtschaftlichen Produktion.

Wie groß ist der Anteil an dieser erhöhten Produktion, der sich auf die Verwendung synthetischer Insektizide zurückführen läßt? Bestimmt nicht so groß, wie die chemische Industrie uns glauben machen möchte, und doch vielleicht größer als man zunächst annimmt. Hochleistungssorten der Getreide, die sehr stark gedüngt werden, brauchen zweifellos einen stärkeren Schutz als Normalsorten und damit auch höhere Insektizidgaben pro Fläche. Man wird daher annehmen müssen, daß die Verluste wesentlich höher wären, wenn wir noch die Insektenbekämpfungsmethoden von 1940 hätten.

Wäre es möglich gewesen, ökologisch bessere Kontrollmethoden zu entwikkeln als die derzeitigen Pestizidanwendungen? Der Ökosystemanalytiker K. E. F. Watt ist der Meinung, die meisten Insektizidprojekte seien Fehlschläge, wenn man sie an erfolgreichen biologischen und integrierten Insekten-Bekämpfungsprogrammen mißt. Wir sind sicher, daß die in den 50er und 60er Jahren angewandten Methoden eines Tages als einer der großen Fehlschläge in der Menschheitsentwicklung angesehen werden, und daß es mit anderen Kontrollmethoden möglich gewesen wäre, bei geringeren Kosten höhere Erträge zu erzielen, wobei diese anderen Methoden außerdem noch geringere schädliche Konsequenzen für den Menschen gehabt hätten.

Einige Schädlingsbekämpfungs-Programme. Der Entomologe R. F. Smith beschreibt die Geschichte der Versuche, Baumwollschädlinge in einem küstennahen Tal in Peru zu vernichten. Gegen den Rat ökologisch ausgebildeter Entomologen, die neben spezifischen Kulturmaßnahmen anorganische und botanische Insektizide empfohlen hatten, wurden 1949 synthetische organische Pestizide in dem Tal eingeführt. Die Anwendung dieser Pestizide, vor allen Dingen der chlorierten Kohlenwasserstoffe DDT, BHC und Toxaphen, war zunächst sehr erfolgreich. Die Baumwollernte stieg von 494 kg pro ha im Jahre 1950 auf 728 kg pro ha im Jahre 1954. Die Baumwollfarmer gelangten zu dem Schluß, daß bei Anwendung von mehr Pestiziden mehr Baumwolle geerntet werden könnte. Daraufhin wurden Insektizide wie eine Decke über das ganze Tal ausgebreitet. Die Bäume wurden geschlagen, um den Flugzeugen das Ausbringen der Insektizide zu erleichtern. Die Vögel, die bisher in den Bäumen genistet hatten, verschwanden. Im Laufe der Jahre wurde die Anzahl der Bestäubungen vermehrt, auch wurden diese Bestäubungen in jedem Jahr etwas vorverlegt.

Im Jahre 1952 erwies sich, daß BHC nicht mehr gegen Blattläuse wirksam war. Im Jahre 1954 schlug die Vergiftung mit Toxaphen gegen einen Schmetterling fehl. Die durch den Baumwollkäfer verursachten Schäden erreichten 1955 und 1956 extrem hohe Werte. Darüber hinaus traten mindestens 6 neue Schädlinge auf, die in den umliegenden Tälern, wo keine organischen Pestizide angewandt worden waren, nicht vorkamen. Zusätzlich erreichte die Zahl eines alten Schädlings, des Schmetterlings Heliothis virescens, nie gekannte Größen. Der Schmetterling war gegen DDT weitgehend resistent. Anstelle der chlorierten Kohlenwasserstoffe wurden nun synthetische Organophosphate angewandt, und eine Begasung erfolgte nicht mehr alle 1—2 Wochen, sondern alle drei Tage. Trotzdem sank 1955—1956 der Ernteertrag auf 232 kg pro ha; das Tal stand vor dem wirtschaftlichen Ruin. Im Jahre 1957 wurde ein ökologisch vernünftig integriertes Kontrollprogramm begonnen, in dem biologische Methoden, Kulturmethoden und chemische Kontrollen kombiniert waren. Die Lage hat sich seitdem wesentlich gebessert. Die Erträge haben neue Höchstwerte erreicht.

Man darf aus diesem Beispiel nicht schließen, daß ökologisch unsinnige Pestizid-Programme nur anderswo und früher angewandt wurden. Beispiele gravierender Fehler aus den Vereinigten Staaten und aus Europa gibt es mehr als genug. Beispielsweise sind in Kalifornien und Arizona die Gewinne der Baumwollfarmer stark gesunken, da die steigenden Kosten der chemischen Pestizidanwendung zusammenfielen mit steigenden Schäden durch Insekten. Bei dem Versuch, die von den Landwirtschaftsexperten angewandten Kontrollmethoden genau zu studieren, entdeckten die Biologen erstaunliche Fakten. So wurden Tausende von Dollar ausgegeben, um eine Wanze zu bekämpfen, die keinerlei meßbare Einwirkung auf die Baumwollpflanzen hat. Eine Verminderung der Zahl dieser Lygus-Wanzen führte keineswegs zu erhöhten Erntemengen. Das Bestäuben der Pflanzen zur Bekämpfung der Lygus-Wanze früh im Jahr vernichtete in der Hauptsache Parasiten und Räuber des Baumwollkäfers und führte damit zu einer Massenvermehrung dieses Schädlings. Noch erstaunlicher ist, daß modernen Untersuchungen zufolge der Baumwollkäfer selbst bei relativ großen Populationsdichten keine Bedrohung der Ernteerträge darstellt, und daß daher bei dieser Dichte eine chemische Bekämpfung sinnlos ist.

Besonders beschämend ist die Azodrin-Geschichte. Azodrin ist ein Organophosphat mit einem breiten Spektrum geschädigter Organismen. Es wird von der Firma Shell hergestellt. Azodrin tötet fast alle Insekten im Freiland ab, es zersetzt sich jedoch relativ schnell und wird daher dem persistierenden chlorierten Kohlenwasserstoff und anderen Organophosphaten vorgezogen. Die Wirkungen von Azodrin sind verheerend für alle Raubinsekten. Wenn nach Anwendung von Azodrin ein Feld wieder von Schädlingen besiedelt wird, oder Überlebende sich wieder fortpflanzen, fehlen oft ihre natürlichen Feinde, und die Schädlinge erleben ungeahnte Massenvermehrungen. Experimente, die die Universität von Kalifornien durchführte, zeigten deutlich, daß die Anwendung von Azodrin die Populationsdichte des Baumwollkäfers drastisch erhöhte, da es die Feinde dieses Käfers vernichtete. Abb. 33 faßt die Ergebnisse zusammen.

Andere Experimente mit Azodrin und ähnliche Resultate, die mit anderen Breitspektrumpestiziden erarbeitet wurden, machen klar, daß derartige Behandlungsmethoden dem Farmer nicht nützen, sondern schaden. Man sollte annehmen, daß der Produzent solcher Pestizide sein Produkt zurückzieht oder daß er wenigstens seine Kunden warnt und sie auf mögliche Folgen hinweist. Das ist jedoch keineswegs der Fall. Obwohl die Firma Shell die Resultate der Universität von Kalifornien kannte, setzte sie ihre massive Reklame-Kampagne für Azodrin fort, um Azodrin bei den Baumwollfeldern in Kalifornien in stärkerem Maße eingesetzt zu sehen.

Shell wirbt weiter dafür, Azodrin nach einem festgelegten Schema einzusetzen, gleichgültig, ob Schädlinge vorhanden sind oder nicht. Aber Sprühen nach einem festen Terminkalender beeinträchtigt in unnötiger Weise Organismen, die gar nicht das Ziel der Sprühaktion sind. Damit wird das landwirtschaftliche Ökosystem destabilisiert, und Schädlingsprobleme werden gefördert, die andernfalls überhaupt nicht entstehen würden. Natürlich werden auf diese Weise auch besonders rasch resistente Stämme gezüchtet. So entsteht bald die Notwendigkeit zunehmend stärkerer Dosierung. Eine Anzeige für Azodrin sagte es: „Selbst wenn eine unerwartete, sehr starke Zuwanderung auftreten sollte, ermöglicht die Breitenwirkung von Azodrin das rasche Wiedergewinnen der Kontrolle. Man braucht nur die Dosierung entsprechend den beigegebenen Empfehlungen zu erhöhen". Ganz offensichtlich ist der Hersteller dieses Pestizids der einzige Gewinner.

Der Insekten-Ökologe Robert van den Bosch schreibt, daß nach vorsichtigen Schätzungen in Kalifornien etwa doppelt so viel Insektizide benutzt werden wie notwendig ist. Immerhin macht der Insektizidmarkt in Kalifornien ungefähr 70—80 Millionen Dollar pro Jahr aus. So kann man das Zögern der petrochemischen Industrie verstehen, die eine Verkleinerung ihres Marktes um mindestens 50% nicht sehr gerne sehen würde.

Es wäre jedoch unfair, die petrochemische Industrie allein für den Mißbrauch von Pestiziden verantwortlich zu machen. Das Landwirtschaftsministerium der

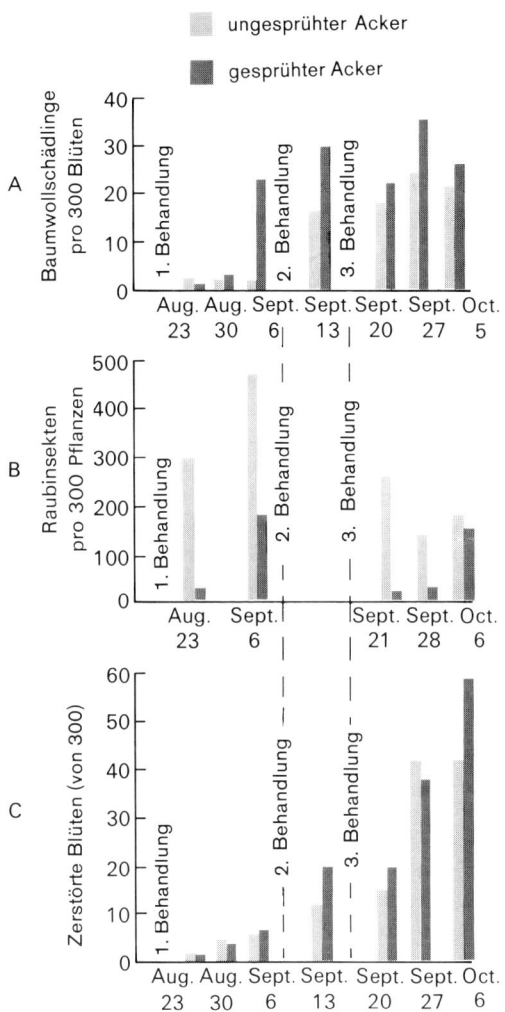

Abb. 33. Ergebnisse eines Versuchs, Azodrin als Bekämpfungsmittel für Baumwollschädlinge zu benutzen. A. Anzahl der Baumwollschädlinge in einem unbehandelten Kontrollgebiet, verglichen mit der Anzahl in einem mit Azodrin begifteten Gebiet. B. Anzahl der von Baumwollschädlingen lebenden Räuber in einem Kontrollgebiet und in einem begifteten Gebiet. C. Anzahl der geschädigten Baumwollblüten in einer Kontrollstelle und in einem begifteten Gebiet. Azodrin ist also effektiver gegen räuberische Formen als gegen die Baumwollschädlinge. Die Behandlung mit Pestiziden erhöht daher die Schäden. (Nach Shea: Cotton and Chemicals. Scientist and Citizen 1968, aufgrund von Daten van den Bosch et. al.: Pest and Disease Control Program for Cotton, Univ. Calif. Agricultural Experiment Station 1968)

Vereinigten Staaten hat in der gleichen Weise agiert. Ein besonders schönes Beispiel ist die Geschichte der Feuerameisenbekämpfung. Hier versuchte das Landwirtschaftsministerium gegen den Rat der meisten Biologen, während der 50er Jahre diese Insektenart in einem großen Teil der Vereinigten Staaten auszurotten. Ein riesiges Gebiet wurde mit chlorierten Kohlenwasserstoffen besprüht. Das Programm brachte ungeheure Umweltschäden mit sich, jedoch erwies es sich gegenüber der Feuerameise als ziemlich wirkungslos. Nach dem ersten Fehlschlag wurde in den 60er Jahren ein zweites Feuerameisen-Programm unternommen. Glücklicherweise gab es nun schon wesentlich stärkere Widerstände, nicht nur von Biologen, sondern auch von lokalen Behörden und der Bevölkerung der betroffenen Gebiete. So wurde das Programm zwar nicht vollends gestoppt, aber doch in wesentlichen Teilen reduziert.

Natürlich sind nicht alle Schädlingsbekämpfungs-Programme ökologisch unsinnig. Das beste Programm des Landwirtschaftsministeriums der Vereinigten Staaten war möglicherweise das gegen die Dasselfliegen. Die Larven dieser Tiere leben in der Haut von Rindern und können hier große Schäden verursachen. Man schätzt, daß die jährlichen Verluste etwa 40 Millionen Dollar betragen. Unter der Führung des Entomologen Knipling sterilisierte das Landwirtschaftsministerium ungeheure Mengen männlicher Fliegen und ließ sie in gefährdeten Gegenden frei. Die weibliche Dasselfliege wird nur einmal begattet. Dadurch, daß die gefährdeten Gebiete von sterilen Männchen überflutet wurden, wurde die Dasselfliegenplage im Südosten der Vereinigten Staaten praktisch vollkommen ausgerottet. Die Effektivität dieses biologischen Kontrollprogramms kontrastiert deutlich mit dem Fiasko der Feuerameisen.

Alternativen zu den gegenwärtig praktizierten Methoden der Insekten-Bekämpfung. Immer wieder wird behauptet, daß nur die gegenwärtig angewandte chemische Bekämpfungsmethode Möglichkeiten bietet, nicht zu verhungern. Nichts ist weiter von der Wahrheit entfernt. Erstens gibt es eine große Vielfalt hoch wirksamer Insektizide, die nicht persistent und daher ökologisch viel weniger gefährlich sind — obwohl einige von ihnen durch ihre Breitenwirkung erhebliche ökologische Schäden verursachen und andere eine erhebliche unmittelbare Toxizität für den Menschen haben. Zu diesen nicht persistierenden Insektiziden gehören die meisten Organophosphate, die Carbamate und aus Pflanzen stammende Wirkstoffe, wie Pyrethrin und Rotenin. Einige von ihnen sind teurer als die chlorierten Kohlenwasserstoffe. Doch wenn die chlorierten Kohlenwasserstoffe verboten werden, so wird die petrochemische Industrie Möglichkeiten und Wege finden, die Kosten für die anderen chemischen Mittel zu senken.

Eine andere Methode der Schädlingsbekämpfung, vielfach schon vor der Entwicklung synthetischer Pestizide angewandt, ist die biologische Kontrolle. Diese Methode beruht darauf, daß man die natürlichen Feinde des Schädlings, im allgemeinen also entweder Räuber oder Parasiten, fördert oder überhaupt erst einführt. Derartige Techniken werden heute von manchen Gärtnern und Farmern bevorzugt. Sie sind jedoch seit der Einführung des DDT von den meisten Farmern nicht mehr beachtet worden.

Als eine der erfolgreichsten biologischen Kontrollen erwies sich die Einführung von Marienkäfern zur Bekämpfung der Schildläuse, die in den 80er Jahren des vorigen Jahrhunderts die Existenz der Zitrusindustrie Kaliforniens in Frage stellten. Schon nach weniger als 10 Jahren hatten die Käfer die Schildlausplage völlig unter Kontrolle, und neue Probleme traten erst 50 Jahre später auf, als DDT auf den Zitrusplantagen und um sie herum angewandt wurde. DDT vernichtete die Käfer, man mußte sie von neuem einführen und züchten, um damit wiederum die Kontrolle über die schädliche Schildlaus sicherzustellen.

Gegen 223 von etwa 1000 anerkannten Großschädlingen unter den Insekten sind biologische Bekämpfungs-Programme versucht worden. In etwas mehr als 50% der Fälle war der Erfolg deutlich. Zweifellos sollte dieser ökologisch unbedingt vorzuziehenden Technik mehr Aufmerksamkeit geschenkt werden.

Die beste Alternative ist jedoch, so weit wie möglich zu einer ökologischen Kontrolle zu kommen, zu dem, was meist als integrierte Schädlingsbekämpfung bezeichnet wird. Die integrierte Kontrolle besteht darin, daß sie die Population des Schädlings auf einem sehr niedrigen Niveau hält, wo sie keinerlei Schaden verursachen kann. Eine komplette Ausrottung des Schädlings wird nicht angestrebt. Eine solche völlige Ausrottung ist bis heute auch durch keine chemische Bekämpfung erzielt worden. Die integrierte Schädlingsbekämpfung wechselt zwischen verschiedenen Methoden ab, die auf den speziellen Fall zugeschnitten sind. Moskitobekämpfung kann beispielsweise in der Drainierung von Sümpfen bestehen, in der Bestockung von seichten Gewässern mit mückenfressenden Fischen, in der Anwendung eines leicht vergänglichen Ölfilms auf der Wasserfläche oder vielleicht auch in gezielter Anwendung nicht persistierender Insektizide an bestimmten Stellen.

Auf ähnliche Weise lassen sich auch Nutzpflanzen schützen: Indem man sie in gemischten Kulturen mit anderen Sorten anbaut, Reservoire der Schädlinge in angrenzenden Feldern zerstört, günstige Parasiten und Räuber einführt oder schützt, resistentere Nutzpflanzenstämme züchtet, die Schädlinge mit Ködern aus dem Feld herauslockt und dazu nicht persistierende Insektizide anwendet. Die Entwicklung von Insekten läßt sich mit Hilfe von Insektiziden auf Hormonbasis unterbrechen. Diese und andere Methoden können zusammengefaßt werden, um eine hochgradige Wirkung und dabei ein Minimum an Schädigung des Ökosystems zu erreichen. Manchmal wird keinerlei chemische Bekämpfung nötig sein — wie etwa beim Dasselfliegen-Programm. An anderen Stellen und zu anderen Zeiten können chemische Methoden überwiegen.

Integrierte Schädlingsbekämpfungs-Programme sind an den verschiedensten Stellen außerordentlich erfolgreich gewesen. Berühmte Beispiele sind die Programme zum Schutz von Luzerne und Baumwolle in Kalifornien, die in Einzelheiten in Carl Huffakers Buch „Biological Control" diskutiert werden. Deutsche Beispiele finden sich vor allen Dingen bei Franz und Krieg „Biologische Schädlingsbekämpfung".

Der Übergang von den relativ einfachen chemischen Techniken zu den ökologisch tragbaren erfordert Ausbildung und erfordert Planung. Darüber hinaus wird er zu Beginn eine wirtschaftliche Belastung sein. Da das Verbot der chlorierten

Kohlenwasserstoffe nicht hinausgezögert werden darf, müssen wir zumindest eine Zeitlang sehr teure Methoden in Kauf nehmen. Es gibt jedoch keinen Grund zu der Annahme, daß dieser Übergang für Gesundheit und Ernährung des Menschen schwerwiegende Konsequenzen haben könnte. Der Übergang wäre sogar auch dann notwendig, wenn seine Konsequenzen als gefährlich angesehen werden müßten, da der weitere Gebrauch persistierender Insektizide früher oder später in einer großen Katastrophe enden dürfte. Dagegen dürften in vielen Gebieten auf der Stelle positive Erfahrungen gemacht werden, besonders dort, wo die Entwicklung DDT-resistenter Moskitos die Effektivität aller Mückenbekämpfungs-Programme in Frage stellt.

Vor allem verlangt eine integrierte Schädlingsbekämpfung eine dauernde Wachsamkeit und regelmäßige neue Untersuchung. Jedes Spiel mit dem Ökosystem Erde kann irgendwann zu unerwarteten und keineswegs erwünschten Konsequenzen führen.

Umweltgifte im Boden

Die Wirkung von Umweltgiften auf Böden sind schwer zu erforschen. Böden sind keine Mischungen feingemahlener Felsen, sie sind ungewöhnlich komplexe Ökosysteme eigener Art. Die Tiere des Bodens sind außerordentlich zahlreich und stammen aus den verschiedensten Tiergruppen. Schätzungsweise leben in den Waldböden von Nordkarolina etwa 310 Millionen kleine wirbellose Tiere pro ha. Etwa 70% davon sind Milben, also kleine Verwandte der Spinnen, die vielleicht ebenso mannigfaltig sind wie die Insekten. In Viehweidegebieten von Dänemark wurden auf jedem qm Boden etwa 45 000 kleine Regenwurmverwandte gefunden, etwa 10 Millionen Nematoden und 48 000 kleine Insekten und Milben. Noch zahlreicher sind die mikroskopischen Pflanzen des Bodens. In jedem Gramm Boden können mehr als 1 Million Bakterien leben, hinzu kommen etwa 100 000 Hefezellen und 50 000 Pilzstückchen. Ein einziges Gramm eines fruchtbaren landwirtschaftlichen Bodens ergab über $2\frac{1}{2}$ Milliarden Bakterien, 400 000 Pilze, 50 000 Algen und 30 000 Protozoen (Abb. 34).

Fast überall sind die Pflanzen, Tiere und Mikroorganismen des Bodens eine absolute Notwendigkeit für die Fruchtbarkeit dieses Bodens. Ihre Bedeutung wurde in der Diskussion über den Stickstoffzyklus bereits berührt. Jeder kennt die bodenverbessernde Wirkung von Regenwürmern, aber fast niemand weiß etwas über die auch heute größtenteils noch nicht verstandenen ökologischen Beziehungen im Boden, die diesen Lebensraum für das Wachstum von Eichen, Mais oder irgend einer anderen Pflanze geeignet machen. Der Boden enthält Mikroorganismen, die für die Verwandlung von Stickstoff, Phosphor und Schwefel in biologisch nutzbare Verbindungen verantwortlich sind. Viele Bäume sind auf eine Vergesellschaftung mit Pilzen angewiesen. Diese Pilze erhalten Kohlenhydrate und andere essentielle Substanzen aus den Wurzeln. Und der Wurzel-Pilz-Komplex kann aus dem Boden Nährstoffe extrahieren, die die Pflanze allein nicht bekommen würde. Solche Vergesellschaftungen werden jetzt erst langsam verstanden. Viele Gebiete

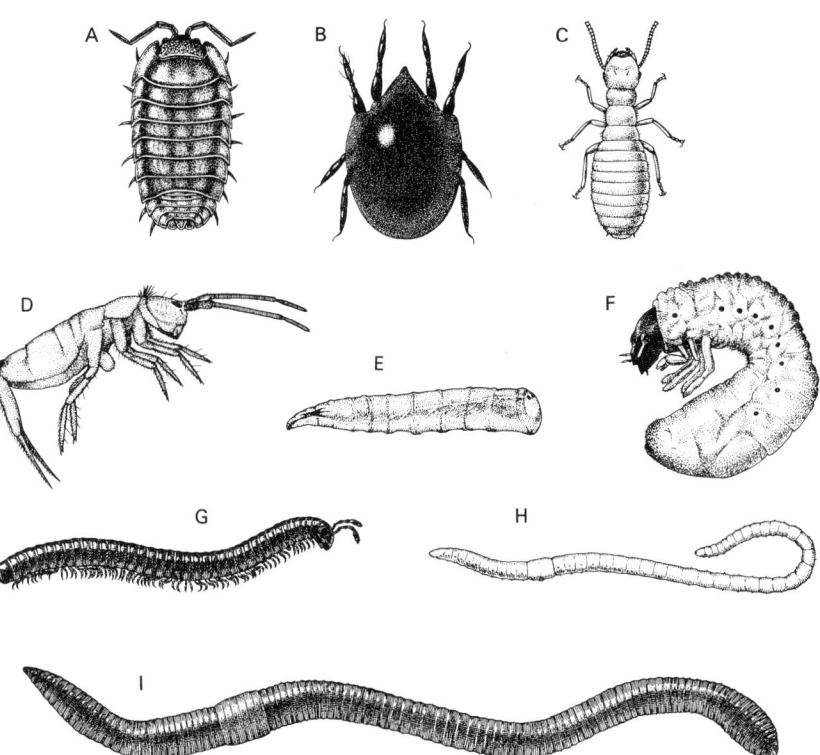

Abb. 34 A–I. Neun bodenbewohnende Tiere, die die Hauptverarbeiter toter Pflanzensubstanz sind und damit in der Hauptsache für die Fruchtbarkeit des Bodens verantwortlich sind. Sieben von ihnen gehören zu den Arthropoden; sie sind (A) die Assel, (B) die zu den Milben gehörende Oribatide, (C) eine Termite, (D) ein Springschwanz, (E) eine Fliegenlarve, (F) eine Käferlarve, (G) ein Tausendfüßler. Die anderen beiden gehören zu den Ringelwürmern; (H) ein Enchytraeide und (I) der Regenwurm. (Aus Edwards: Soil Pollutants and Soil Animals, Scientific American 1969)

würden ein ganz anderes Pflanzenkleid tragen, wenn Pilze im Boden fehlen würden.

Alle Biologen erkennen an, daß die Bodenfruchtbarkeit allein von einem sehr geordneten Zusammenwirken der Bodenorganismen abhängig ist. Die Sorge der Biologen ist daher besonders groß, wenn ständig schwere und persistierende Gifte achtlos in den Boden gegeben werden. Man beachte beispielsweise eine neuere Arbeit über die Persistenz chlorierter Kohlenwasserstoffe in einem sandigen Lehmboden. Chlorierte Kohlenwasserstoffe scheinen drei bis fünf Jahre erhalten zu bleiben, während Organophosphate und Karbamate in ein bis drei Monaten oder weniger verschwunden sind (Tab. 15).

Tabelle 15. Die Persistenz von Insektiziden in Böden. (Quelle: Nash and Woolson, Science, Vol. 157, 924–927, 1967). Aus der Tabelle geht nicht hervor, ob der Rest der Insektizide zersetzt wurde. Er kann auch in Flüsse, Seen und schließlich ins Meer ausgewaschen worden sein

Insektizid	Jahre seit Behandlung	% noch vorhanden
Aldrin	14	40
Chlordan	14	40
Endrin	14	41
Heptachlor	14	16
Dilan	14	23
Isodrin	14	15
Benzol-Hexachlorid	14	10
Toxaphen	14	45
Dieldrin	14	31
DDT	17	39

Schon heute gibt es eine Fülle von Hinweisen, daß die Benutzung von Insektiziden die Bodenfruchtbarkeit beeinträchtigen kann. Das gilt besonders für Waldböden, die nur gesprüht, aber nicht kultiviert werden. Die Populationen von Regenwürmern, Bodenmilben und Insekten werden in dramatischer Weise verändert. Daraufhin verändert sich das Spektrum der Bodenpilze, die die hauptsächliche Nahrung der Bodentiere darstellen. Selbst wenn die Bakterien nicht direkt angegriffen werden, steht außer Frage, daß derart drastische Einwirkungen auch auf sie übergreifen. Auch gibt es keinerlei Hinweise darauf, daß die Bakterien tatsächlich nicht direkt betroffen werden. Es ist bekannt, daß einige Mikroorganismen unter bestimmten Bedingungen DDT zu DDD umwandeln können. Einige können Dieldrin zu Aldrin umwandeln und zu anderen Abbauprodukten unbekannter Toxizität. Unser Wissen über die Beziehung zwischen Insektiziden, Herbiziden und anderen Umweltgiften mit Bodenorganismen ist minimal. Unsere allgemeine Gleichgültigkeit gegenüber möglichen langfristigen Effekten bei Bodentiergemeinschaften kann sich sehr plötzlich als lebensbedrohlich für den Menschen herausstellen.

Herbizide und Ökosysteme

In den letzten Jahren hat die Benutzung von Herbiziden einen gewaltigen Aufschwung genommen. Sie dienen als Ersatz für menschliche Arbeit beim Anbau von Nutzpflanzen, für die Instandhaltung von Seitenstreifen entlang der Straßen und bei der Freihaltung für Hochspannungsleitungen. Herbizide wurden auch für kriegerische Zwecke — für die Entlaubung von ganzen Waldgebieten — Vietnam — benutzt. Die Zunahme des Herbizidverbrauchs ist viel stärker als die Zunahme der synthetischen Insektizide. In der Hauptsache werden zwei Arten von Herbiziden benutzt. Die der einen Gruppe sind Pflanzenhormonen ähnlich und verursachen Stoffwechselschäden, die zum Tode der Pflanze oder zum Blattverlust führen. Die andere Gruppe stört einen wesentlichen Prozeß in der Photosynthese. Die Pflanze stirbt aus Energiemangel. Zwar ist direkte Toxizität gegenüber Tieren gering. Dennoch können Herbizide einen großen Einfluß auf Tierpopulationen haben, da sie Pflanzenpopulationen ändern und z. T. ausrotten. Schließlich sind alle Tiere letzten Endes von Pflanzen als Nahrung abhängig. Schließlich sind — als ein Resultat gemeinsamer Evolution — viele pflanzenfressende Tiere darauf angewiesen, eine oder nur ganz wenige Pflanzenarten zu fressen.

Von diesem Blickpunkt aus ist es möglich, die Feststellungen der amerikanischen Regierung zu überprüfen, die Entlaubung der Waldgebiete in Vietnam hätte keinerlei gefährliche Folgen für Tiere und Menschen. Biologen hätten hier von vornherein Bedenken. Sie lassen sich sehr einfach zusammenfassen: Entlaubung der tropischen Dschungel muß naturgemäß zumindest zur lokalen Ausrottung bestimmter Insekten, Vögel, baumlebender Reptilien und baumlebender Säugetiere führen. Aber natürlich versteht man unter „Tier" in offiziellen Verlautbarungen allzuoft „Elefanten, Tiger und andere große Säugetiere". Die Entlaubungsaktionen wurden 1971 eingestellt.

In den Wäldern gemäßigter Breiten gibt es eine weniger klar umgrenzte Kronenschichtfauna als in tropischen Forsten. Dennoch würden die Änderungen der Tierpopulationen als Reaktion auf großflächige Entlaubungsaktionen gewaltig sein.

Neuerdings gibt es Hinweise darauf, daß Herbizide bei Säugetieren — also auch beim Menschen — Geburtsfehler hervorrufen, und daß sie Vogelembryonen töten können oder zu sterilen Jungtieren führen. Es wurde z. T. vermutet, die weit verbreitete Anwendung solcher Herbizide sei für das Absinken des Bestandes europäischer Vögel verantwortlich zu machen.

Wir wissen nur sehr wenig über die direkten Effekte von Herbiziden auf Bodenmikroorganismen. Neuere Untersuchungen in Schweden zeigen, daß Herbizide Bakterien vernichten, die mit Leguminosen vergesellschaftet sind, obwohl die Bakterien offenbar einige Resistenz entwickeln können. Einige Herbizide werden relativ schnell durch Bakterien zersetzt und persistieren nur für einige Wochen oder Monate. Andere existieren länger.

Bodenmikroorganismen (vor allen Dingen Bakterien und Pilze) haben keine Photosynthese, sie sind keine Produzenten, sondern Konsumenten. Daher werden sie wahrscheinlich nicht durch Herbizide beeinträchtigt, die die Photosynthese blockieren. Natürlich könnten andere Stoffwechseleffekte auftreten. Herbizide, die wie simulierte Pflanzenhormone funktionieren, dürften die Wachstumsprozesse der Bodenflora kaum beeinträchtigen; es gibt bisher keinerlei Hinweise, daß das natürliche Pflanzenhormon irgendwelche Effekte auf Bakterien oder Pilze hat. Natürlich können diese Herbizide andere physiologische Effekte haben, denn einige von ihnen werden von Bodenbakterien abgebaut.

Herbizide werden auch von anderen Organismen als dem Menschen benutzt. Ein flugunfähiger Grashüpfer sekretiert 2,5 Dichlorphenol zusammen mit anderen aus Pflanzen stammenden unangenehmen Substanzen in seiner Verteidigungsflüssigkeit.

Dieser ungewöhnliche Zusatz scheint bei der Abwehr räuberischer Ameisen äußerst erfolgreich zu sein. Wenn der Mensch Unkräuter vertilgen will, so fördert er auf die Art und Weise also die Vermehrung eines Pflanzenfressers. Die Subtilität der Nebeneffekte von Bioziden kann kaum hoch genug eingeschätzt werden.

Wir wissen auch viel zu wenig über die Effekte von Herbiziden auf das Leben von Wasserorganismen, aber es mehren sich die Hinweise, daß sie sehr schwerwiegend sind. Angehörige einer bestimmten Herbizidgruppe (2,4-D) sind besonders für Fische giftig, obwohl in geringerem Maße als die meisten Insektizide. Das gleiche gilt auch für Süßwasserkrebse.

Der Ablauf der Herbizide, besonders derjenigen, die in die Photosynthese eingreifen, in Binnen- und Küstengewässer, muß möglicherweise ernster bewertet werden als der Einfluß der Herbizide auf die Bodenfruchtbarkeit. Die Photosynthese des Phytoplanktons könnte ebenso wie das Wachstum anderer Wasserpflanzen gestört werden. Wiederum muß hier betont werden, daß Änderungen auf der Produzentenebene unausweichliche Folgen für die Konsumenten haben.

Wir wissen fast nichts über diese Dinge. Dennoch können wir dem weit verbreiteten unterschiedslosen Gebrauch von Herbiziden unter beliebigen Umständen kaum mit ruhigem Gewissen zusehen. Die Versprühung von potenten Bioziden über große Gebiete, nur weil es leichter und schneller geht als Kultivierungsarbeiten, ist eine Praxis, die von den Ökologen nur bedauert werden kann. Die Geschichte der Herbizide kann sich als eine Wiederholung der Insektizid-Geschichte herausstellen. Wie Insektizide, so sollten auch Herbizide nur dann eingesetzt werden, wenn es unbedingt notwendig ist, und dann mit Vorsicht. Größte Aufmerksamkeit sollte wiederum der Entwicklung integrierter Kontrollmaßnahmen zugewandt werden. Man sollte auch nicht von vornherein eine Rückkehr zum Unkrautjäten durch den Menschen ausschließen. In unserem ökonomischen System wäre es sicher gut, mehr Menschen als Arbeitskräfte auf dem Land zu haben und auf diese Weise zur Lösung sozialer und ökonomischer Probleme beizutragen, die mit Arbeitslosigkeit und Überverstädterung zusammenhängen. Keinesfalls aber sollten Herbizide in großem Umfang in der Forstwirtschaft angewandt werden, um unerwünschte Baumarten abzutöten: dieses ist eigentlich der Gipfel der Leichtfertigkeit.

Stickstoff und Phosphate

Der Stickstoff in natürlichen Böden ist größtenteils im Humus, also in dem organischen Bestandteil des Bodens enthalten. Humus ist ein Komplex verschiedener Verbindungen mit hohem Molekulargewicht von dem man bisher nicht viel weiß. Anorganischer Stickstoff macht im allgemeinen weniger als 2% des Stickstoffs in den Böden aus. Der überwiegende Teil ist an die großen organischen Humusmoleküle gebunden, die sich aus so verschiedenen Quellen wie den fibrösen Resten von Holzpflanzen, Insektenskeletten und dem Kot von Tieren herleiten. Diese Substanzen — ganz abgesehen von ihrem chemischen Wert — erhöhen die Fähigkeit des Bodens, Wasser zu halten. Die Anwesenheit des Humus macht aus dem Boden ein besonders günstiges Medium für die komplizierten chemischen Reaktionen und den komplizierten Transport von Mineralien, der für das Wachstum höherer Pflanzen notwendig ist. Die Bakterien im Boden zersetzen den Humus und bilden Nitrate und andere Nährstoffe für höhere Pflanzen.

Die Wurzeln benötigen Sauerstoff für die Gewinnung der Energie, die sie bei der Aufnahme von Nitraten und anderen Nährstoffen brauchen. Sauerstoff ist jedoch in einem fest gepackten Boden nicht vorhanden. Der Humus sorgt dafür, daß der Boden porös bleibt und der Sauerstoff bis an die Wurzeln der Pflanzen vordringt.

Im natürlichen Bodensystem ist der Stickstoffkreislauf eng geschlossen. Nur wenig Stickstoff wird aus dem Boden ausgelaugt. Experimentell konnte gezeigt werden, daß bei Erhaltung der Humusversorgung die Bodenfruchtbarkeit unbegrenzt erhalten bleibt. Anders liegen die Dinge, wenn synthetische Dünger angewandt werden. Hier läßt sich eine unbegrenzte Bodenfruchtbarkeit nur dann erreichen, wenn organisch gebundener Kohlenstoff, etwa in Form von Torf, Sägemehl oder Stroh, für die Mikroorganismen zugegeben wird. Die bei anorganischen Düngemitteln häufig auftretende unerwünschte Humuszehrung liegt in der Tatsache begründet, daß die Landwirte keine Ernterückstände, und damit keinen organisch gebundenen Kohlenstoff, auf die Felder zurückbringen. Die Humuszehrung ist also ein Nebenprodukt der künstlichen Düngung, sie kann durch Gaben organisch gebundenen Kohlenstoffs weitgehend aufgehoben werden.

Wenn man versucht, die Bodenfruchtbarkeit allein mit Kunstdünger aufrecht zu erhalten, so sinkt die Fähigkeit des Bodens, Wasser und Mineralstoffe festzuhalten. Im Humus wird Stickstoff in unlösliche Formen überführt, die nicht durch Regenwasser ausgelaugt werden. Humuszehrung führt zu lockeren Stellen in den biogeochemischen Zyklen und ermöglicht die Auswaschung großer Mengen von Nitraten in Flüsse und Seen. Unter diesen Umständen müssen entsprechend höhere Gaben von Kunstdünger gegeben werden. In den letzten 25 Jahren hat sich die Menge des verwendeten Kunstdüngers in den Vereinigten Staaten verzwölffacht. Eine der Folgen davon ist der entsprechende Anstieg des Nitratgehalts im Oberflächenwasser, in der Atmosphäre und im Regen. Ein anderer Effekt ist das Absinken des Stickstoffgehaltes auf die Hälfte in den Böden des mittleren Westens der Vereinigten Staaten.

Die Folgen des hohen Stickstoffgehalts im Oberflächenwasser zeigt das inzwischen vielfach untersuchte Beispiel des Eriesees. Das Wasser dieses Sees ist so vergiftet, daß Schiffen empfohlen wird, innerhalb eines 5 Meilen breiten Uferstreifens kein Wasser aus dem See zu entnehmen. Weder durch Abkochen noch durch Chloren kann das Wasser für den menschlichen Genuß aufbereitet werden.

Für diese Verschmutzung des Eriesees gibt es eine Vielzahl von Gründen. Die Hauptursache scheint darin zu liegen, daß die Seerand-Gemeinden, vor allen Dingen Cleveland, Toledo, Euklid, Ohio und Detroit ihre Abfälle einfach in den See pumpen. Hinzu kommen die großen Industriefirmen wie Ford, Republic Steel und Bethlehem Steel. Schließlich umfaßt das Umland des Eriesees etwa 77 000 km² Ackerland; ein großer Teil der Verschmutzung des Eriesees stammt von dort.

Wir wollen zunächst den letztgenannten Faktor untersuchen. Dieses Landwirtschaftsgebiet ist natürlich drainiert, um stauende Nässe zu vermeiden. Infolge von hohen Gaben an Kunstdünger enthält das ablaufende Wasser sehr hohe Mengen an

Stickstoff. Man schätzt, daß der Stickstoffgehalt dieses ablaufenden Wassers dem Stickstoffgehalt der Abwässer einer Stadt mit 20 Millionen Einwohnern entspricht. Um den Eriesee herum wohnen etwa 10 Millionen Menschen. Die Farmer düngen also in der Hauptsache den Eriesee und nur zum Teil ihre Felder. Ihr Einfluß auf den See ist größer als der der Städte und der Industrie. So ist das Stickstoffgleichgewicht des Sees gestört. Infolge der hohen Stickstoffmenge wachsen manche Algen sehr reich heran. In den letzten Jahren haben diese Planktonalgen gewaltige „Wasserblüten" hervorgebracht. Riesige Mengen dieser Algen wachsen extrem rasch, bedecken riesige Gebiete, bringen Ufer und Lagunen zum Faulen und sterben ab.

Der bakterielle Abbau dieser Algenmassen verbraucht Sauerstoff. Damit verringert sich der für die Fische und andere Tiere des Sees verfügbare Sauerstoff. Solche Wasserblüten und nachfolgende Sauerstoffzehrungen sind charakteristisch für Seen, die stark eutrophiert werden, wobei Eutrophierung mit Überdüngung übersetzt werden kann. Ebenso wie Nitrate sind hier auch Phosphate beteiligt. Der Phosphatgehalt des Oberflächenwassers hat sich in den letzten Jahren versiebenundzwanzigfacht. Die Phosphate stammen ebenso aus Kunstdüngern wie aus industriellen Abfällen, und 60% stammen aus häuslichen Abwässern. Der größte Teil kommt mit Detergentien − also Waschmitteln − in das Wasser hinein.

In den Grundzügen ist eine solche Eutrophierung einfach. Nitrate und Phosphate werden in den See gewaschen und fördern hier das Wachstum von Algen. Der anschließende notwendige Abbau der Algen durch Bakterien verbraucht den Sauerstoff des Wassers und tötet damit alle Tiere, die einen hohen Sauerstoffbedarf haben. Der größere Teil der Nitrate und Phosphate bleibt in dem See. Er sedimentiert zum Boden. So entsteht hier eine Mudschicht zwischen 7 und 20 m Dicke. Diese Schicht ist ungeheuer reich an Phosphor und Stickstoff. Durch eine unlösliche Schicht von Eisenverbindungen werden beide Komponenten von dem freien Wasser ferngehalten. Unglücklicherweise können diese Eisenverbindungen in eine löslichere Form übergehen, wenn Sauerstoffmangel herrscht. Gerade der Sauerstoffmangel führt also wiederum dazu, daß Phosphate und Nitrate in den See freigesetzt werden. Damit steigert sich die Eutrophierung noch einmal. Wenn tatsächlich infolge dauernden Sauerstoffmangels die Eisenverbindungen gelöst bleiben und der gesamte Stickstoff und das gesamte Phosphat vollends in den See freigesetzt wird, so dürften Probleme entstehen, gegenüber denen alle bisherigen am Eriesee aufgetretenen Schwierigkeiten völlig belanglos erscheinen.

Der Eriesee ist nur ein einziges bekanntes Beispiel für ein allgemeines Problem, das heute allen Bewohnern von Industriestaaten geläufig ist − die allgemeine Verschmutzung unserer Seen und Flüsse. Alle unsere organischen und anorganischen Abfallstoffe enden zunächst in unseren Binnengewässern. Abwässer, Dünger, Detergentien, Säuren, Pestizide − die Liste läßt sich beliebig verlängern. Alle diese Stoffe haben Auswirkungen auf das Leben im Wasser und vielfach zerstören sie jedes Leben. Dieses Problem der Verschmutzung ist ein weltweites Problem. Viele Flüsse der Erde nähern sich sehr rasch einem Zustand, in dem ihr Wasser zu dünn ist, um gepflügt, und zu dick, um getrunken zu werden.

In den meisten Industrieländern werden heute ernsthafte Versuche gemacht, die Süßwassersysteme zu säubern. Die Erfolge sind unterschiedlich. Im Augenblick läßt sich nicht sagen, ob wir den Stand halten, ob die Dinge schlimmer oder vielleicht sogar etwas besser werden. In jedem Fall ist die Situation ernst, und die Aussichten sind nicht ermutigend.

Die Probleme der Eutrophierung sind inzwischen auch auf Küstengewässer übergesprungen. In den küstennahen Gebieten sind die Muscheln z. T. überhaupt völlig verschwunden. Verschiedentlich mußte die Küstenfischerei in der Nähe von Industrieländern aufgegeben werden. Auch Sauerstoffzehrung und entsprechende damit zusammenhängende Veränderungen der Wasserqualität sind in Küstengewässern zu beobachten. In Europa zeigt der Bodensee die Anfänge der aus dem Eriesee so gut bekannten Entwicklung in allen Einzelheiten. Limnologen fürchten, daß alle Versuche zu einer durchgreifenden Klärung der eingeleiteten Wassermassen nichts helfen, da das angestrebte Bevölkerungswachstum aus sich heraus schon eine zu starke Belastung ist (Elster).

Der Baikalsee in der Sowjetunion scheint einem ähnlichen Schicksal entgegen zu gehen wie der Eriesee, ungeachtet aller Proteste der russischen Ökologen. Viele Seen und Flüsse in Europa und Asien zeigen nur 20 Jahre nach dem Beginn der Verschmutzung durch den Menschen schwere Zeichen von Eutrophierung. Große Teile des Rheins enthalten heute schon kein Leben mehr. Alle Versuche, den Rhein sauber zu halten, wurden von der Bevölkerungsexplosion und dem Wirtschaftswachstum überrundet. Die italienischen Flüsse sind heute so schwer verschmutzt, daß man um das Leben im Mittelmeer fürchten muß.

In den meisten Entwicklungsländern sind die Flüsse einfach offene Abwasserleitungen. Trotzdem ist Eutrophierung hier in der Regel noch kein Problem. Nur wo schon größere Industrieansiedlungen vorhanden sind, haben wir bereits gefährliche Zustände. Und die berühmte „grüne Revolution" mit den hohen Gaben an Kunstdüngern kann die Situation von heute auf morgen ändern.

Stickstoff- und Phosphorkunstdünger müssen als Fortschritt angesehen werden, da durch sie in der Tat die Bodenfruchtbarkeit wesentlich erhöht werden konnte. Aber genau dieser Erfolg hat zur Zerstörung unserer Süßwassersysteme geführt. Es gibt seriöse Voraussagen, denen zufolge in den Vereinigten Staaten in 25 bis 50 Jahren eine entscheidende Krise der Landwirtschaft bevorsteht. Entweder wird die Bodenfruchtbarkeit schlagartig zurückgehen, da der Boden nicht mehr in der Lage sein wird, die Stoffe festzuhalten, oder aber die benötigten Kunstdüngermengen werden so ungeheuer groß sein, daß daraus absolut unlösbare Trinkwasserprobleme resultieren. Man kann nur hoffen, daß bis dahin die Menge des zur Verfügung stehenden Kunstdüngers abgenommen haben wird, so daß wieder Abfälle der Landwirtschaft zur Bildung von Humus auf die Felder aufgebracht werden. Doch auch diese Möglichkeit bedeutet nicht unbedingt, daß es gelingt eine Wasserkrise zu verhindern: Unsere Autos produzieren Stickstoff in so großen Mengen, daß von hier aus die Düngewirkung schon erheblich ist; moderne Klärwerke enthalten in ihrem Ablauf ungeheure Mengen an gelöstem Phosphat und Nitrat. Die Bedeutung dieser beiden Faktoren wird gerade jetzt erst erkannt.

Man wird schleunigst beginnen müssen, daraus einige entscheidende Folgerungen zu ziehen. Die Benutzung von Verbrennungsmotoren sollte erheblich reduziert werden. Unsere Kläranlagen müssen umgestaltet werden. Aus ihrem Ablaufwasser müssen die Nährstoffe zurückgewonnen werden, damit sie nicht an unerwünschter Stelle Düngewirkung erzeugen. Schließlich gibt es auch heute noch Gemeinden, die ungeklärtes Abwasser in unser Trinkwasser abgeben. Das muß sofort gestoppt werden. Ein solches Programm erfordert Geld und Anstrengung. Man könnte hierfür vielleicht die technischen Abteilungen des Militärs miteinsetzen.

Schwieriger ist der Wasserablauf aus Landwirtschaftsgebieten zu kontrollieren. Wir wissen, daß die Nitrate aus dem Boden ausgelaugt werden, weil sie negativ geladene Anionen sind, und die Fähigkeit des Bodens, Anionen festzuhalten, nicht sehr groß ist. Vielleicht gibt es eine Möglichkeit, die Anionenbindungsfähigkeit des Bodens zu erhöhen. Entsprechende Untersuchungen müssen schleunigst begonnen werden. Entdeckte „Lösungen" können jedoch nur außerordentlich vorsichtig angewandt werden. Die Tendenz solcher Lösungen, neue Probleme zu schaffen, ist uns nun hinlänglich bekannt.

Als Sofortmaßnahme könnte ein gesetzgeberischer Akt eingeschaltet werden: Natürlicher Dünger, wie er in der Landwirtschaft anfällt, dürfte nicht mehr als Abfallprodukt angesehen werden. In Amerika z. B. werden etwa 80% der Rinder in Intensivbetrieben gehalten, und ihr Kot wird durchweg als Abfall behandelt. Auf diese Weise werden die Abfallprobleme des Landes wesentlich vergrößert. Selbst wenn die Kosten hoch sein sollten, sollte natürlicher Dünger auf das Land zurückgebracht werden, um Humus zu erzeugen.

Auch sterile konzentrierte Abwässer können zur Bodenverbesserung benutzt werden. Die Rekultivierung von Bergbaugebieten kann auf diese Weise angegangen werden. Die verschiedensten Nutzpflanzen sind auf so gewonnenem Land mit bestem Erfolg angebaut worden. Durch Müllkompostierung gewonnener Dünger wird seit langem in England, Australien und anderen Ländern mit bestem Erfolg benutzt. Die Vorurteile vieler Farmer und Landwirte und die Gegenreklame der Kunstdüngerhersteller scheint hier das größte Hindernis für eine großräumige Nutzung des Mülls zu sein. Probleme, wie sie durch die Anreicherung von Schwermetallen in solchem Kompost entstehen, sind durchaus lösbar.

Umweltgifte und ozeanische Ökosysteme

Die Wirkungen von Insektiziden und anderen giftigen Substanzen im Wasser beziehen sich natürlich nicht nur auf Wassertiere. Die vielleicht erschreckendste ökologische Neuigkeit des Jahres 1968 war in einer kurzen Notiz enthalten, die unter dem Titel „DDT reduziert die Photosynthese des Marinen Phytoplanktons" in der Zeitschrift „Science" erschien. Der Autor Charles F. Wurster berichtete, daß sowohl in experimentellen Kulturen als auch unter natürlichen Bedingungen DDT die Photosynthese der winzigen grünen Pflanzen, die im offenen Ozean treiben, stark reduziert. Die Wirkungen waren schon meßbar bei DDT-Konzentrationen von wenigen ppbs — also Mengen, wie wir sie heute vielfach in Binnengewässern haben, bei denen das umliegende Land mit DDT behandelt wurde.

Die Wirkungen von DDT auf das Phytoplankton in der Natur sind schwierig zu erforschen. Das Phytoplankton stellt die Produzentenschicht im Meer dar, sie ist letzten Endes die Quelle aller Nahrung, die der Mensch aus dem Meer bezieht. Wenn die Photosynthese hier deutlich reduziert würde, so würde auch das tierische Leben im Meer verringert. Wenn die Photosynthese im Meer zu einem Ende käme, so wären die Ozeane tot. Wahrscheinlicher ist jedoch eine Änderung in der qualitativen Zusammensetzung der Phytoplanktonalgen. Manche Algen sind gegenüber DDT weniger empfindlich als andere. Schon geringste DDT-Mengen im Wasser dürften zu Häufigkeitsverschiebungen führen. Derartige Häufigkeitsverschiebungen haben ganz sicher schwerwiegende Konsequenzen für die dahinter anschließenden Nahrungsketten. Eine Möglichkeit wäre z. B. daß dann kleinere Arten überwiegen würden und daß auf diese Weise die Nahrungskette bis zu dem vom Menschen nutzbaren Fisch um eine Stufe verlängert würde. Wie wir gesehen haben, würde dies auf eine Verringerung der Fischbestände auf ein Zehntel hinauslaufen. Eine andere Möglichkeit bestünde darin, daß die dann überlebenden Planktonalgen für größere Planktonfresser nicht geeignet wären. Damit würden größere Arten ausfallen, und der Mensch müßte für seine Ernährung auf Planktonorganismen zurückgreifen.

In ähnlicher Weise dürften auch Binnengewässer beeinflußt werden. Wurster schreibt: „Solche Wirkungen sind zunächst geringfügig und ihre Ursache mag dunkel bleiben. Ökologisch können sie eine viel größere Bedeutung erlangen als die auffällige direkte Mortalität der größeren Organismen, über die so oft berichtet wird".

Ein anderer Schadstoff wurde 1970 als gefährlich für die Photosynthese des Phytoplanktons, sowohl im Süßwasser als auch im Meer entdeckt. Es handelt sich um Quecksilber, welches etwa in der Form des Methylquecksilbers extrem giftig für die winzigen Planktonalgen ist. Schon Konzentrationen von 0,1 ppb, also einem Fünfzigstel des von der amerikanischen Gesundheitsbehörde noch akzeptierten Gehaltes, führen zu einer deutlichen Verminderung der Photosynthese. Bei einer Konzentration von 50 ppb hört das Wachstum der Planktonalgen auf. Die Wirkungen des Quecksilbers auf das Phytoplankton erinnern an die des DDT. Wie die chlorierten Kohlenwasserstoffe wird auch Quecksilber in den Nahrungsketten angereichert. Aus diesem Grunde kann die Wirkung des Quecksilbers auf ozeanische Nahrungsketten ähnlich sein wie die des DDT. Schon heute findet sich in den Seen und Flüssen Amerikas und Europas genügend anorganisches Quecksilber um eine deutliche Bedrohung zu bewirken. Allein in der Bucht von San Franzisko schätzt man die Menge des auf dem Boden lagernden Quecksilbers auf 58 t, bei einer Konzentration von 0,25—6,4 ppm im Sediment.

Quecksilber stammt aus Beizmitteln für das Saatgut der Landwirtschaft, aus der Holzindustrie (bei der Zellulose-Fabrikation) und aus Giften gegen „schädliche" Tiere. Es gelangt zunächst in Flüsse und Seen und von da ins Meer. Der Zusammenbruch der Fisch- und Seeadlerpopulation der Ostsee ist sehr wahrscheinlich auf Quecksilbervergiftung zurückzuführen: Heute leben beide Arten nur noch an Binnengewässern um die Ostsee. Untersuchungen an Mauserfedern ergaben, daß der — den Winter in Afrika verbringende — Fischadler sein Quecksilber nur beim Sommeraufenthalt in Europa aufnehmen kann: Die in Afrika gebildeten Federn enthalten diesen Stoff nicht. Hier zeigt sich auch deutlich, wie betäubend manche Umweltschutzmaßnahmen wirken: Nach entsprechenden Verboten sind heute die skandinavischen Binnengewässer wieder einigermaßen quecksilberfrei; das strömende Süßwasser hat sie durchgespült — ins Meer hinein. Hier ist ein Ende der Quecksilber-

Verseuchung überhaupt nicht abzusehen; vielmehr wird hier weiterhin der Giftgehalt erhöht (Nuorteva).

Die langfristigen Wirkungen anderer Schwermetalle, wie Blei, Cadmium und Chrom im offenen Meer, sind erst neuerdings der Gegenstand von Untersuchungen geworden. Auch sie werden in der Nahrungskette angereichert; über ihre Toxizität weiß man jedoch wenig und ebenso über die Bedeutung dieser Metalle im Ökosystem. Bei der Giftigkeit dieser Stoffe für Landtiere wäre es jedoch unsinnig, dieses Problem auf die leichte Schulter zu nehmen.

Ein Schadstoff, der im Meer aufgrund einiger spektakulärer Unglücksfälle besondere Publizität erreicht hat, ist das Mineralöl. Im Jahre 1970 segelte Thor Heyerdal mit einem Papyrusboot über den Atlantischen Ozean. Er berichtete, daß große Flächen Schweröl den mittleren Atlantik verseuchen von einem Horizont bis zum anderen. Das Öl erreicht den Ozean auf verschiedenen Wegen. Am bekanntesten sind Tankerhavarien, die so viel Aufmerksamkeit auf sich gerichtet haben. Vermutlich weniger als 0,1% des auf dem Meer transportierten Öls gelangt auf diese Weise in das Ökosystem. Da aber die Gesamtmenge so ungeheuer groß ist (etwa 1,3 Milliarden t pro Jahr, d. h. 60% aller auf See transportierten Güter), erreichen dennoch gewaltige Ölmengen den Ozean. Viel größere Ölmengen gelangen in den Ozean aus Schiffen, die ihr Bilgewasser auspumpen oder neuen Treibstoff aufnehmen. Dabei haben diese Schiffe an sich nichts mit dem Transport von Öl zu tun. Hinzu kommen Unglücksfälle bei Bohrungen im Meer, von denen das bei Santa Barbara das bekannteste ist. Schließlich erreicht Öl über Abwasserleitungen das Meer, eine natürliche Verschmutzung erfolgt durch untermeerische Erdbeben. Diese Menge spielt jedoch eine verschwindend kleine Rolle.

Die möglichen Wirkungen einer Ölpest auf ozeanische Ökosysteme — abgesehen vom unmittelbaren Tod der Fische, Muscheln und Meeresvögel am Ort der Katastrophe selbst — sind nun aufgrund einiger Unglücksfälle in der Nähe von meeresbiologischen Stationen relativ gut bekannt. Die Wirkungen sind nach der Art des Öls, nach der Entfernung vom Ufer, nach der Zeit, die das Öl braucht, bis es von Mikroorganismen zersetzt, gelöst oder verdampft ist, und nach der Art der betroffenen Organismen verschieden. Einige Komponenten des Öls sind toxisch, andere sind karzinogen; eine Verwitterung kann die Toxizität reduzieren, die karzinogenen Substanzen bleiben dagegen lange erhalten. Ans Ufer gewaschenes Öl bleibt hier für Monate und Jahre liegen. Eine normale Besiedlung stellt sich erst wieder ein, wenn für uns schon lange nichts mehr vom Öl erkennbar ist.

Ganze Populationen bestimmter Meeresvögel, besonders tauchender Formen, sind in den letzten Jahren drastisch reduziert worden. Der Hauptgrund dürfte in einer Ölkontamination liegen. Neben der unmittelbar toxischen Wirkung kann Öl auch die Lebensfähigkeit der Eier und somit das Fortpflanzungsgeschäft der Vögel beeinträchtigen.

Detergentien, die vielfach bei der Beseitigung des Öls benutzt wurden, scheinen die Situation noch schlimmer zu machen. Nicht nur, daß diese Detergentien schon allein toxisch wirken, verteilen sie das Öl dazu noch in sehr feine Tröpfchen, so daß es sich in weite Gebiete ausbreitet. Dadurch, daß das Öl in sehr kleine Tröpfchen aufgespalten wird, kann es dann leicht von Tieren aufgenommen werden.

Unmittelbar nach einer Ölkatastrophe vor der Küste von Massachussetts in der Nähe der Meeresbiologischen Station Woods Hole war eine 96%ige Mortalität bei Fischen, Muscheln, Würmern und anderen Meerestieren zu beobachten. Eine Wiederbesiedlung hatte nach 9 Monaten noch nicht stattgefunden. Die überlebenden Miesmuscheln waren nicht mehr in der Lage, sich fortzupflanzen. Eine Reihe von Bestandteilen des Öls waren noch immer vorhanden und töteten bodenlebende Organismen noch 8 Monate später. Die überlebenden Muscheln und Austern hatten so viel Öl aufgenommen, daß sie nicht mehr eßbar waren. Sie behielten dieses Öl in ihrem Körper, selbst nachdem sie 7 Monate lang an eine nicht verpestete Stelle transplantiert worden waren. Möglicherweise können karzinogene Substanzen durch Phytoplankter und andere kleine Organismen des Meeres aufgenommen und unverändert durch die ganze Nahrungskette weitergegeben werden. Selbst wenn diese Stoffe in der menschlichen Nahrung in so geringen Mengen vorhanden sind, daß kein Nachweis mehr möglich ist, können sie dem Menschen dennoch gefährlich werden.

Man hat sich erhebliche Mühe gegeben, um Bakterienstämme zu züchten, die ausgelaufenes Öl schnell zersetzen können. Außerdem ist man dabei, bessere technische Mittel zu entwickeln, die das Öl abfangen sollen, wenigstens ehe es das Ufer erreicht. Im Hinblick auf die gewaltigen Ölmengen, die schon jetzt die Ozeane verdrecken, und der Wahrscheinlichkeit, daß diese Mengen noch zunehmen, sollten solche Entwicklungen energisch weiterverfolgt werden. Gleichzeitig sollten weitere Möglichkeiten zur Verhinderung von Unglücksfällen untersucht werden. Öl läßt sich aus Abwässern abscheiden und das sollte auch geschehen. Die Sicherheitsbestimmungen für Tanker und Bohrinseln sollten verschärft werden. Das Ausspülen von Tankern kann ebenso verboten werden wie das Auspumpen von Abfallölen irgendwelcher Art.

Niemand weiß, wie lange wir die See noch mit chlorierten Kohlenwasserstoffen, polychlorierten Biphenylen, Öl, Quecksilber, Cadmium und tausend anderen Schadstoffen vergiften können, ehe die Produktion der Ozeane zusammenbricht. Kleinste Änderungen können vielleicht schon jetzt eine Kettenreaktion in dieser Richtung in Gang gesetzt haben, wie das durch die Reduktion vieler Fischbestände vor allen Dingen in stark verschmutzten Gegenden deutlich wird. Auch dürfen auf keinen Fall weiterhin Schadstoffe im Meer versenkt werden. Auf internationaler Ebene gibt es inzwischen Bemühungen, die in diese Richtung gehen.

Schadstoffe in der Atmosphäre

Da die Zusammensetzung der Atmosphäre in ihrem gegenwärtigen Zustand weitgehend von biologischen Systemen abhängig ist, ist sie ein Indikator für die Gesundheit von Ökosystemen, oder besser, für die Gesundheit der gesamten Biosphäre. Das Klima in einem bestimmten Gebiet ist zum Teil eine Funktion der in diesem Gebiet vorhandenen Organismen, hauptsächlich der Pflanzen. Luftbewegungen in der Nähe des Bodens werden durch Wälder beeinflußt. Die Menge des Wasserdampfes in der Luft, die Geschwindigkeit, mit der der Boden sich an jedem

Tag erwärmt, und das Vorkommen von Aufwinden hängen sehr stark davon ab, ob Vegetation vorhanden ist oder nicht.

Viele Luftpollutantien, z. B. Flußsäure, Schwefeldioxyd, Ozon und Azethylen, beschädigen oder töten Pflanzen. Diese Änderungen im Pflanzenleben führen zu drastischen Änderungen in den Tierpopulationen, die von diesen Pflanzen abhängen. Andere gefährliche Luftpollutantien, die ganze ökologische Systeme verändern können, sind die Stickoxyde. Man nimmt an, daß die Eutrophierung des Mendotasees in der Hauptsache auf Zufuhr von Phosphaten zurückzuführen ist, aber ein Teil des Problems kann auf die Kraftfahrzeuge der nahegelegenen Stadt Madison zurückgeführt werden. Regenfälle bringen erhebliche Mengen von Stickstoff aus Autoabgasen in den See hinein. In New Jersey bringen Regenfälle jährlich etwa 5 kg/ha Stickstoff aus industriellen Abgasen und Auto-Auspuffgasen auf die Erde. Für Ackerflächen bedeutet dies eine relativ bescheidene Düngung und es ist gut für die Vegetation – ein seltenes Beispiel eines positiven Effektes der Luftverschmutzung.

Die Ökologen sind heute sehr beunruhigt über Änderungen in der Atmosphäre, die aufgrund der menschlichen Beeinflussung der komplexen biogeochemischen Zyklen auftreten oder auftreten können. Die möglichen Effekte einer allgemeinen atmosphärischen Pollution auf das Klima werden weiter unten diskutiert. Jedoch haben menschliche Eingriffe in die biogeochemischen Zyklen andere, vielleicht letale Konsequenzen. Wenn irgend eines der Biozide, welches wir unserer Umwelt hinzufügen, eine spezielle Letalität für Boden-Mikroorganismen besäße, welche davon leben, daß sie Ammoniak in Nitrate umwandeln, so würde der Ausfall dieser Mikroorganismen nicht nur zu einem rapiden Abfall der Bodenfruchtbarkeit führen, sondern zu einer raschen Zunahme des giftigen Ammoniaks in der Atmosphäre.

Im Durchschnitt wird ziemlich genau soviel Sauerstoff bei der Photosynthese freigesetzt wie durch die Atmung von Pflanzen, Mikroorganismen und Bakterien beim Abbau der organischen Substanz verbraucht wird. Die Akkumulation des Sauerstoffs in der Atmosphäre hat mehrere Millionen Jahre gebraucht. Sie ist das Resultat von Ausnahmebedingungen auf der Erde, in denen der durch Photosynthese fixierte Kohlenstoff nicht wieder oxydiert, sondern in Sedimenten abgelagert wurde. So entstanden im Laufe der Erdgeschichte Graphit, Kohle und fossile Brennstoffe. Da Produktion und Verbrauch des Sauerstoffs durch Photosynthese und Remineralisation so genau ausbalanciert sind, und da im Laufe der Jahrmillionen ein riesiges Reservoir atmosphärischen Sauerstoffs aufgebaut worden ist, besteht keine Gefahr, daß die Entwaldung unserer Erde zu einem Sauerstoffschwund führen könnte. Kurz gesagt: Wir brauchen Pflanzen als Nahrungsmittel, nicht als Sauerstoffproduzenten.

Verlust von atmosphärischem Sauerstoff kommt aus der Verbrennung von fossilen Brennstoffen. Jedoch kann infolge des großen Reservoirs an Sauerstoff in der Atmosphäre auch dieser Faktor vernachlässigt werden. Die 1970 veröffentlichte Studie des MIT kam zu dem Ergebnis, daß die Verbrennung aller bekannten Lagerstätten fossiler Brennstoffe zusammen die Sauerstoffkonzentration in unserer Atmosphäre nur um 0,15% senken würden. Damit besteht für uns hinsichtlich der Hauptkomponenten unserer Atemluft, d. h. Sauerstoff und Stickstoff, keine Gefahr. Vielmehr liegt die Gefahr in der Hinzufügung von giftigen oder auf andere Weise bedeutsamen Spurenstoffen. Beispielsweise könnte das durch Verbrennung fossiler Brennstoffe entstehende Kohlendioxyd einen merklichen Einfluß auf das Weltklima haben.

Wärmepollution und Lokalklimate. Wärmepollution, wie man sie heute nennt, bezieht sich auf die bei industriellen Prozessen, etwa bei der Erzeugung von elektrischem Strom, anfallende Wärme. Die nachteiligen Wirkungen der Ableitung solcher Wärme in Flüsse, Seen und Aestuare ist tatsächlich eine Sache, die größte Aufmerksamkeit verlangt. Sie ist jedoch nur ein Aspekt eines grundsätzlichen Problems. Schließlich entsteht bei allen Aktivitäten des Menschen, von seinem Stoffwechsel bis zum Fahren oder Bremsen eines Autos Abfallwärme. Im Falle eines Elektrizitätswerkes bedeutet dies, daß nicht nur die unmittelbare Abfallwärme am Ort des Elektrizitätswerkes in Betracht gezogen werden muß, sondern ebenso die bei der Verwendung der Elektrizität entstehende Wärme, etwa die Wärme, die in Glühlampen entsteht, die Wärme in Elektromotoren usw. Daß alle Energie schließlich in Wärme umgewandelt wird, ist eine Konsequenz des zweiten Gesetzes der Thermodynamik (s. Kasten 2). Es gibt keine technische Möglichkeit dagegen; ein wissenschaftlicher Durchbruch in dieser Richtung ist nicht möglich. So erhöht sich der Wärmeballast unserer Umwelt ständig. Wir können ihn nur mildern, indem wir effektivere Geräte bauen und indem wir den Energieverbrauch pro Kopf der Bevölkerung senken.

Die Konsequenzen der vom Menschen in seine Umwelt eingeführten Wärme lassen sich in lokale, regionale und globale Wirkungen unterteilen. Lokale Effekte (Großstädte, die Umgebung von Elektrizitätswerken) sind schon heute deutlich erkennbar, obwohl nicht überall gut verstanden. Regionale Effekte (Flußtäler, Küstengebiete) können noch vor der Jahrhundertwende drastische Formen annehmen. Derzeit kann man über sie nur spekulieren. Globale thermische Effekte können, wenn die derzeitigen Wachstumsraten bestehen bleiben, in etwa 70—100 Jahren deutlich werden. Zusammen mit den klimatischen Konsequenzen der Einführung von CO_2 und Staub in die Atmosphäre und der Kondensstreifen von Flugzeugen werden sie im nächsten Abschnitt besprochen.

Das Klima von Großstädten unterscheidet sich deutlich von dem des umgebenden Landes. Zum Teil ist das eine Folge der Wärmeausstrahlung von den Aktivitäten der hier konzentrierten Menschen. Die jährliche Mitteltemperatur in den Großstädten der Vereinigten Staaten liegt um 0,9—1,4° höher als in den ländlichen Gegenden, die die Städte umgeben. Bewölkung und Niederschläge liegen um 5—10% höher, und Nebel ist um 30—100% häufiger. Im Becken von Los Angeles beträgt die vom Menschen produzierte Wärme bereits 5,5% der auf das Gesamtgebiet einstrahlenden Sonnenwärme. Es ist jedoch schwierig, die klimatischen Konsequenzen der vom Menschen erzeugten Wärme genau gegenüber anderen Dingen abzugrenzen.

Besser verstanden und deutlicher als gefährlich erkannt sind die Wärmeeffekte, die bei Kraftwerken auftreten. Alle heutigen Kraftwerke, ob sie ihre Energie nun aus Kernkraft oder aus fossilen Brennstoffen beziehen, benutzen zur Kühlung

Wasser. Ein größeres Kraftwerk benötigt heute pro Sekunde 75 Kubikmeter Wasser und wärmt dieses von 12 auf 25° C auf.

Die Erhöhung der Temperatur hat eine Reihe von Wirkungen auf Wasserorganismen. Der Sauerstoffgehalt sinkt, während der Stoffwechsel der Organismen steigt. Damit brauchen die Tiere mehr Sauerstoff, sie haben aber weniger zur Verfügung. Einige sterben schnell, andere werden gegenüber Giften oder Krankheiten empfindlicher. Der Abbau organischer Substanz durch Bakterien wird beschleunigt, und dies führt zu einer weiteren Senkung des Sauerstoffgehalts. Im ganzen wird die Artendiversität verringert, wobei die größeren Arten, die für den Menschen besonders wichtig sind, im allgemeinen als erste verschwinden. Ferner sinkt die Fähigkeit des Wassers, organische Abfälle zu verarbeiten.

Kernkraftwerke zeigen die gleiche Problematik in einem größeren Maßstab. Beim augenblicklichen Stand der Technik sind sie weniger effektiv. Das bedeutet, sie produzieren mehr Wärme pro Einheit Elektrizität. Moderne Kohlekraftwerke arbeiten mit fast 40% Effektivität, Kernkraftwerke mit etwa 32%. Diese 8% bedeuten, daß ein Kernkraftwerk etwa 40% mehr Abwärme produziert als ein herkömmliches Kraftwerk. Darüberhinaus gehen etwa 25% der Wärme des Kohlekraftwerkes durch den Schornstein, während beim Kernkraftwerk alle Wärme vom Wasser aufgenommen werden muß.

Es ist möglich, die gesamte Abwärme beider Kraftwerkstypen an die Atmosphäre abzugeben. Die Hersteller sagen jedoch, daß dieses viel zu teuer sei. Kühlteiche beanspruchen 1 ha Land pro Megawatt Kapazität. Die Kosten schwanken je nach Standort. Verdampfungstürme erhöhen die Baukosten um etwa 4% und die laufenden Kosten um etwa 10%. Kühltürme, in denen die Kühlflüssigkeit in einem geschlossenen Zyklus wandert, erhöhen die Baukosten um ungefähr 12% und die laufenden Kosten in bisher nicht näher definiertem Maße. In jedem Fall würde eine Erhöhung des Elektrizitätspreises für den Konsumenten höchstens 5% betragen. Der Grund dafür liegt darin, daß die Gestehungskosten der elektrischen Energie nur für etwa die Hälfte der Gesamtkosten der elektrischen Energie verantwortlich sind; die andere Hälfte wird durch die Kosten für Transport und Verteilung bestimmt.

Betrachtet man nicht lokale, sondern regionale Wirkungen, so spielt es kaum eine Rolle, ob die Abwärme in die Atmosphäre oder ins Wasser gegeben wird. Im Prinzip handelt es sich darum, daß große Mengen von Wärme erzeugt werden, und diese können zu klimatischen Änderungen ganzer Gebiete führen. Man sollte auch betonen, daß die Benutzung des warmen Abwassers für die Bewässerungsanlagen in kühlen Klimaten keineswegs eine echte Lösung darstellen. Schließlich spielt es keine Rolle, wie die Wärme benutzt wird. Letzten Endes erreicht sie irgendwo die Atmosphäre, wo sie dann zu Störungen des regionalen Wärmehaushaltes führt. Auch wenn Häuser geheizt werden, hat die Abwärme ihre Wirkung auf die bekannten Charakteristika von Großstadtklimaten. Dennoch hätten solche Methoden Vorteile: Es brauchte keine zusätzliche Wärme für die Heizung produziert zu werden: im Endeffekt würde also weniger Wärme produziert, und die Umweltbelastung durch Wärme wäre geringer.

Vielfach ist die Abwärme des Menschen verglichen worden mit der Sonneneinstrahlung, die unseren Planeten dauernd erreicht. Tatsächlich macht ja unsere Abwärme nur einen verschwindend kleinen Bruchteil der dauernd eingestrahlten Energie aus. Solche Analysen übersehen jedoch, daß das Klima das Resultat vieler gegeneinander und miteinander wirkender Kräfte ist. Anders ausgedrückt: das Klima, das wir empfinden, resultiert oft aus sehr kleinen Differenzen sehr großer Kräfte. Zu den wichtigsten Determinanten regionaler Klimate gehören die folgenden Faktoren: (a) die Änderungen der Aufheizung durch die Sonne mit der geographischen Breite, (b) die Winde und ozeanischen Ströme, die von diesen Differenzen angetrieben werden, (c) die Unterschiede im Wärmegleichgewicht zwischen Land und benachbartem Wasser, (d) die Rolle von Flußsystemen, Seen, Buchten und Ozeanen als Puffer und (e) Aufwinde über Gebirgen. Viele der Komplexitäten des meteorologischen Systems sind bis heute nicht verstanden. Es gibt jedoch eine Reihe von Beobachtungen, die darauf hinweisen, daß der Einfluß des Menschen auf all diese Dinge sich in absehbarer Zeit deutlich bemerkbar machen wird.

Wenn etwa die Trends der letzten 20 Jahre noch weitere 10–15 Jahre andauern sollten, so würde etwa ein Viertel des jährlichen Süßwasserablaufs der Vereinigten Staaten als Kühlwasser für Kraftwerke benutzt werden. Da ein großer Teil dieses Ablaufes während trockener Zeiten erfolgt, wird jedoch in Wirklichkeit etwa die Hälfte des *normalen* Abflusses hier beteiligt sein. Extrapoliert man diese Trends auf etwa das Jahr 2000, so bedeutet das, daß der gesamte Süßwasserablauf der Vereinigten Staaten um ungefähr 20° erwärmt wird. (Der Verbrauch an elektrischer Energie in den Vereinigten Staaten verdoppelt sich etwa alle 10 Jahre.) Wenn man bedenkt, welche gewaltige Rolle Flußsysteme bei der Determinierung regionaler Klimate spielen, und welche wirtschaftliche Bedeutung das Leben im Süßwasser besitzt, so sind diese Zahlen nicht gerade beruhigend.

Schließlich dürften besonders eng bevölkerte Gebiete, wie etwa die Megalopolis Boston–Washington, beim Jahrhundertwechsel in klimatische Schwierigkeiten geraten. Das gilt selbst dann, wenn man den menschlichen Einfluß auf die Wärmeabgabe mit dem der Sonne vergleicht. In einem Review über vom Menschen verursachte klimatische Änderungen schreibt Landsberg, daß dieser Städtekomplex im Jahre 2000 etwa 56 Millionen Menschen beherbergen wird, die auf 30 000 qkm leben. Sie werden im Winter ungefähr 50% der Wärme abgeben, die in diesem Gebiet täglich durch die Sonne eingestrahlt wird, und im Sommer 15%.

Der menschliche Einfluß auf das Globalklima. Unser Globalklima ist ohne Kenntnisse atmosphärischer Physik und der Zirkulationsmuster in der Atmosphäre nicht zu verstehen. Eine genauere Darstellung würde hier jedoch zu weit führen. Nur wenige der wichtigsten Phänomene und ihre Verletzbarkeit durch den Menschen sollen anhand des Energiegleichgewichts zwischen der Erde und ihrer Atmosphäre stark vereinfacht gezeigt werden. Der größte Teil der Sonnenenergie erreicht die Erdatmosphäre in der Form sehr kurzwelliger Strahlung. Etwa 35% dieser Strahlung wird direkt in den Raum zurückreflektiert. Diese Reflektion erfolgt teilweise durch die Wolken, durch Staub in der Atmosphäre, durch die Luft selbst sowie durch die Oberfläche der Erde. Die Gesamtreflektion eines Planeten wird Albedo genannt. Wolken reflektieren etwa 50—60% des Lichtes, das auf sie trifft, die Erdoberfläche etwa 5—10%. Im Einzelfall entscheidet der Auffallswinkel der Sonnenstrahlen und die spezifische Bodengestaltung. Wüsten reflektieren mehr als landwirtschaftlich genutztes Land und als Wälder. Eis und Schnee können bis 90% reflektieren.

Von der nichtreflektierten Strahlung werden etwa 30% von der Atmosphäre absorbiert und erwärmen sie. 35% verdunsten Wasser an der Erdoberfläche und kehren in die Atmosphäre zurück, wenn der Wasserdampf kondensiert und zu Regen wird. Etwa 35% erwärmen die Erdoberfläche und die Oberfläche der Ozeane. Im großen und ganzen muß die Erde ebensoviel Energie abgeben wie sie aufnimmt. Wäre das nicht der Fall, so würde unser Planet sich stetig erwärmen. Tatsächlich verläßt uns Energie in Form langwelliger und infraroter Strahlung von der Erdoberfläche und von der Atmosphäre aus. Die Bedeutung der Atmosphäre ist hier besonders wesentlich. Wasserdampf, kleinste Wassertropfen und Kohlendioxyd in der Atmosphäre absorbieren infrarote Strahlung und strahlen etwa die Hälfte von ihr zurück auf die Erde. Wenn dieses „Einfangen" der Wärme nicht stattfinden würde, so hätte die Oberfläche der Erde eine Mitteltemperatur von $-23°$ C anstatt von $+15,5°$ C.

Diese Aufheizung aufgrund der unterschiedlichen Durchlässigkeit der Atmosphäre für lange und kurze Wellen wird als Treibhauseffekt bezeichnet. Das Glas in einem Treibhaus läßt das Licht herein. Es absorbiert die von den Pflanzen und dem Boden des Treibhauses zurückgestrahlte infrarote Strahlung. Einen Teil dieser absorbierten infraroten Strahlung wirft es zurück in das Treibhaus. So hat dieses normalerweise höhere Tagestemperaturen als seine Umgebung. Hinzu kommt, daß das Glas den Wind abhält. So sind auch bedeckte Nächte im allgemeinen wärmer als klare Nächte. Während der Nacht strahlt die Erdoberfläche die angesammelte Wärme zurück, Wolken absorbieren einen Teil dieser Wärme und strahlen sie auf die Erdoberfläche zurück. So tragen sie zum Treibhauseffekt bei. Somit spielen Wolken eine wichtige Doppelrolle im Wärmegleichgewicht der Erde: Sie tragen während des Tages zu dem Albedo bei und sowohl tags als auch nachts zum Treibhauseffekt.

Dieses Bild ist sehr stark simplifiziert. Immerhin kann man es als Grundlage für Berechnungen benutzen. Schätzungen, die auf diesem Bild beruhen, zeigen, daß bei einer gleichbleibenden Steigerungsrate des menschlichen Energieverbrauchs die Erdoberfläche in 100 Jahren etwa um 1° wärmer sein wird als heute. Wie aber allgemein bekannt ist, spielt die Mitteltemperatur eine verhältnismäßig geringe Rolle. Viele andere Faktoren determinieren unser eigentliches Wettersystem. Diese sind keineswegs völlig geklärt. Wir wissen, daß unterschiedliche Erwärmung sehr wichtig ist. Dabei spielt besonders der Unterschied zwischen dem Äquator und den Polen eine Rolle. Wenn also der Mensch wie bisher besonders viel Wärme in gemäßigten Breiten erzeugt, ist der Effekt möglicherweise viel größer, als wenn diese Wärmeerzeugung gleichmäßig auf der ganzen Erde erfolgt. Es bedeutet ferner, daß eine allgemeine Erhöhung der Mitteltemperatur um 1° oder 2° nicht unbedingt auf ein wärmeres Klima für die gesamte Weltbevölkerung hinausläuft. Es kann auch darauf hinauslaufen, daß die Zirkulation auf der Erde rascher erfolgt und daß arktische oder antarktische Kaltluft weiter in den gemäßigten Bereich hin vordringen kann.

Der Mensch hat also die Möglichkeit, das globale Klima deutlich zu ändern, noch bevor seine Abwärme drastische Formen annimmt. Beispielsweise wird bei der Verbrennung fossiler Brennstoffe der Atmosphäre Kohlendioxyd zugefügt, und Kohlendioxyd trägt zu unserem Treibhauseffekt bei. Seit 1880 hat der Kohlendioxydgehalt der Atmophäre um 12% zugenommen, und parallel erfolgte bis in die 40er Jahre eine entsprechende allgemeine Temperaturerhöhung. Vielleicht ist nicht der gesamte Anstieg des CO_2-Gehaltes in der Luft auf die Verbrennung fossiler Brennstoffe zurückzuführen; der Gehalt an radioaktivem Kohlendioxid (C14) in der Atmosphäre ist nämlich auch angestiegen. In lebendem und gerade erst abgestorbenem Pflanzenmaterial ist wesentlich mehr radioaktiver Kohlenstoff vorhanden als in fossilen Brennstoffen. Daher dürfte die Verbrennung von Kohle und Öl nicht zu einer deutlichen Erhöhung des radioaktiven Anteils in der Luft führen. Die Erhöhung des radioaktiven Anteils in der Atmosphäre muß also andere Ursachen haben. Wahrscheinlich kommen dafür großflächige Brände im Zusammenhang mit extensiv ausgedehnter Landwirtschaft in Betracht und die — allgemein erhöhte — raschere Oxydation verschiedener organischer Substanzen. Das gesamte Kohlendioxydbild wird durch die Interaktionen zwischen dem atmosphärischen Pool, dem Pflanzenleben und den Ozeanen (die CO_2 in verschiedenen Gegenden verschieden stark absorbieren) unendlich kompliziert. Zweifellos beeinflußt der Mensch das Klima, wenn seine Aktivitäten Kohlendioxyd in die Atmosphäre abgeben. Das Maß der Klimaänderung ist allerdings unsicher.

Seit den 40er Jahren scheint eine leichte Abnahme der Mitteltemperaturen der Erde feststellbar zu sein — trotz des ständig zunehmenden Anstiegs des Kohlendioxyds in der Atmosphäre. Dies könnte das Resultat eines höheren Albedo sein, welches die Folge von vulkanischer Asche, Staub oder Staubpollution sein kann. Auch die stärkere Wolkendecke über Städten und die Kondensstreifen von Flugzeugen können hier eine Rolle spielen. Diese zunehmende Reflektion kann als Gegengewicht gegen den erhöhten Treibhauseffekt des CO_2 wirken. Über all das gibt es heute keine übereinstimmende Meinung. Schon die Durchschnittstemperatur der Erde ist eine schwer faßbare Einheit, da die Meßstationen ungleichmäßig verteilt und die jährlichen Schwankungen beträchtlich sind. Man sollte sich jedoch nicht damit beruhigen, daß man über diese Dinge nichts weiß, obwohl viele Leute dies tun — offensichtlich mit der Begründung „was ich nicht weiß, macht mich nicht heiß".

Atmosphärischer Staub ist weitgehend auf landwirtschaftliche Tätigkeit zurückzuführen. Getreideanbau kann daher unser Wetter ändern. Autos, Flugzeuge, Kraftwerke, Entwaldung (die zur Winderosion des Bodens führt) und viele andere Einrichtungen und Tätigkeiten des Menschen lassen die Turbulenz in der Atmosphäre ansteigen.

Vielfach nimmt man an, daß noch heute die Tätigkeit der Vulkane wesentlich stärker ist als die des Menschen. Ein Blick in die Geschichte kann uns einige Hinweise geben über die Bedeutung vulkanischer Asche. Im Jahre 1815 explodierte der Tambora auf der Insel Sumbawa in Indonesien und warf etwa 150 Kubikkilometer Asche in die Atmosphäre aus. Die klimatischen Folgen waren gewaltig. Im Jahre 1816 gab es „keinen Sommer" in den nördlichen Vereinigten Staaten, und der Sommer in England war außergewöhnlich kalt. Die mittlere Juni-Temperatur in England sank auf 13,4° C, während der 250jährige Mittelwert 15,7° C beträgt. Die drei kältesten Jahrzehnte in Englands Wetterstatistik waren die Jahre 1781 bis 1790, 1811 bis 1820 und 1881 bis 1890. Sie fallen zusammen mit den Eruptionen des Asama in Japan und des Skaptar in Island (beide 1783), Tambora (1815) und Krakatoa (1883). Es ist beunruhigend, darüber nachzudenken, was ein Vulkanausbruch vom Ausmaß der Tambora-Katastrophe heute für die Nahrungsproduktion der Welt bedeuten würde.

Erhöhungen des Albedo aufgrund menschlicher Aktivitäten sind nicht allein auf Partikelreflektion beschränkt. Die langen Kondensstreifen der heutigen Flugzeuge spielen vielfach eine erhebliche Rolle bei der Bildung von Cirruswolken.

Wir können wirklich nicht vorhersagen, was mit der allgemeinen Temperatur der Erde in den nächsten Dekaden geschehen wird und welche lokalen Änderungen auftreten werden. Wir haben vor allem keine Ahnung, mit welchen kleinen Dingen wir Kettenreaktionen auslösen. Eine Erhöhung der mittleren Sommertemperatur von 16 auf 18° wirkt sich vielleicht gering aus, vielleicht aber kann ein weiteres halbes Grad eine Katastrophe zur Folge haben. Außerdem wissen wir nicht einmal, wie konstant die Strahlung der Sonne ist, und diese Information ist unbedingt notwendig, wenn wir Veränderungen im Wärmebudget unseres Planeten voraussagen wollen. Wir können also zwar sicher sein, daß der Mensch das Klima unseres Planeten beeinflußt; doch können wir den menschlichen Einfluß nicht von anderen Einflüssen trennen, und wir können die Wirkung nicht vorhersagen.

Natürlich ist das Klima keine konstante Größe. Die letzten $1\frac{1}{2}$ Millionen Jahre haben ein mehrfaches Vorrücken und Zurückweichen der Eiskappen der Pole gezeigt. Es gab Unterschiede im Niveau der Meere, Unterschiede im Muster der Regenfälle usw. All das hat gewaltige Konsequenzen für den Menschen der damaligen Zeit gehabt. Viele Gebiete unseres Planeten zeigen Spuren des Menschen, der durch Fluten, Frost oder Trockenheit vertrieben wurde. Die vom Menschen hervorgerufenen klimatischen Änderungen können als einfache Fortsetzung dieser Klimawechsel angesehen werden. Doch es gibt einen Unterschied. Gerade in dem Augenblick, wo der Mensch alle besiedelbaren Gebiete unseres Planeten bevölkert hat und die Nahrungsquellen bis zum äußersten beansprucht, beschleunigt er offenbar klimatische Veränderungen. Wenn klimatische Veränderungen auftreten, müssen Änderungen in der Landwirtschaft die Folge sein. Der Mensch aber ist in seinem landwirtschaftlichen Verhalten recht konservativ. Jede schnelle Änderung des Klimas, in welcher Richtung sie auch sein mag, wird zunächst zu schlechteren Ernten führen. Wenn unsere rasch ansteigende Luftverschmutzung, ein neuer Vulkanausbruch oder die Wärmeproduktion der Zivilisation das Klima genügend ändern würden, um die Kornkammern der nördlichen Halbkugel zu schädigen, so wären riesige Hungersnöte die Folge.

Ökologische Bedeutung

Viele bestehende und mögliche ökologische Störungen sind in diesem Kapitel beschrieben worden. Es mag gut sein, an diesem Punkt die Relevanz der Überlegungen für den Menschen noch einmal zusammenzufassen. Was kann eine ökologische Katastrophe für den Menschen bedeuten?

Die verschiedenen Wege, auf denen die Biosphäre dem Menschen das Leben ermöglicht, wurden am Anfang des Kapitels beschrieben. Der Verlust nur einer dieser vitalen Grundlagen des Menschen würde große Teile seiner Bevölkerung töten oder seine Gesundheit aufs stärkste beeinflussen. Ein derartiger Verlust kann sich aus jedem großräumigen ökologischen Zusammenbruch ergeben. Es gibt eine riesige Vielfalt möglicher Ursachen für solche Zusammenbrüche, aber die Konsequenzen für den Menschen sind relativ wenig variabel. Mit größter Wahrscheinlichkeit würde ein allgemeiner Nahrungsmangel eintreten. Ein solcher kann aus der Zerstörung der ozeanischen Nahrungsnetze entstehen, aus dem zunehmenden Verlust der Bodenfruchtbarkeit oder des Bodens selbst, aus Schädlingsmassenvermehrungen aufgrund übermäßiger Pestizidanwendung, aus Mißernten aufgrund von Klimaänderungen oder aus Pflanzenkrankheiten in unseren riesigen Monokulturen sowie aus einer Kombination all dieser Faktoren.

Als nächstes wäre wohl die Zerstörung der menschlichen Gesundheit aufgrund der Akkumulation von toxischen Substanzen oder Krankheitserregern an überbeanspruchten Stellen des Nährstoffkreislaufs wahrscheinlich. Beispielsweise wird durch mit organischen Substanzen oder Nitriten überladenes Trinkwasser die Möglichkeit von Epidemien schlagartig vergrößert.

Eine dritte Gefahr besteht in einem dramatischen Anstieg von Geburtsfehlern und Krebserkrankungen, die durch massive Vermehrung mutagener und karzinogener Substanzen in der Biosphäre ausgelöst werden.

Die Bedeutung von Bevölkerungsgröße und Bevölkerungsverteilung für das Entstehen ökologischer Probleme ist bereits kurz gestreift worden, sie wird im folgenden Kapitel eingehender erörtert. Ein Punkt, der deutlich ist, aber oft übersehen wird, soll hier noch einmal unterstrichen werden: Auch Bevölkerungsfaktoren können für das Ausmaß einer ökologischen Katastrophe verantwortlich sein, wenn eine solche Katastrophe einmal begonnen hat. Beispielsweise ist es ja gerade unsere riesige Bevölkerung, die uns gegenüber den kleinsten Schwankungen in der Nahrungsmittelproduktion so empfindlich macht — gleichgültig, ob diese nun durch Klimafaktoren, Schädlinge oder Krankheiten verursacht wird. Schon allein Größe und Dichte der menschlichen Bevölkerung in vielen Teilen der Erde machen eine Hilfe von außen vielfach so gut wie unmöglich. Epidemien können sich in dichten Bevölkerungen viel rascher ausbreiten, und das gilt besonders, wenn Unterernährung hinzukommt.

Da die Bevölkerung weiter wächst, wird ein großer Teil der Menschen in Gebieten leben müssen, die keineswegs optimale Bedingungen bieten. Beispielsweise wurden seit dem berühmten Erdbeben von 1906 zunehmende Teile der Bevölkerung der Bucht von San Franzisko unmittelbar auf der Erdbebenrinne angesiedelt. Wenn das nächste große Erdbeben kommt — und daß an dieser Stelle wieder eines kommt, wissen wir heute genau — werden viele Menschen sterben, weil sie in geologischen Randgebieten leben. Im Delta des Ganges von Bangla Desh existiert eine riesige Bevölkerung auf sehr tiefliegendem Land — trotz der für dieses Gebiet so bekannten Unwetter. Sie leben hier, weil für sie an anderen Stellen kein Raum ist. Im November 1970 starben 300 000 Menschen, weil eine riesige Gezeitenwelle, von einem Tiefdruckgebiet angetrieben, über das Delta hinwegging. Diese Menschen wären nicht gestorben, wenn ihr Land nicht so überbevölkert gewesen wäre. Wegen der Armut und der Überdichte ihres Landes war eine Evakuierung unmöglich. Und da die Menschen hier sowieso schlecht ernährt waren, verhungerten sie unmittelbar nach der Katastrophe.

Regierungen und andere Entscheidungsgremien, die die Kosten und die Vorteile verschiedener Maßnahmen gegeneinander abwägen, haben solchen Überlegungen, wie sie in diesem Kapitel vorgebracht werden, niemals ihre Aufmerksamkeit geschenkt. In der Vergangenheit hat man sich um die Konsequenzen der menschlichen Aktivitäten für die Umwelt nie gekümmert. Nun beginnen die Ökologen mit ihren Warnungen Erfolg zu haben, aber sie befinden sich in schwerster Beweisnot. Die Verteidiger des Staates sagen, daß die Ökologen nirgendwo exakt sagen können, wann und wo ein ökologischer Zusammenbruch stattfinden und wieviele Menschen das kosten wird. Ohne solche soliden Zahlen könne man nichts tun. Derartige Gedanken führen unsere Gesellschaft in ein schweres, schlecht verstandenes Risiko als ob es überhaupt kein Risiko wäre. Man braucht das Datum der nächsten Überflutung nicht zu kennen, um Deiche zu bauen, man braucht nichts über die Größe des nächsten Erdbebens zu wissen, um Kernreaktoren von Erdbebengebieten fernzuhalten. Wenn Risiken ungefähr erkennbar sind, dann ist es nur vernünftig, sie so weit wie irgend möglich schon jetzt zu verhindern, selbst wenn das Wissen um das Risiko noch unvollständig ist. Ökologische Zusammenbrüche enthalten solche Risiken, und es ist Zeit, die Beweislast der anderen Partei aufzubürden: Wo beispielsweise liegen die Vorteile eines weiteren Bevölkerungswachstums, die die damit verbundenen ökologischen Risiken rechtfertigen können?

Literatur

Elster, H. J.: Das Ökosystem Bodensee in Vergangenheit, Gegenwart und Zukunft. Schr. Verein f. d. Geschichte des Bodensees und seiner Umgebung 92, 233—250, 1974.

Franz, J. M., Krieg, A.: Biologische Schädlingsbekämpfung. Berlin: Verlag Paul Parey 1972.

Kennedy, D., Hessel, J.: The biology of pestizides. Cry California, Vol. 4 No. 3, 2—10 (1969). Reprinted in Holdren, J. P., Ehrlich, P. R. (eds.): Global Ecology. New York: Harcourt Brace Jovanovich 1971.

Murdoch, W. W.: Ecological Systems. In Murdoch, W. W. (ed.): Environment: Resources, Pollution and Society. Stamford, Connecticut: Sinauer 1971.

Nuorteva, P.: Methylquecksilber in den Nahrungsketten der Natur. Naturwiss. Rundschau **24**, 233–243 (1971).

Odum, E. P.: Fundamentals of Ecology, 3rd ed. Philadelphia: Saunders 1972.

Sears, P.: An empire of dust. In Harte, J., Socolow, R. H.: Patient Earth. New York: Holt, Rinehart and Winston 1971.

Sulphur Pollution across National Boundaries. Ambio **1**, 1, 15–20. Stockholm (1971).

Woodwell, G. M.: Effects of pollution on the structure and physiology of ecosystems. Science, Vol, 168. 429–433 (24 April). Auch in Holdren, J. P., Ehrlich, P. R.: Global Ecology. New York: Harcourt Brace Jovanovich 1971.

Kapitel 7

Der erste Schritt in Richtung auf eine Lösung: Das Netzwerk der Schuld verstehen

Der Druck, der von der Größe der menschlichen Bevölkerung ausgeht, ist groß und nimmt ständig weiter zu. Er belastet unsere physischen Ressourcen — Nahrung, Wasser, Wälder, Metalle. Er erstreckt sich auf unsere biologische Umwelt, deren Fähigkeit, etwa die Abfälle des Menschen zu beseitigen und wieder in den Kreislauf einzufügen, oder der natürlichen Schädlingsbekämpfung hin zur Fischproduktion einer schweren Belastungsprobe unterworfen wird. Dieser Druck macht sich auch für unsere Gesellschaft bemerkbar, die kaum mehr in der Lage ist, wesentliche Dienstleistungen — Bildung, medizinische Fürsorge, Rechtspflege — zu garantieren. Der Bevölkerungsdruck stellt sogar so wesentliche Bestandteile unseres Lebens in Frage wie die Privatsphäre, die persönliche Freiheit und die Möglichkeit, aus einer Reihe möglicher Lebensstile seinen eigenen Lebensstil zu wählen.

Doch die Größe der menschlichen Bevölkerung ist nicht der einzige Grund all dieser Probleme. Der Pro-Kopf-Verbrauch von Energie und Material ist ein ebenso wichtiger Faktor. Das gleiche gilt für den Typ der Technik, den die Menschen anwenden, um Konsum möglich zu machen. Das gleiche gilt auch für die ökonomischen, politischen und sozialen Kräfte, die die Entscheidungen der öffentlichen Hand beeinflussen. Können diese Faktoren entwirrt werden? Kann der eine oder der andere als hauptschuldig für die gegenwärtigen Schwierigkeiten des Menschen erkannt werden? Es wäre schön, wenn die Antwort „ja" wäre, denn dies würde bedeuten, daß eine einfache, verständliche Antwort möglich wäre.

Die Antwort lautet jedoch „nein". Alle diese Faktoren sind wichtig und häufig durch Ursache und Wirkung unentwirrbar miteinander verbunden. Die Verstrickung des Menschen ist so schnell so gefährlich geworden, weil eine ganze Reihe der beitragenden Faktoren — Bevölkerungsgröße, Konsum pro Kopf, sorgloser Gebrauch der Technik — voneinander abhängig gleichzeitig gewachsen sind und weil die Fähigkeit der Individuen und der Regierungen, ihr Verhalten darauf abzustellen, sich nicht in der gleichen Geschwindigkeit entwickelt hat. Wir haben es nicht mit einer einzigen klar erkennbaren Schuld zu tun, sondern mit einem Netzwerk der Schuld. Wenn wir adäquate und rationale Lösungen finden sollen, ist es notwendig, dieses Netzwerk zu verstehen.

Multiplikatoren

Einige Aspekte der derzeitigen mißlichen Lage des Menschen, so wie der eben beschriebene Druck auf Dinge, die für den Menschen wertvoll sind, lassen sich kaum exakt und quantifizierend beschreiben, da wenig über sie bekannt ist. Die Probleme der natürlichen Hilfsquellen und der Umwelt sind zwar schwierig, aber leichter zu quantifizieren. Wir werden daher in der Hauptsache diese letzteren Probleme benutzen, um im einzelnen genauer beschreiben zu können, was wir mit dem „Netzwerk der Schuld" meinen.

Der wichtigste Punkt ist, daß die Faktoren, die zu unserem steigenden Verbrauch an natürlichen Hilfsquellen, zu unserer wachsenden Zerstörung der Umwelt führen, einander eher multiplizieren, als daß sie additiv wirken. Man kann das in einer einfachen Gleichung ausdrücken.

(1) Verbrauch an Hilfsquellen = Bevölkerung × Verbrauch pro Kopf
oder durch eine etwas kompliziertere:

$$\text{(2) Druck auf die Umwelt} = \text{Bevölkerung} \times \frac{\text{Verbrauch}}{\text{pro Person}} \times \begin{array}{l}\text{Druck auf die Umwelt} \\ \text{pro verbrauchte} \\ \text{Gütereinheit.}\end{array}$$

Da der Güterkonsum pro Person ein Maß für seinen Reichtum darstellt, und da der Druck auf die Umwelt pro Einheit konsumierter Güter von der Produktionstechnik abhängt, wurde die Gleichung (2) gelegentlich abgekürzt als:

Druck auf die Umwelt = Populationsgröße × Reichtum × Technik

Man beachte den Unterschied zwischen dem Verbrauch von Hilfsquellen und dem Verbrauch von Gütern. Die Produktion irgendeines Gutes — etwa eines Nahrungsmittels — verbraucht vielfach große oder kleine Mengen einer natürlichen Hilfsquelle — etwa eines Phosphatdüngers.

Wenn man sich die Gleichungen (1) und (2) ansieht, so kann man keinen einzigen der Faktoren für weniger wichtig halten. Das Wachstum eines einzigen Faktors hat Konsequenzen für die Größe aller anderen Faktoren. Der Verbrauch von Gütern pro Person hat einen größeren Einfluß auf die Umwelt, wenn die Bevölkerung groß ist, als wenn sie klein ist. Dieser Einfluß ist noch größer, wenn die Bevölkerung wächst und nicht stationär bleibt. Irgendein technisches Werkzeug, etwa das benzinbetriebene Auto, verursacht in einer großen, reichen Bevölkerung, wo viele Menschen ein Auto besitzen und dieses oft benutzen, größere Schäden als in einer kleinen armen Bevölkerung, wo wenige Leute ein Auto besitzen, und wo diese wenigen Menschen es auch weniger benutzen. Der Verbrauch irgendwelcher Güter (Bevölkerung × Verbrauch pro Person) hat größere Schäden zur Folge, wenn er mit einer gefährlichen Technik — etwa persistierenden Pestiziden — einhergeht als wenn er durch relativ ungefährliche Techniken ermöglicht wird — etwa integrierte Schädlingsbekämpfung.

Anders ausgedrückt: Der wichtige Punkt in den beiden Gleichungen ist, daß langsam wachsende Faktoren, die einander multiplizieren, zu sehr schnell wachsenden Endergebnissen führen. Von 1880 bis 1966 beispielsweise verzwölffachte sich der Energieverbrauch der Vereinigten Staaten. Die Bevölkerung vervierfachte sich in dieser Zeit. Es sieht also so aus, als ob der Verbrauch pro Kopf wichtiger war als das Wachstum der Bevölkerung. In Wirklichkeit war es anders: Der Verbrauch pro Kopf verdreifachte sich, dem stand eine Vervierfachung der Bevölkerung gegenüber. Der verzwölffachte Gesamtverbrauch an Energie ist das Produkt, nicht die Summe, aus der Bevölkerungsvergrößerung auf das vierfache und der Steigerung des Verbrauchs pro Kopf auf das dreifache.

Diese Resultate werden noch drastischer, wenn drei oder mehr Faktoren zueinandertreten. In einem hypothetischem Fall, wo Bevölkerung, Verbrauch pro Kopf und schädlicher Einfluß der Technik pro Einheit gleichmäßig auf das dreifache ansteigen, steigt der Gesamtdruck auf die Umwelt auf das 27fache. Die drei Faktoren sind gleich wichtig. Dennoch scheint jeder auf den ersten Blick klein zu sein im Verhältnis zum Gesamtwert.

Es erübrigt sich zu sagen, daß die zahlenmäßigen Mengen der Gleichungen (1) und (2) im Einzelfall sehr verschieden sein können. Es gibt viele verschiedene Möglichkeiten des schädlichen Einflusses auf die Umwelt, und für jede dieser Möglichkeiten gibt es verschiedene Formen der Technik und des Verbrauchs. Der Bevölkerungsfaktor kann sich beispielsweise auf die Bevölkerung einer Stadt, einer Region, eines Landes oder der ganzen Welt beziehen.

Bevölkerung. Das Bevölkerungswachstum der Erde wurde bereits in Kapitel 2 diskutiert. Um die anderen Faktoren im Netzwerk der Schuld darzustellen, wollen wir die Vereinigten Staaten während verschiedener Zeitabschnitte zwischen 1900 und 1970 getrennt betrachten. Die Bevölkerung hat sich dort von 1900 bis 1970 um das 2,7fache erhöht, die Stadtbevölkerung um das 4,95fache.

Reichtum und Verbrauch. Wie kann man Reichtum messen? Natürlich ist das schwieriger als eine einfache Bevölkerungszählung. Vielfach kritisiert wurde die konventionelle Methode, das Bruttosozialprodukt pro Kopf anzugeben. Dieses besteht aus den Ausgaben der Verbraucher und der Regierung für alle Güter und Dienstleistungen sowie für Investitionen. Um trotz der allgemeinen Inflation einen vernünftigen Vergleich durchführen zu können, werden die Zahlen im allgemeinen auf ihren Wert in einem Bezugsjahr umgerechnet. Dieses Bruttosozialprodukt der USA, gemessen im Wert des Dollar von 1958, war 1970 3,75mal so hoch wie 1900.

Es ist leicht, das Bruttosozialprodukt als Maß für Reichtum zu kritisieren. In einem Sinne schließt es zuviele Dinge ein: Das Geld, welches in der Fahndung nach einer steigenden Zahl von Verbrechern bei einer steigenden Zahl von Gesetzen ausgegeben wird, ist ebenso ein Teil des Bruttosozialprodukts wie die Kosten, die zur Bekämpfung der Umweltverschmutzung aufgewandt werden. Da diese beiden Kostengruppen eher ein Sinken als ein Steigen der allgemeinen Lebensqualität dokumentieren, sollten sie kaum als Zeichen des Überflusses angesehen werden. In anderem Sinne erfaßt das Bruttosozialprodukt zu wenig: Vielleicht sollten die „Kosten" zerfallender Städte, die jetzt nicht mit Dollars, sondern mit der Misere derjenigen bezahlt werden, die hier leben und arbeiten müssen, von dem Bruttosozialprodukt abgezogen werden.

Trotz aller Kritik gegenüber dem Bruttosozialprodukt als Maß des Reichtums ist bis heute kein vernünftigeres Maß akzeptiert worden. Eine Möglichkeit besteht darin, Produktion oder Verbrauch eines bestimmten Materials als Indikator des Überflusses heranzuziehen. Typischerweise werden dafür Stahl und Energie benutzt, einfach, weil von beiden große Mengen verbraucht werden. Ein anderes kritisches Material in dieser Beziehung ist Wasser. Von 1900–1970 hat sich der Verbrauch an Stahl, Energie und Wasser verdoppelt bis vervierfacht. Zwischen diesen Zahlen besteht natürlich eine kausale Beziehung: Wasser und Energie werden bei der Stahlproduktion verbraucht; Stahl und Wasser werden benötigt, um Energie zu erzeugen, Stahl und Energie, um Wasser bereitzustellen.

Die Heranziehung des Flusses dieser Materialien als Indikator des Reichtums hat den Nachteil, daß wir in Wirklichkeit kaum den Fluß messen, sondern lediglich den Bestand zu einem bestimmten Zeitpunkt. Wir messen den Besitz eines Kühlschrankes, nicht aber seinen regelmäßigen Ersatz durch einen neuen. So ist der Gesamtbestand an Stahl oder der Gesamtbestand an Kühlschränken oder Kraftfahrzeugen in einer Gesellschaft ein besseres Maß des Reichtums als der jährliche Verbrauch solcher Dinge. Die Menge solcher Güter wird oft als Bestand bezeichnet. Der jährliche Verbrauch mißt Hinzufügungen zu diesem Bestand und den Ersatz von Verlusten.

In manchen Fällen jedoch gibt eine Angabe über den Fluß eine bessere Vorstellung vom Reichtum als eine Angabe über den Bestand. Dies scheint bei den lebensnotwendigen Gütern — wie Kleidung, Nahrung und Wohnung — der Fall zu sein. Im Durchschnitt dürfte in diesem Jahrhundert die Nahrungsmenge für jeden Bewohner der Vereinigten Staaten adäquat gewesen sein. Jedoch zeigen die steigenden Ausgaben für Nahrung einen steigenden Überfluß. Da Kleidung relativ schnell abgetragen wird, ist die jährliche Ausgabe (eine Angabe für den Fluß) ein vernünftiges Maß für die Qualität des Bestandes. Im Falle der Wohnungen sind jährliche Pro-Kopf-Ausgaben in Form von Steuern oder Mieten vermutlich ein vernünftiger Ansatz, wenn sie hinsichtlich der Inflation korrigiert worden sind. Statistiken, die mit Wohnungseinheiten arbeiten, helfen nicht viel weiter. Sie messen die Größe von Familiengruppen, aber sie unterscheiden nicht zwischen Ein-Zimmer-Wohnungen und Landhäusern.

Offensichtlich gibt es eine Reihe von Wegen, Reichtum bzw. Überfluß zu beschreiben und zu messen. Keiner dieser Wege ist völlig zufriedenstellend. Dennoch entsteht aus allen ein einigermaßen einheitliches Bild. Der Überfluß hat nach jeder der möglichen Definitionen in den Vereinigten Staaten gewaltig zugenommen — vor allen Dingen in den letzten 30 Jahren.

Technik. Das Gewicht, das unsere Gesellschaft auf den Umsatz in ökonomischer Hinsicht legt, führt vielfach zu der Übersimplifizierung, daß zwischen Konsum und Reichtum eine unmittelbare Beziehung besteht. Die Beziehungen zwischen Verbrauch, Reichtum und Technik lassen sich am Beispiel der Energie leicht demonstrieren. Unser Energieverbrauch beschert uns zum Teil unmittelbare Vorteile: etwa in der Form von Wärme zum Kochen und zum Heizen von Wohnungen. Jedoch ist etwa beim Wohnungsheizen das eigentlich gewünschte Ziel der „Bestand" an Wärme, der in der Wohnung gehalten wird. Ein Fluß der Energie ist nur notwendig, um die Wärmeverluste zu ersetzen. Die Größe eines Energieflusses, die nötig ist, um eine bestimmte Temperatur aufrecht zu erhalten, hängt von der Technik ab: Von der Effizienz, mit der Brennstoff in Wärme verwandelt wird, und von der Qualität der Isolierung des Gebäudes, welches geheizt wird.

Ein anderer wesentlicher Teil des Energieverbrauchs der Gesellschaft wird nur benötigt, um den großen Umsatz anderer Materialien zu ermöglichen — Stahl, Wasser, Glas, Plastik, Papier — um einige wichtige zu nennen. Die hierfür notwendige Energiemenge hängt wiederum von der Technik ab, von Details der mechanischen und chemischen Verarbeitung, ob ein Recycling angewandt wird, ob der Prozeß Elektrizität oder direkte Brennstoffverbrennung erfordert usw. Der Transport ist ein anderer Bestandteil des Reichtums, bei dem der Energieverbrauch stark von der Technik abhängt: werden kleine Autos oder große Autos benutzt, Eisenbahnen oder Flugzeuge, Elektromotoren oder Benzinmotoren usw.

Die Technik ändert sich ständig. Solche Änderungen werden meist durch ökonomische Faktoren hervorgerufen, vor allen Dingen durch die Notwendigkeit billiger Produktionsmethoden, durch die Notwendigkeit, für schwer beschaffbare Materialien Ersatz zu finden, oder durch die Tatsache, daß die Erfindung neuer Dinge gewinnbringend ist. Weil in dieses ökonomische System keine ökologischen Werte einbezogen wurden, erwiesen sich die Änderungen der Technik vielfach als ökologisch verhängnisvoll.

Der gewaltige Anstieg der Plastik-Fabrikation in Amerika ist eine technische Änderung, die zum Teil auf die Suche nach Billigkeit und Dauerhaftigkeit zurückgeführt werden kann, zum Teil aber auch auf die Knappheit alternativer Materialien, wie manchen Bäumen. Wenn das ökonomische System normal funktioniert, führt Knappheit zu steigenden Preisen. Auf diese Weise ergänzen sich die Billigkeit des Plastik und die Knappheit bestimmter Alternativen gegenseitig.

Steigende Benutzung synthetischer Düngemittel und synthetischer organischer Pestizide in der Landwirtschaft sind eine weitere technologische Änderung, die zum Teil durch einen gesteigerten allgemeinen Bedarf an Nahrung und zum Teil durch ökonomische Kräfte stimuliert wurde. Diese letzteren diktieren, in welcher Weise ein größerer Bedarf aufgefangen werden soll. In diesem Fall wären die Alternativen gewesen: Mehr Land in die Produktion zu nehmen, die arbeitsintensive Landwirtschaft anstelle der technik-intensiven zu fördern und eine relativ teure integrierte Schädlingsbekämpfung zu benutzen.

Wirkungen auf die Umwelt. Nur in wenigen Fällen ist es möglich, den Umwelteinfluß, der mit einem bestimmten Konsum verbunden ist, also den Faktor 3 in Gleichung (2) zu quantifizieren. Es ist möglich, die Emissionen von Blei und Stickoxyden pro Auto und Kilometer zu messen oder die Menge des Schwefeldioxydes, die pro Kilowattstunde produzierter Elektrizität ausgestoßen wird. Aber selbst, wenn solche Zahlen vorhanden sind, bleibt doch eine wirklich gute Analyse schwierig. Dafür sind verschiedene Faktoren verantwortlich:

1. Die meisten Formen des Konsums wirken in verschiedenster Weise auf die Umwelt. Elektrizitätserzeugung aus Kohle verursacht eine Luftverschmutzung, eine Wasserverschmutzung, sie erzeugt festen Abfall, sie erzeugt eine Zerstörung der Landschaft und die Zerstörung lokaler Ökosysteme. Änderungen der Technik können einige dieser Faktoren mildern und andere steigern.

2. Die verschiedenen Arten der Umweltwirkung, die mit den unterschiedlichen Techniken verbunden sind, die eingesetzt werden, um das gleiche Ziel zu erreichen, lassen sich schwer vergleichen. Wie kann man die Umweltwirkung einer Öltankerhavarie mit der des Braunkohletagebaus vergleichen?

3. Wir wissen, was der Mensch in seine Umwelt abgibt. Wir wissen nicht, wie die Umwelt reagiert. Es genügt nicht, wenn wir wissen, wieviel Blei vom Menschen in die Luft gebracht wird. Wir müssen vielmehr wissen, wieviel Blei der Mensch langfristig und kurzfristig vertragen kann, wieviel Blei die Pflanzen und Tiere seiner Umgebung langfristig und kurzfristig ertragen können, und wir müssen etwas über die ökologischen Aspekte wissen, die von der gemeinsamen Wirkung des Bleis und der von ihm betroffenen Organismen gleichzeitig ausgeht. Es genügt nicht zu wissen, wieviel Stickstoff der Mensch auf seine Felder bringt. Wir müssen bis ins einzelne genau wissen, was es für die Gesundheit des Menschen und für die Ökologie bedeutet, wenn der Stickstoff dorthin gebracht wird. Kurz: Wir brauchen die Antwort des Ökosystems und des Organismus, nicht nur Angaben über den Input des Menschen. In fast allen Fällen kennen wir aber lediglich den Input.

Das soll nicht heißen, daß wir zu unwissend sind, um korrigierende Aktionen durchzuführen. Die Beweise für eine Umweltzerstörung sind überwältigend. Viele der Hauptursachen sind klar. Jedoch muß man sehr vorsichtig sein bei der Beurteilung der Zunahme der Schäden über eine gegebene Zeitspanne hinweg und bei der quantitativen Zuordnung der Schäden zu den vielen Faktoren, die eine Rolle spielen.

Die Vereinigten Staaten seit dem zweiten Weltkrieg

Wie sehr die Komplexität des Netzwerkes der Schuld unterschätzt wird, zeigt sehr deutlich die oft geäußerte Behauptung, eine seit dem zweiten Weltkrieg entwickelte falsche Technik trüge die Hauptschuld an der Umweltkrise. Eine Untersuchung dieser Hypothese ist eine brauchbare Methode, um tiefer in einige der bereits angesprochenen Punkte einzudringen.

Wenn man die Technik als Hauptschuldigen anklagt, so nennt man als wichtigsten Beweis die zutreffende Beobachtung, daß einige Indizes der Umweltverschmutzung in den Vereinigten Staaten seit dem zweiten Weltkrieg um mehr als 200% zugenommen haben, während Bevölkerung und Reichtum viel langsamer gewachsen sind. Zu den gewöhnlich herangezogenen Beispielen gehören die Emissionen von Blei und Stickoxyden durch Automobile, die Benutzung synthetischer Pestizide und Stickstoffdünger in der Landwirtschaft sowie die Benutzung von Phosphaten in Waschmitteln. Aber diese Beispiele könnten die Hypothese nur dann beweisen, wenn alle folgenden Punkte zutreffen würden:

1. Die Berechnungen für diese Beispiele müßten zeigen, daß Bevölkerungswachstum und wachsender Überfluß nur einen kleineren Teil zur Umweltverschmutzung beigetragen hätten.

2. Die Änderungen der Technik, die zu einem rapiden Wachstum dieser Indizes geführt haben, dürften nicht gelegentlich auch durch Erhöhungen des gesamten Bedarfs (Bevölkerung × Verbrauch pro Kopf) verursacht worden sein, die durch frühere Techniken nicht hätten befriedigt werden können.

3. Die vorgelegten Beispiele müßten eine zuverlässige Stichprobe aller wichtigen ökologischen Einflüsse darstellen.

In Wirklichkeit wird keine dieser Bedingungen von den Beispielen erfüllt. Einer schlechten Technik allein kann keine dominierende Rolle in der Umweltverschmutzung zugeschrieben werden.

Die Arithmetik des Wachstums. Da die beteiligten Größen — Bevölkerungswachstum, Pro-Kopf-Verbrauch und Technik — Multiplikatoren sind, ist jeder von ihnen wichtig, gleichgültig, wie schnell die anderen Faktoren gewachsen sind. Die Bevölkerung der USA wuchs von 1946 bis 1970 um 45%. Rechnerisch würde das bedeuten, daß unser Umwelteinfluß im Jahre 1970 nur etwa $\frac{2}{3}$ so groß gewesen wäre, wenn die Bevölkerung stabil geblieben wäre. $\frac{1}{3}$ unseres Umwelteinflusses ist also nicht auf die Technik sondern allein auf das Bevölkerungswachstum zurückzuführen.

Der Reichtum nahm zwischen 1946 und 1970 um 57% zu. Wenn das Bruttosozialprodukt wirklich ein zutreffendes Maß für die Beteiligung des Reichtums an der Umweltkrise wäre, so würden diese Zahlen bedeuten, daß unser Umwelteinfluß im Jahre 1970 nur 64% des wirklichen Einflusses betragen hätte, wenn unser Reichtum in der Zwischenzeit nicht gewachsen wäre. Wären seit dem zweiten Weltkrieg weder die Bevölkerung noch der Reichtum gewachsen, so wäre unser Einfluß auf die Umwelt im Jahre 1970 nur 44% des wirklichen Einflusses gewesen. Rechnerisch zumindest ist der relative Einfluß der Technik seit dem zweiten Weltkrieg nicht wesentlich gewachsen. In den Fällen, in denen er gewachsen ist, war das besonders dramatisch, da Reichtum und Bevölkerung ebenfalls wuchsen.

Beziehungen von Ursache und Wirkung

Erhöhungen des allgemeinen Konsums, die ihrerseits eine Folge des Bevölkerungswachstums und wachsenden Reichtums sind, können auf verschiedenerlei Weise Änderungen der Technik hervorrufen. Ein Beispiel bilden die Kunstfasern, z. B. Nylon und Perlon. Die rapide wachsende Kunstfaserindustrie wird oft als Beispiel einer ökologisch gefährlichen Technik bezeichnet, da diese Materialien große Energiemengen für ihre Produktion erfordern und außerordentlich langsam in der Biosphäre vergehen. Wenn jedoch die Kunstfaserindustrie nicht gewesen wäre, so würde sich der Bedarf an Baumwolle und Wolle in den Vereinigten Staaten gegenüber 1945 verdoppelt haben. In Wirklichkeit liegt heute der Bedarf von Baumwolle und Wolle niedriger als 1945. Müßten wir diesen erhöhten Bedarf befriedigen, so wären die ökologischen Kosten infolge der notwendigen Dünger- und Pestizidmengen gewaltig, ganz abgesehen von Bewässerungsprojekten und Erosion bei übernutztem Weideland. Ganz sicher ändert sich die Technik mit den Ansprüchen. Es ist sinnlos, den Einfluß einer Technik zu diskutieren, ohne den Einfluß alternativer Technologien zu betrachten.

Ein anderes Material, dessen Verbrauch rasch steigt, ist Aluminium. Auch die Aluminiumgewinnung benötigt gewaltige Energiemengen. Die Benutzung von Aluminium für Einwegdosen ist sicher eine gefährliche Technik, die keine unmittelbare Beziehung zum Bevölkerungswachstum oder zum Reichtum hat, aber diese Dosen machen nur 10% des Aluminium-Verbrauchs der Vereinigten Staaten aus. 13% werden in der Elektrizitätsindustrie benötigt, wo Aluminium ein Ersatz für Kupfer darstellt, denn Kupfer ist selten geworden. 23% werden bei Häusern benötigt, teilweise als Ersatz für Holz. Wollte man den Bedarf einer wachsenden Bevölkerung an besseren Wohnungen allein mit Holz erfüllen, so würde das einen sehr stark ansteigenden Druck auf unsere Wälder bedeuten, und diese sind schon in starkem Maße ausgeplündert. Der Ersatz eines Materials durch ein neues — Nylon für Baumwolle, Plastik für Holz — läßt sich nicht verhindern, solange eine wachsende und zunehmend reiche Bevölkerung Druck auf eine begrenzte Ressourcenmenge ausübt. Es ist offensichtlich, daß man nicht einer gefährlichen und falschen Technik alleine die Schuld geben kann.

Ein anderer Weg, auf dem Bevölkerungswachstum und wachsender Pro-Kopf-Verbrauch größere technische Eingriffe in die Natur verursachen, ist durch das sogenannte Gesetz der Verringerung der Erträge gegeben. Die Ökonomen haben gezeigt, daß von einer gewissen Größe an ein höherer Output nur durch einen unverhältnismäßig viel stärker steigenden Input erreichbar ist. „Output" bezieht sich auf irgendein erwünschtes Material (etwa Nahrungsmittel oder Metall) und „Input" bezieht sich auf das, was zur Gewinnung dieses Gutes notwendig ist (also Dünger, Energie oder Roherz). Wenn der Pro-Kopf-Verbrauch bei einer wachsenden Bevölkerung gleichbleiben soll, so muß der Input stärker steigen als er rechnerisch aufgrund des Bevölkerungswachstums notwendig wäre. Da die Umwelteinwirkungen der Technik aufgrund der Inputs geschehen (Energie oder Düngemittel), steigt der Umwelteinfluß pro Kopf der Bevölkerung an.

Wir wollen das an einem spezifischen Beispiel betrachten. Stellen wir einer wachsenden Bevölkerung Mineralien und fossile Brennstoffe zur Verfügung, und zwar bei gleichbleibendem Pro-Kopf-Verbrauch. Da der Bedarf mit der wachsenden Bevölkerung steigt, ergibt sich eine relativ rasche Erschöpfung der Lagerstätten. Zunächst werden die reichsten und am günstigsten gelegenen Lagerstätten ausgenutzt. Dann wird es notwendig, weniger günstige Erze an ungünstigeren Stellen zu erschließen und größere Transportwege in Kauf zu nehmen. All diese Aktivitäten vergrößern den Pro-Kopf-Verbrauch an Energie und damit den Pro-Kopf-Einfluß auf die Umwelt. Bei Rohstoffen, die teilweise erneuerbar sind, wie etwa das Wasser, eskalieren die Kosten pro Kopf gewaltig, wenn eine menschliche Bevölkerung einen größeren Bedarf hat als an ihrem Ort vorhanden ist. In gleichem Maße eskaliert der schädigende Einfluß auf die Umwelt. In diesem Fall spiegelt der Verlust sauberer Flüsse unmittelbar die mit der steigenden Bevölkerungszahl gewaltig angestiegenen Kosten und Umwelteinflüsse des Menschen wider. Natürlich würden diese Effekte auf die Dauer auch bei einer stabilen Bevölkerung auftreten. Bei einer wachsenden Bevölkerung wird der Vorgang jedoch beschleunigt; dem Menschen bleibt kaum Zeit, sich darüber Gedanken zu machen.

Das Gesetz der Verringerung der Erträge wirkt auch an der Stelle, wo unsere Gesellschaft versucht, die Nahrungsproduktion zu erhöhen, um den Bedarf wachsender Bevölkerungen zu decken. Typischerweise versucht man, eine gewaltige Hochproduktion auf bestehendem Farmland zu erreichen und gleichzeitig Farmland auf Grenzertragsböden anzusiedeln. Solche Hochproduktion erfordert unverhältnismäßig viel Energie in Form der Verfügbarmachung und Verteilung von Wasser, Dünger und Pestiziden. Der Ackerbau auf Grenzertragsböden läßt ebenfalls den Pro-Kopf-Verbrauch von Energie steigen. Das gleiche gilt für die Fischerei. Um die gleichen Fangerträge zu haben, ist es nötig, von Jahr zu Jahr mehr Energie aufzuwenden: mehr Schiffe fahren zu lassen und aufwendigere Fanggeräte zu benutzen. Und hier könnte ein Bestand, der einmal vernichtet ist, sich als nicht regenerierbar erweisen.

Ersatzmaterialien und sinkende Erträge sind Beispiele dafür, wie Bevölkerungswachstum und steigender Verbrauch unverhältnismäßig große Umweltschäden hervorrufen. Die kritische Lage des Menschen in bezug auf seine Umwelt wird durch Situationen verstärkt, in denen relativ kleine Veränderungen des „Input" dramatische Änderungen in der Reaktion der Umwelt zur Folge haben können.

Zu diesen Situationen zählen Überschreitungen von Schwellenwerten. Unterhalb einer bestimmten Luftverschmutzung überleben Bäume auch Smog. Doch wenn eine kleine Erhöhung der lokalen Bevölkerung stattfindet und damit eine winzige Erhöhung des Smog, können alle Bäume gleichzeitig absterben. Um einen bestimmten See herum können vielleicht 500 Menschen leben, ohne sich Sorgen um die Klärung ihrer Abwässer zu machen. Der See ist in der Lage, von sich aus seine Abwässer zu reinigen. 505 Menschen aber können das System überlasten, und das Resultat ist ein vergifteter oder eutropher See.

Solche Schwelleneffekte sind charakteristisch für die Reaktionen der Organismen auf eine Fülle von Änderungen der Umwelt: Fische sterben, wenn die Wassertemperatur eine bestimmte Schwelle überschreitet oder wenn der gelöste Sauerstoff unter einen bestimmten Schwellenwert fällt; verschiedene Getreidesorten haben verschiedene Schwellenwerte für die Toleranz gegenüber gelösten Salzen im Bodenwasser; Kohlenmonoxyd ist bei hohen Konzentrationen für den Menschen tödlich, doch bei geringen Konzentrationen nur scheint er reversible Effekte zu haben. Wir haben also kein Kontinuum der Antworten von Organismen auf ein Kontinuum der Faktoren. Wissenschaftler beschreiben solche Situationen als eine nicht-lineare Dosis-Response-Beziehung. Nicht-linear bedeutet, daß eine Kurve, die die Antwort (etwa Prozentsatz von Todesfällen in einer Fischpopulation) eines Organismus gegen die Dosis eines Faktors (etwa Temperaturmilieu) aufträgt, keine Gerade ergibt. Der Unterschied zwischen linearen und nicht linearen Dosis-Response-Beziehungen ist schematisch in Abb. 35 gezeigt.

Eine andere Form einer nicht-linearen Dosis-Response-Beziehung ist der Synergismus. Hier hat man es mit dem gleichzeitigen Effekt von zwei oder mehr Umwelteinflüssen zu tun, wobei die einzelnen Einflüsse sich gegenseitig verstärken. Beispielsweise wirken Schwefeldioxyd und mehrere Kanzerogene in der Luft zusammen: Schwefeldioxyd hindert die Säuberungsmechanismen unserer Lungen und erhöht auf diese Weise die Zeit, die karzinogene Partikel in den Lungen verweilen, ehe sie wieder ausgeschieden werden. Der gemeinsame Effekt ist der eines Synergismus: Er übersteigt die Summe der Effekte, die zu erwarten gewesen wären, wenn Schwefeldioxyd und Kanzerogene getrennt vorhanden gewesen wären.

Synergismus kommt auch in Umweltsystemen vor, die die menschliche Gesundheit weniger direkt beeinflussen. Ein besonders störendes Beispiel ist der kombinierte Effekt von DDT und Mineralöl in Küstengewässern. DDT löst sich nicht gut im Seewasser. Daher sind die Konzentrationen, denen Meerestiere normalerweise ausgesetzt sind, relativ gering. Jedoch löst sich DDT sehr gut in Öl. Auslaufendes Mineralöl konzentriert daher DDT in dem Oberflächenwasser des Ozeans, wo ein großer Teil des Öls über lange Zeiträume vorhanden bleibt, und wo viele Meeresorganismen wenigstens zeitweise leben. Diese Organismen sind somit viel höheren Konzentrationen von DDT ausgesetzt als dies sonst möglich wäre. Die kombinierten Effekte von Mineralöl und DDT überschreiten auf diese Weise

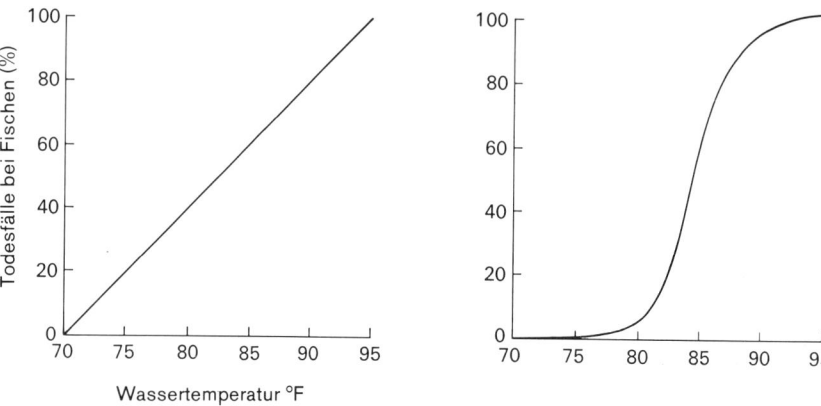

Abb. 35. Idealisierte lineare und nicht lineare Dosis-Response-Kurven. In der Natur kommen faktisch nur solche wie die rechte nicht-lineare Kurve vor

wahrscheinlich die Einzeleffekte. Viele andere Synergismen sind in unserer Umwelt möglich. Die Erforschung solcher Effekte ist eines der schwierigsten und am stärksten vernachlässigten Gebiete der Umweltanalyse.

Andere Formen des Umwelteinflusses. Aus vielen heute geführten Diskussionen könnte man den Eindruck gewinnen, daß alle unsere Umweltprobleme mit der Erfindung des Ottomotors, des DDT und der Kernspaltung begonnen haben. Obwohl diese drei Dinge sehr wichtige Probleme aufwerfen, bedeuten sie bei weitem nicht die ganze Wahrheit. Schon vor vielen tausend Jahren ging gutes Land durch Erosion, schlechte Bewässerungsmethoden und Überweidung verloren und dies geschieht auch heute noch. Übernutzung wirtschaftlich wichtiger Pflanzen und Tiere hat einige an den Rand der Ausrottung gebracht und bedroht eine Fülle von anderen: Wale, etwa ein Dutzend Fischarten, mehrere Arten von Raubtieren, Vögeln, Schmetterlingen, Edelhölzern usw. Die Meeresfischerei wird durch Zerstörung der Laichgebiete in den Küstengewässern bedroht als Folge der Deichbaumaßnahmen in Aestuaren und Marschgebieten. Hinzu kommt Überfischung und Verschmutzung. Die Ausbreitung der Monokulturen einiger weniger ausgewählter Hochleistungsgetreidesorten über riesige Gebiete erhöht die Anfälligkeit der Weltlandwirtschaft. In den Vereinigten Staaten verschwindet ein erheblicher Teil des besten landwirtschaftlichen Landes unter Vorstädten, Flugplätzen und Autobahnen. Kurz: Es gibt viel mehr Umweltzerstörung als nur die Verschmutzung.

Diese zahlreichen Formen unseres Umwelteinflusses lassen sich mit keinem einzelnen Index zahlenmäßig erfassen. Viele, die sich mit Umweltproblemen beschäftigen, sind jedoch der Meinung, der Energieverbrauch sei der beste einzelne Indikator des menschlichen Einflusses auf die natürliche Umwelt. Der Verbrauch von Energie ist das wesentliche Element fast aller umweltbeeinflussenden Tätigkeiten. Und dieser Verbrauch ist schon für sich allein an vielen Umweltproblemen beteiligt. Zudem ist der Energieverbrauch pro Kopf sowohl ein Maß für den Reichtum als auch für den Einfluß der Technik, die den Reichtum schafft. Vielleicht ist es nicht möglich, die vielen Verbindungen zwischen Populationsgrößen und Energieverbrauch pro Kopf zu entwirren. Dennoch ist es nützlich, die einfachen rechnerischen Beteiligungen dieser beiden Faktoren an dem gewaltigen neuerlichen Wachstum des Gesamt-Energieverbrauchs zu messen.

In einem früheren Beispiel haben wir gezeigt, daß das Bevölkerungswachstum mehr als der Energieverbrauch pro Kopf zum Gesamtenergieverbrauch der Vereinigten Staaten beitrug. Dies gilt für die letzten 90 Jahre. In neuerer Zeit — in den Jahren von 1940 bis 1969 — wuchs die Bevölkerung um 53%, während der Energieverbrauch pro Kopf weltweit um 80% anstieg. Der Energieverbrauch auf der Welt steigt jährlich um etwa 5% an. 2% sind auf das Bevölkerungswachstum zurückzuführen und 3% auf den steigenden Verbrauch der Bevölkerung. Wenn der Energieverbrauch ein gutes Maß für den Einfluß auf unsere Umwelt ist, dann ist das Wachstum der Weltbevölkerung auch weiterhin ein entscheidender Faktor in diesem Einfluß auf die Umwelt, sowohl in den Industrieländern als auch auf der ganzen Welt.

Perfekte Technik und Verschiebungen des Umwelteinflusses

Manchmal wird behauptet, dramatische Verbesserungen der Technik könnten das kontinuierliche Wachstum der Bevölkerungsgröße und des Verbrauchs pro Person kompensieren. Wenn der auf Technik zurückführbare Pro-Kopf-Einfluß auf unsere Umwelt genügend reduziert werden könnte, so würde Bevölkerungswachstum und Pro-Kopf-Verbrauch nicht zu einer gesteigerten Zerstörung unserer Umwelt führen. Dies ist für einige Dinge und für eine begrenzte Zeit sicher richtig. Einige Formen der Luftverschmutzung im Becken von Los Angeles, etwa durch Kohlenwasserstoffe und Kohlenmonoxyd, sinken derzeit gleichmäßig ab, obwohl die Bevölkerung weiter wächst und der Verbrauch an fossilen Brennstoffen steigt. Die Installation von Kläranlagen hat die Wasserqualität im Washington-See und im Lake Mendota bei Madison/Wisconsin trotz wachsender Populationen in diesen Gebieten deutlich verbessert. Das gleiche gilt für den Bodensee.

Solche technischen Verbesserungen sollten natürlich weiterhin gesucht und angewandt werden. Sie sind jedoch keine vollkommenen Heilmittel. Ein Grund dafür ist, daß der technische Einfluß auf die Umwelt vielfach lediglich an andere Stellen verschoben, aber nicht beseitigt wird. Müllverbrennung vergiftet die Luft. Die derzeitigen Techniken, Schwefeldioxyd aus der Abluft von Kraftwerken abzuziehen, ergeben entweder Wasserverschmutzung oder feste Abfallstoffe. Der Wechsel von Benzinmotoren zu elektrischen Automobilen verschiebt lediglich die Umweltverschmutzung von Autobahnen und Städten zu Kraftwerken. Das Verbot von Blei im Benzin hat anscheinend die Emissionen an Partikeln und den Ausstoß an ebenfalls karzinogenen Kohlenwasserstoffen vergrößert.

Selbst die Methoden, mit denen es gelungen ist, ein Problem zu lösen, ohne gleichzeitig ein neues heraufzubeschwören, sind keineswegs perfekt. Es gibt keinen Null-Tarif der Technik. Während wir uns glücklich schätzen, daß wir den Prozentsatz an Giften in Abluft oder Abwässern senken, steigen die Kosten der dafür notwendigen Anlagen sowohl in Geld als auch Energie ins Unermeßliche. Die Reduktion von Giften in Abwasser und Abluft auf Null würde eine unendliche Energiemenge erfordern. Doch ehe wir diese Säuberung erreichen könnten, würde die Energie, die wir für die Pollution-Kontrolle benötigen, einen so großen Einfluß auf unsere Umwelt gewinnen, daß diese für ein Leben nicht mehr geeignet wäre. Hier haben wir das Gesetz der Verringerung der Erträge in aller Deutlichkeit.

Ein gutes Beispiel ist die Wirtschaftlichkeit der Abwasserbeseitigung. Die Kosten für die Beseitigung von 80—90% der biochemisch und chemisch oxydierbaren Teile, 90% der aufgeschwemmten festen Körper und 60% der noch vorhandenen organischen Materialien durch eine zweite Behandlung beträgt etwa 1 Cent pro 500 l in einer großen Kläranlage. Wenn jedoch soviel Abwasser da ist, daß der verbleibende Nährstoffgehalt noch immer große Eutrophierungsprobleme zur Folge hat (wie das in vielen Teilen der Vereinigten Staaten und Europas heute ist), oder wenn Wasser in so geringer Menge vorhanden ist, daß es für industrielle Zwecke, für die Landwirtschaft oder zur Wiederauffüllung des Grundwassers benötigt wird, ist eine erneute Behandlung notwendig. Die Kosten dafür betragen das Doppelte bis Vierfache der bisherigen Behandlung. Das dann produzierte Wasser ist dabei noch keinesfalls frei von Schadstoffen.

Ein rapide steigender Anteil des Volkseinkommens wird in den nächsten Dekaden ausgegeben werden müssen, um die Umweltvergiftung in erträglichen Grenzen zu halten. Selbst dann kann es sein, daß einige wichtige Aspekte des Problems unbemerkt bleiben, bis sie nicht mehr reparabel sind. Andere werden vielleicht schlimmer werden, weil es keine Technik zu ihrer Beseitigung gibt, auch wenn man noch so viel dafür ausgeben will. Derzeit gibt es beispielsweise keine Technik, um Emissionen von Stickoxyden aus Kraftwerken zu unterbinden, und es gibt keine praktikable Methode, den Ausstoß von Kohlendioxyd aus Verbrennungsmotoren herabzusetzen. Auch gibt es kein Mittel, um Quecksilber wieder aus der Umwelt zu entfernen, in die es durch industrielle Prozesse, Bergwerke und Bodenbehandlung gelangt.

Was immer es auch sei: Der letzte Umweltverschmutzer, der immer auftritt, ist Wärme. Alle Formen des Umweltschutzes und alles Recycling erfordert Energie.

Und diese gesamte Energie tritt schließlich und endlich in unserer Umwelt als Abfallwärme auf. Effizientere Methoden der Technik können dieses Problem etwas entschärfen, sie können es jedoch nicht eliminieren. Wenn durch ein Wunder alle unsere durch die Technik bedingten Umweltschäden geheilt werden könnten, dieses eine würde bestehen bleiben.

Man kann aus all dem schließen, daß eine verbesserte Technologie den Anteil der Technik an unserer Umweltmisere etwas reduzieren kann, aber das ist nicht die ganze Antwort. Ganz gleich unter welchen technischen Bedingungen: mit jedem Verbrauch wird es einen irgendwie gearteten Einfluß geben, und daher wird von einem gewissen Niveau der Bevölkerungsgröße und des Verbrauchs pro Kopf an unser Einfluß auf die Umwelt unerträglich werden.

Die Aussichten

Die ineinander verzahnten und gleichzeitig wachsenden Faktoren, die das ausmachen, was wir als Netzwerk der Schuld bezeichnet haben, müssen alle gleichzeitig angegangen werden, wenn wir die Umweltkrise meistern wollen. Die Übernutzung der Rohstoffquellen unserer Welt durch die reichen Länder, die unsere Umweltkrise begleitet und zu ihr beiträgt, muß ebenfalls direkt angegangen werden, ebenso wie das allgemeinere Problem der Armut und der ungleichmäßigen Verteilung des Wohlstandes. Eine Strategie, die sich nur mit einem oder wenigen dieser Faktoren befaßt, muß fehlschlagen.

Auch die dramatischsten Verbesserungen der Technik werden letztlich unwirksam sein, wenn Bevölkerung und Verbrauch weiter steigen. Eine Bevölkerungskontrolle wird keine Hilfe bringen, wenn Technik und Verbrauch nicht gleichzeitig kontrolliert werden. Man hat gesagt, wir sollten den technischen Faktor zuerst in Angriff nehmen, weil er der einfachste sei. Aus unserer Analyse dürfte klar sein, daß diese Idee völlig falsch ist.

Die Zeitverzögerung, die zu jedem Bevölkerungswachstum gehört, verurteilt uns zu einer Reihe von Jahren weiteren Wachstums — selbst wenn wir sehr optimistisch sind. Die Zeitverzögerung des ökonomischen Wachstums macht es ebenfalls unwahrscheinlich, daß dieser Trend schnell angehalten werden kann. Das gilt besonders, solange das Wirtschaftswachstum unrichtigerweise als Mittel gegen die Ungleichheit in der Verteilung des Reichtums angesehen wird. Wenn die Menschheit Bevölkerungswachstum, Überverbrauch und ungleichmäßige Verteilung des Wohlstandes ignoriert, weil diese Probleme miteinander verbunden sind, und sich stattdessen lediglich mit technischen Fragen beschäftigt, sind die Aussichten für die nächsten 20 oder 30 Jahre wirklich düster. Die Zeitverzögerung bei den Bevölkerungstrends und Konsumtrends wird uns immer weiter zu immer größerem Wachstum verurteilen, aber die meisten der einfachen technischen Tricks, die so oft unseren Einfluß auf die Umwelt verringert zu haben scheinen, haben dann ausgespielt. Die Aussichten der unterentwickelten Länder, irgendwann einmal auch in Wohlstand zu leben, sind schon jetzt schlecht; in den nächsten Dekaden werden sie hoffnungslos sein.

Die Zeit ist lange vorbei, in der man sich darüber die Köpfe heiß reden konnte, welcher Faktor der wichtigste sei. Alle Faktoren sind wichtig. Wenn wir es nicht schaffen, sie alle gleichzeitig und sofort anzugreifen, sabotieren wir unzweifelhaft unsere eigene Zukunft.

Literatur

Ehrlich, P. R., Holdren, J. P.: Impact of population growth. Science, vol. 171, 1212—1217, 26 March (1971).

Ehrlich, P. R., Holdren, J. P.: One-dimensional ecology. Science and Public Affairs: The Bulletin of the Atomic Scientists. Vol. 28, No. 5, 16—27 (1972).

Meadows, D. H., Meadows, D. L., Randers, J., Behrens, W. W.: The Limits to Growth. Washington D.C. Universe Books 1972. (Deutsch: Meadows, D.: Die Grenzen des Wachstums. Bericht des Club of Rome zur Lage der Menschheit. Stuttgart: Deutsche Verlags-Anstalt 1972).

U.S. Commission on Population Growth and the American Future. Population and the American Future. Report of the National Commission. New York: Signet Books 1972.

Teil 2 Lösungen

Kapitel 8
Bevölkerungsbegrenzung

Programmkomplexe, die bei der Bewältigung unserer Umweltkrise erfolgreich sein wollen, müssen Maßnahmen zur Bevölkerungskontrolle enthalten. Die möglichen Ziele solcher Maßnahmen sind:

1. Reduktion der Wachstumsrate der Bevölkerung — nicht unbedingt auf Null.
2. Stabilisierung der Gesamtgröße der Bevölkerung, das bedeutet eine Wachstumsrate von Null.
3. Erreichen einer negativen Wachstumsrate zur Reduktion der Gesamtbevölkerung.

Vermutlich werden alle Menschen darin übereinstimmen, daß diese Maßnahmen auf einer weltweiten Basis nur durch eine Reduktion der Geburtenrate erreicht werden können. Die Alternative, die Todesrate zu erhöhen, wird „auf natürlichem Wege" kommen, wenn die Geburtenrate nicht rechtzeitig gesenkt wird.

Trotz dieser Übereinstimmung bei dem bevorzugten Mittel, die Bevölkerung zu begrenzen, gibt es kaum Übereinstimmung darüber, wie weitgehend und wie schnell diese Begrenzung erfolgen sollte. Wer anerkennt, daß derzeit das Bevölkerungswachstum in den Entwicklungsländern so rasch erfolgt, daß kein Programm zur wirtschaftlichen Gesundung dieser Länder es einholen kann, und daß sich in den entwickelten Ländern Umwelt- und soziale Probleme derart beschleunigen, daß keine Lösungen rechtzeitig wirksam werden, wird das erste der drei obengenannten Ziele sofort akzeptieren. Wirtschaftler und Bevölkerungspolitiker, von denen viele das dritte Ziel überhaupt nicht anzuerkennen bereit sind und beim zweiten meinen, es bestünde hier keine dringende Notwendigkeit, erkennen vielfach nur das erste an. Eine Anerkennung der Tatsache, daß die Kapazität der Erde zur Erhaltung menschlicher Wesen begrenzt ist und daß eine Fülle von Problemen schon allein aus der Größe unserer Bevölkerung entsteht, führt notwendigerweise zur Annahme des zweiten unserer drei Ziele. Wer die *dringende* Notwendigkeit der Stabilisierung der Größe unserer Bevölkerung anerkennt, stellt fest, daß die Grenzen der Kapazität der Erde bereits greifbar nahe sind. Obwohl technische und kulturelle Änderungen diese Grenzen vielleicht noch einmal ein Stückchen weiterschieben können, ist der vernünftigste Weg, das Bevölkerungswachstum anzuhalten, bis die bestehenden Probleme gelöst sind. Praktisch alle Naturwissenschaftler akzeptieren, daß es in der Zukunft unvermeidlich sein wird, zu einem Null-Wachstum zu kommen, und die meisten halten dieses Ziel für dringend. Weite Strecken im ersten Teil dieses Buches sind der Frage gewidmet, warum diese Ansicht — unausweichlich und dringend — vernünftig ist.

Kontroversen existieren in der Hauptsache über das dritte Ziel. Wer dieses Ziel akzeptiert, behauptet damit, daß es eine optimale Populationsgröße gibt und daß diese Populationsgröße entweder bereits überschritten ist oder überschritten sein wird, bevor unsere Maßnahmen „greifen" können. Natürlich bedeutet allein die Benutzung der Wörter „Überbevölkerung" oder „Unterbevölkerung" — ob man sie nun in Beziehung zu einer Stadt, einem Land, einer Region oder der ganzen Welt anwendet — die Existenz einer optimalen Populationsgröße, die entweder noch nicht erreicht oder aber bereits überschritten ist. Die Frage, was als eine optimale Bevölkerungsgröße anzusehen ist, ist kompliziert und verlangt einige Diskussion, bevor wir uns speziellen Methoden der Geburtenbeschränkung zuwenden.

Die optimale Bevölkerungsgröße

Die maximal mögliche menschliche Bevölkerung ist durch die physische Kapazität der Erde determiniert. Diese Kapazität, wie sie in den vorherigen Kapiteln diskutiert wurde, ist je nach der verfügbaren Landmenge, der Verfügbarkeit von Mineralien und Wasser, den Möglichkeiten der Nahrungsmittelproduktion und der Fähigkeit der biologischen Systeme, die Abfälle der Zivilisation abzubauen, ohne daß Zusammenbrüche entstehen, durchaus unterschiedlich. Die niedrigste dieser Kapazitäten ist jedoch für uns entscheidend. Niemand weiß genau, wo die maximale Kapazität der Erde liegt; sie wird in jedem Fall je nach Zeitraum unterschiedlich sein. Für kurze Zeit ist es vielleicht möglich, die Kapazität sehr hoch zu halten (dadurch, daß nicht erneuerbare Rohstoffe sehr rasch verbraucht werden). Auf lange Sicht wird eine niedrige Kapazität angenommen werden müssen, die von der Rate der Bereitstellung erneuerbarer Rohstoffe abhängt, und von der Fähigkeit der Technik, genügend vorhandene Materialien einzusetzen. Doch wo auch immer das Maximum liegt: Kaum jemand wird behaupten, daß Maximum und Optimum das gleiche ist. Maximum bedeutet nicht mehr als ein „gerade-noch-Überleben" für uns alle. Nur wer eine möglichst große Zahl von Menschen als das Optimum ansieht, kann einen derartigen Zustand herbeiwünschen.

Die Minimalgröße einer menschlichen Bevölkerung andererseits ist die kleinste Gruppe, die zur Fortpflanzung in der Lage ist. Genauso wie das Maximum ist das Minimum ganz sicher nicht das Optimum. Die Minimalpopulation ist zu klein, um die Vorteile von Spezialisierung und Arbeitsteilung der Technik, der kulturellen Diversität usw. genießen zu können. Die Optimalpopulation liegt also irgendwo zwischen dem Minimum und dem Maximum. Seitdem Entscheidungen über Populationsgröße getroffen werden — bewußt oder unbewußt —, erscheint es vernünftig, die Optimalgröße einer Bevölkerung von den Interessen dieser Bevölkerung abhängig zu machen. Man könnte definieren, daß die Optimalgröße an dem Punkt liegt, wo sowohl ein Absinken als auch ein weiteres Ansteigen der Bevölkerungszahl ein Sinken des Lebensstandardes bedeuten würde.

Wie die meisten solcher Definitionen wirft diese mehr Fragen auf, als sie Antworten erteilt. Wie soll der Lebensstandard gemessen werden? Wie behandelt man eine ungleichmäßige Verteilung des Lebensstandards, und wie vor allem die Tatsache, daß ein weiteres Bevölkerungswachstum einem Teil dieser Bevölkerung einen höheren Lebensstandard bringen kann, während es allgemein zu einer Senkung des Lebensstandards führt? Eine Region kann hinsichtlich eines der Faktoren des Komplexes Lebensstandard überbevölkert sein, hinsichtlich eines anderen jedoch unterbevölkert. Wie behandeln wir den Lebensstandard künftiger Generationen? Kann man eine Optimalpopulation für jeden Teil der Welt festlegen, ohne dabei Rücksicht auf die Situation in anderen Teilen der Welt zu nehmen?

Es gibt keine umfassenden Antworten. Doch ist es an der Zeit, daß diese Fragen ernsthaft und klar gestellt werden. Die folgenden Gedankengänge sollen weitere Diskussion anregen.

Prioritäten. Die lebensnotwendigen Güter — Nahrung, Wasser, Bekleidung, Wohnung und eine gesunde Umwelt — sind die wichtigsten Bestandteile des Lebensstandards. Eine Bevölkerung, die zu groß ist, als daß sie mit diesen Dingen adäquat versorgt werden kann, hat ihr Optimum bereits überschritten, gleichgültig, ob andere Parameter des Wohlstandes theoretisch ein weiteres Wachstum erlauben würden. Auch eine Bevölkerung, die so groß ist, daß sie nur dadurch am Leben erhalten werden kann, daß sie nicht erneuerbare Rohstoffe rasch verbraucht, und die dabei Aktivitäten benötigt, welche sehr rasch zu einer Devastierung der Umwelt führen, hat ihr Optimum bereits überschritten. Sie zerstört die Kapazität der Erde für zukünftige Generationen. Auch wenn ein Bevölkerungszuwachs nur für eine Schicht oder für die Bevölkerung in einer Region den Wohlstand erhöht, ist das Optimum bereits überschritten. Das gleiche gilt, wenn ein Bevölkerungswachstum dazu führt, daß ein absolut gesehen größerer Teil der Bevölkerung die genannten lebensnotwendigen Güter nicht erhält — selbst wenn der prozentuale Anteil der ohne diese Güter existierenden Bevölkerung gleich bleibt (oder sogar absinkt).

Bevölkerungsdichte. Die Bevölkerungsdichte ist für sich genommen kein guter Maßstab für eine Über- oder Unterbevölkerung. Der Mangel an vielen Hilfsquellen, ausgenommen an physischem Raum — etwa Wasser, fruchtbare Böden, geeignetes Klima oder Bodenschätze — kann es sehr schwierig machen, selbst eine kleine Bevölkerung mit dem Existenzminimum zu versorgen. Große Teile Afrikas, Nord- und Südamerikas und Australiens sind bereits überbevölkert oder werden es in kurzer Zeit sein, obwohl sie noch immer eine sehr geringe Bevölkerungsdichte aufweisen. Manchmal wird behauptet, reiche, dichtbevölkerte Länder, wie etwa die Niederlande, wo fast 400 Menschen auf dem Quadratkilometer leben, seien ein Beweis für die Unterbevölkerung der Erde — wo im Durchschnitt etwa 22 Menschen auf dem Quadratkilometer leben. Doch die Niederlande können nur deshalb 400 Menschen auf dem Quadratkilometer erhalten, weil der Rest der Welt dies nicht tut. Die Holländer stehen an zweiter Stelle der Weltrangliste (hinter dem ähnlich dicht besiedelten Dänemark) an Eiweißimporten pro Person. Sie importieren fast ihre gesamten industriell genutzten Metalle und 45% ihrer Energie.

Menschliche Werte. Das Konzept einer optimalen Bevölkerungsgröße muß auf menschliche Wertvorstellungen Rücksicht nehmen, die jenseits physischer Notwendigkeiten und ökonomischer Überlegungen stehen. Zu diesen Werten gehört eine Umwelt, die psychisch wie auch physisch zusagend ist, ebenso ein zufriedenstellendes Maß des Kontakts mit anderen Menschen, eine Vielfalt von Ausbildungsmöglichkeiten, Sicherheit gegenüber drastischen Einschränkungen der persönlichen Freiheit und Sicherheit vor Verbrechen. Dazu gehört auch eine funktionierende Rechtsprechung. Diese Werte und Wertvorstellungen werfen eine Fülle von Fragen auf. Welches Maß an persönlichem Kontakt ist zufriedenstellend, und welches Maß an persönlicher Freiheit ist tragbar? Wie wichtig ist Einsamkeit für das psychische Wohlbehagen? Welche Wirkungen haben eine dichte Bevölkerung, ein hoher Geräuschpegel oder Farben in unserer Umwelt auf unser Verhalten? Es gibt nur wenige experimentelle Untersuchungen über diese Fragen (obwohl bekannt ist, daß Grün eine beruhigende Wirkung hat). Zwischen den verschiedenen Kulturen und selbst innerhalb einer bestimmten Kultur gibt es große Verschiedenheiten hinsichtlich dessen, was als annehmbare Umwelt zu bezeichnen wäre.

Diese Unsicherheiten lassen vermuten, daß eine Bevölkerungsgröße nur dann als optimal angesehen werden kann, wenn sie so weit von den physischen Grenzen entfernt ist, daß sie eine erhebliche Breite in der Diversität der Umwelt, des kulturellen und des sozialen Angebotes erlaubt. In der Nähe der Grenzen muß die Diversität geopfert werden, um die Produktion zu maximalisieren, die für das reine Überleben notwendig ist. Man erinnere sich an Kapitel 6, wo gezeigt wurde, daß Produktivität und Diversität in landwirtschaftlichen und biologischen Systemen miteinander in Konflikt stehen. Generalisierend kann man sagen, daß die Bevölkerungsgröße das Optimum überschritten hat, sobald das Bevölkerungswachstum mehr Möglichkeiten zu verstopfen beginnt als es eröffnet. In den Vereinigten Staaten gibt es Gründe genug für die Annahme, daß das Leben der Menschen heute schon so sehr reglementiert ist und daß dieses zum Teil auf die Bevölkerungsgröße zurückgeführt werden muß.

Einige menschliche Werte stehen in direktem Konflikt mit der Zahl der Menschen, obwohl diese Zahl von anderen − z. B. Geschäftsleuten (die sich größere Märkte versprechen), Politikern (die eine größere politische Macht sehen) und Eltern großer Familien − als besonders erfreulicher Wert angesehen werden kann. Wer behauptet, die Anzahl der Menschen sei ein Wert in sich selbst, übersieht dabei eine Menge von Dingen. Eine Form des Konfliktes zwischen Wert und Zahl entsteht bei der Wahl, entweder viele Kinder zu haben, die ohne die notwendige Sorgfalt in Armut aufwachsen, oder wenige Kinder, die mit der besten Mühewaltung, der besten Ausbildung und damit der Möglichkeit, ein glücklicher Erwachsener zu werden, aufwachsen. Dies gilt für eine Familie wie für eine Gesellschaft. Es ist sicher kein Zufall, daß so viele der erfolgreichen Individuen Erstgeborene oder Einzelkinder sind oder daß Kinder aus großen Familien (besonders mit mehr als 4 Kindern) − gleichgültig, welches ihr wirtschaftlicher Status ist − im Durchschnitt in der Schule schlechter abschneiden und einen niedrigeren Intelligenzquotienten zeigen als ihre Verwandten aus kleinen Familien (vgl. Rapid Population Growth; Consequenses and Policy Implications, herausgegeben von Roger Revelle; John Hopkins Press 1971).

Zwar sind die Menschen sehr wohl fähig, sich an eine große Breite von Umwelten anzupassen, doch besteht kein Zweifel, daß sie in bestimmten Lebensumständen wesentlich besser gedeihen als in anderen. Wichtig ist dabei, wie sie Erfolg messen, ob anhand der Zahl der Individuen, die in einem gegebenen Areal kaum überleben können, oder anhand der Zahl, die gesund, produktiv, fröhlich und einigermaßen bequem leben kann.

Der Zeitfaktor. Die optimale Bevölkerungsgröße ist eine dynamische Menge, nicht eine statische. Das gleiche gilt auch für die Begriffe Über- oder Unterbevölkerung. Mit Optimum ist hier das Optimum unter den existierenden sozialen und technischen Bedingungen gemeint. Man kann nicht argumentieren, eine Region sei nicht überbevölkert, weil eine hypothetische soziale oder technische Änderung den Druck auf die Resourcen, auf die Umwelt, lindern könnte. Das wäre ein völliges Mißverständnis der biologischen Bedeutung der Überbevölkerung, die immer definiert wurde als das jetzt und hier. In diesem Zusammenhang können wir nicht umhin, den Schluß zu ziehen, daß der Planet Erde als Ganzes heute überbevölkert ist.

Mit der Zeit werden die technische und die kulturelle Entwicklung die Optimalgröße der Bevölkerung auf alle Fälle zu ändern vermögen. Angesichts solcher sich ändernder Bedingungen sollten die Regierungen günstige Bevölkerungstrends zu fördern versuchen, genau wie sie jetzt die gewünschte ökonomische Technik steuern. Mit anderen Worten: Die Größe der menschlichen Bevölkerung muß unter rationale Kontrolle gebracht werden, jedoch nicht mit der Idee, ein permanent eingefrorenes Optimum zu erhalten. Sollte man wirklich bei Bevölkerungsgrößen ankommen, die als optimal angesehen werden, so wird dies zu außerordentlichen Änderungen des menschlichen Verhaltens führen, das doch durch Millionen von Jahren biologischer und kultureller Evolution geprägt wurde. Diese Änderungen werden die Menschen beunruhigen: dem Tod Grenzen zu setzen, ist ein allgemein anerkanntes ehrliches Ziel. Die Begrenzung der Geburten geht gegen all das, was der Mensch in Jahrmillionen gedacht und getan hat. Alle Menschen von der Notwendigkeit und der moralischen Unantastbarkeit einer Geburtenregelung zu überzeugen, aus dem Ziel heraus, für die gesamte Menschheit eine bessere Zukunft zu schaffen, ist eine der größten Aufgaben, die der Menschheit je gestellt worden ist.

Geburtenkontrolle

Um eine optimale Bevölkerungsdichte auf unserem Planeten zu erreichen, ist eine Geburtenkontrolle unerläßlich. Manche Praktiken der Geburtenkontrolle sind so alt wie zumindest die geschriebene Geschichte. Bereits im Alten Testament sind deutliche Hinweise auf den Koitus interruptus gegeben. In Ägypten wurde das Sperma durch Stoff am Eintritt in die Scheide gehindert. Die alten Griechen praktizierten eine Bevölkerungskontrolle ebenso durch ihr Sozialsystem wie durch eine exakte Kontrazeption. Sie hinderten Eheschließungen und begünstigten homosexuelle Beziehungen. Wie man auch darüben denken mag: die Sache funktionierte. Der Kondom war bereits im Mittelalter bekannt. Das gleiche gilt für die Scheidenspülung. Die einfachste Methode, und die effektivste, ist die Abstinenz. Aber diese Methode scheint vorzugsweise von älteren Männern bevorzugt zu werden.

Versuche, die Familiengröße auf die eine oder andere Weise zu reduzieren, scheint es immer gegeben zu haben. Schwangerschaftsunterbrechungen haben eine sehr alte Geschichte. Kindermord ist in vielen Gesellschaftssystemen eine reguläre Praxis gewesen.

Die moderne Familienplanung begann im Zuge der Kampagne um die Rechte der Frau. Zunächst war sie lediglich geplant als Mittel, die Frau vor zu vielen Kindern zu schützen, die ja nicht selten das Leben der Frau schwer bedrohten. Zu Beginn dieser Bewegung standen die Männer durchweg in der Opposition. Später, als die Vorteile einer Familienplanung nicht nur auf wirtschaftlichem Gebiet offenkundig wurden, begannen immer mehr Männer, sich dieser Bewegung anzuschließen, und die Medizin entwickelte moderne und effektive Methoden der Geburtenkontrolle. Dennoch hat auch heute noch die Frau die größte Verantwortung in der Geburtenkontrolle der Familie. Das beste Beispiel dafür ist die Tatsache, daß die modernen Methoden der Geburtenkontrolle, vor allen Dingen die bei Verheirateten üblichen, ganz auf die Frau zugeschnitten sind.

Das gilt beispielsweise für die — von der katholischen Kirche als einzige empfängnisverhütende Methode anerkannte — Nutzung der empfängnisfreien Tage. Jedoch hat etwa jede sechste Frau einen irregulären Zyklus, und das System ist daher extrem unzuverlässig. Zuverlässiger wirken Pessare, deren Vorteil Billigkeit und langwährende Sicherheit ist.

Eine wesentliche Rolle spielt heute die regelmäßige Einnahme eines Medikaments auf Steroidbasis — der allbekannten Pille. Wenn sie den Vorschriften entsprechend eingenommen wird, ist sie ein praktisch hundertprozentig wirksames Mittel. Ihre Vorteile liegen auf der Hand. Auf der anderen Seite muß sich eine Frau täglich daran erinnern, die Pille zu nehmen, die Chancen für eine Schwangerschaft steigen mit jeder vergessenen Pille. Allerdings können wie bei jeder Droge unerwünschte Nebeneffekte auftreten. Die meisten davon klingen nach einigen Monaten ab oder lassen sich durch eine andere Dosis oder ein anderes Mittel beseitigen. Eine Gefahr besteht offenbar in der Erhöhung der möglichen Embolien. 1968 in England publizierte Daten zeigen, daß die Gefahr von Embolien durch die Pille um etwa 8% erhöht wird. Wir werden sehr viel mehr Zeit benötigen und sehr viel mehr Daten, bis wir definitive Angaben über Langzeiteffekte machen können. Unsere Lage ist in gewisser Weise der Situation jener Zeit vergleichbar, als DDT in Gebrauch kam. Die Risiken müssen gegenüber den Vorteilen abgewogen werden, und Langzeitwirkungen sind bis heute nicht bekannt. Im Augenblick deutet alles darauf hin, daß die Vorteile größer sind als die Gefahren. Die letzteren können bei regelmäßigen ärztlichen Kontrollen auf ein Minimum herabgedrückt werden. Dennoch wird man die Folgen der Pille über die Jahre weiter beobachten müssen.

Für Verheiratete, deren Familien vollständig sind, ist eine Sterilisierung oft die beste Lösung. Eine Sterilisierung kann bei beiden Partnern vorgenommen werden, sie ist beim Mann viel leichter. Eine Vasektomie dauert nur 15—20 Minuten, dabei wird das Vas deferens durchgetrennt und abgebunden. So kann kein Sperma in das Ejakulat gelangen (obwohl die Abwesenheit von Sperma höchstens durch eine mikroskopische Untersuchung festgestellt werden kann). Die entsprechende Operation bei der Frau, die Tubenligatur, ist ein wenig komplizierter. Sie erfordert einen chirurgischen Eingriff.

Im Gegensatz zu der allgemeinen Annahme beeinträchtigt eine Sterilisierung in keiner Weise das normale Geschlechtsleben. Eine Vasektomie ist keine Kastration. Das Hormonsystem bleibt intakt, Spermien werden weiterhin produziert, sie können den Körper des Mannes lediglich nicht mehr verlassen. Auch alles andere bleibt unverändert. In den wenigen Fällen, wo sich psychische Probleme entwickelt haben, stellte sich heraus, daß diese auch schon vorher vorhanden waren. Auf der anderen Seite wird vielfach eine psychische Besserstellung berichtet, da keine Gefahr unerwünschter Kinder mehr besteht. Das gleiche gilt für die sterilisierte Frau. Ihre Hormone zirkulieren nach wie vor. Der Menstruationszyklus läuft normal. Nur Ei und Spermium können einander nicht mehr treffen. Nachteilige psychische Reaktionen sind extrem selten.

Viele Menschen zögern, einen so endgültigen Schritt zu tun. Obwohl in der Praxis nur ein ganz kleiner Teil der Operierten den Eingriff ungeschehen machen möchte, möchte doch fast jeder wissen, daß es technisch möglich ist. Dies gelingt heute in 50—80% der Fälle. Männer, die auch da noch Bedenken haben, können ihr Sperma für 10 Jahre und vielleicht länger in tiefgefrorenem Zustand lebend aufbewahren lassen. Wenn sie in einer zweiten Ehe eigene Kinder wünschen, können diese durch künstliche Besamung entstehen. Die Sterilisation ist in den Vereinigten Staaten absolut legal, nur in Utah ist sie auf eine medizinische Notwendigkeit beschränkt. Dennoch ist es gelegentlich schwierig, einen Arzt zu finden, der die Operation durchführt.

Seit 1969 sind eine Fülle von Beschränkungen einzelner Krankenhäuser gegen die Sterilisation gelockert worden, und das Problem wird offenbar immer kleiner. Im Jahre 1970 ließen sich in den Vereinigten Staaten 750 000 Männer sterilisieren — etwa siebenmal so viele wie wenige Jahre zuvor. Die Zahl der sterilisierten Frauen beträgt nur $\frac{1}{3}$ davon. In anderen Ländern ist die Sterilisierung z. T. auch heute noch gesetzlich untersagt.

Nach all dem sollten Schwangerschaftsunterbrechungen eine relativ geringe Rolle spielen. Wenn sie innerhalb der ersten drei Monate von einem qualifizierten Arzt durchgeführt werden, sind die Risiken wesentlich geringer als bei einer vollen Schwangerschaft mit anschließender Geburt. Natürlich sind die Risiken sehr viel größer, wenn ein solcher Abbruch illegal erfolgen muß, wie es heute noch in vielen Teilen der Welt ist. Illegale Schwangerschaftsunterbrechung ist die Haupttodesursache von schwangeren Frauen in den Vereinigten Staaten. Heute ist eine solche Schwangerschaftsunterbrechung in einer Reihe von Industrieländern und Entwicklungsländern legal. Das gilt für China, Indien, Japan, England, die UdSSR, Schweden, einige Länder Osteuropas und einige Staaten der USA.

Im größten Teil der Vereinigten Staaten jedoch, in ganz Südamerika, in fast allen asiatischen Staaten und in Süd- und Westeuropa ist eine Schwangerschaftsunterbrechung noch immer illegal, sie darf nur durchgeführt werden, wenn das Leben der Mutter gefährdet ist. Die Situation kann in den nächsten Jahren sehr viel anders aussehen, da eine Fülle von Ländern an Reformen ihrer entsprechenden Gesetze arbeiten. Trotz Pille und trotz der Möglichkeit der Sterilisierung wird eine Schwangerschaftsunterbrechung auch in Zukunft ihre Bedeutung behalten. In der Bundesrepublik steigt — bei einem allgemeinen Geburtenrückgang — die Zahl der Mütter unter 17 Jahren bedeutend an. Gerade hier kann eine legale Schwangerschaftsunterbrechung helfen.

Die Kontroversen über einen Schwangerschaftsabbruch enden natürlich nicht mit der Verabschiedung eines Gesetzes. Lobbies gegen derartige Gesetze sind inzwischen in allen Ländern entstanden, die größte Opposition besteht in der römisch-katholischen Kirche und anderen religiösen Gruppen, die eine Schwangerschaftsunterbrechung als unmoralisch, ja als Mord ansehen. Die katholische Kirche sagt, daß das ungeborene Kind vom Augenblick der Empfängnis an ein ganzer Mensch mit einer Seele ist. So ist eine Schwangerschaftsunterbrechung eine Form von Mord.

Viele Theologen der protestantischen Kirche sagen dagegen, daß es unbekannt ist, wann der Mensch eine Seele erhält. Sie sehen kein Problem darin, diesen Zeitpunkt etwa dann anzusetzen, wenn die ersten Bewegungen spürbar werden, oder wenn eine Frühgeburt außerhalb des Mutterleibes zu überleben vermag.

Für einen Biologen ist ein Embryo einem Menschen vergleichbar wie etwa ein Bauplan einem Gebäude. Wenn dem Embryo die Gelegenheit gegeben wird, sich zu entwickeln, und wenn er später eine gute Erziehung bei genügender Nahrung und Kleidung erhält, so wird er sich schließlich zu einem Menschen entwickeln. Fehlt irgendeiner dieser Punkte, so ist das entstehende Individuum in irgendeiner Weise unvollständig. Von diesem Punkt aus ist ein Embryo nur potentiell ein Mensch. Historisch gesehen wurden Rechte und Pflichten des Menschen durchweg mit dem Augenblick der Geburt angesetzt.

Vom Standpunkt des Embryos gibt es keinen Unterschied, ob die Schwangerschaftsunterbrechung spontan erfolgte oder eingeleitet wurde. Auf der anderen Seite bedeutet es einen großen Unterschied für das Kind, ob die Unterbrechung verboten wurde und die Mutter damit entgegen ihren Wünschen gezwungen wurde, ihr Leben und ihren Körper der Sorge für das Kind zu widmen. In Schweden wurden Untersuchungen darüber angestellt, was aus Kindern wurde, bei denen der Wunsch der Mutter nach einer Schwangerschaftsunterbrechung abgelehnt wurde. Verglichen mit entsprechenden Gruppen von Kindern aus jeweils gleichen sozialen Schichten, wuchsen doppelt so viele dieser ungewünschten Kinder in außerordentlich schlechten Verhältnissen auf. Mehr als doppelt so viele wurden Gesetzesbrecher, mehr als doppelt so viele waren für den militärischen Dienst nicht geeignet, mehr als doppelt so viele brauchten psychiatrische Behandlung und etwa fünfmal so viele benötigten öffentliche Fürsorge.

Es kann kaum Zweifel darüber geben, daß das erzwungene Austragen ungewünschter Kinder nicht nur für diese Kinder und ihre Familien, sondern für die gesamte Gesellschaft unerwünschte Nebeneffekte hat, wenn wir einmal von den Problemen der Überbevölkerung absehen. Dieser letzte Faktor zwingt uns jedoch ganz entschieden dazu, unerwünschte Geburten zu verhindern. Ganz sicher ist eine Schwangerschaftsunterbrechung einem Kind in einer überbeanspruchten Familie und in einer überbevölkerten Gesellschaft vorzuziehen, wo die Aussichten, daß es sich wirklich zu einem Menschen entwickeln kann, sehr gering sind. Ohne

Zweifel wird hier — wie die Gegner der Schwangerschaftsunterbrechung geltend machen — eine Entscheidung gefällt für jemanden, der sich nicht wehren kann, der an dieser Entscheidung nicht beteiligt wird. Andererseits aber tragen gedankenlose Aktionen eben dieser Menschen dazu bei, zukünftige Generationen zu einem unglücklichen Leben und frühen Tod auf einem überbevölkerten Planeten zu verdammen.

So hat sich die Haltung zur Schwangerschaftsunterbrechung in den letzten Jahren sehr geändert. Noch vor wenigen Jahren wurde allgemein nur das Leben der Mutter als Argument für eine Schwangerschaftsunterbrechung anerkannt. Im Jahre 1972 wurde schon von seiten der katholischen Kirche erklärt, daß die Entscheidung über eine Schwangerschaftsunterbrechung allein von der Mutter und ihrem Arzt getroffen werden sollte. In den Vereinigten Staaten sprechen sich heute 57% der Bevölkerung für eine liberalisierte Schwangerschaftsunterbrechung aus.

Geburtenkontrolle in der Zukunft. Viele mögliche Wege der Geburtenkontrolle sind noch nicht genügend erforscht. Einige der erfolgversprechendsten werden jetzt in Kliniken getestet. Während der nächsten ein oder zwei Dekaden wird eine Fülle neuer Methoden der Geburtenkontrolle für den Allgemeingebrauch zur Verfügung stehen. Einige dieser Methoden gelten als sehr erfolgversprechend für die Bevölkerungskontrolle in Entwicklungsländern, wo nur die einfachsten und billigsten Methoden überhaupt anwendbar sind.

Zu diesen Entwicklungen gehören verschiedene Formen kontinuierlicher Gaben von Progestin (einem synthetischen Hormon, welches auch in der Pille enthalten ist). Sie scheinen ebenso wirksam zu sein wie die Pille, aber weniger Risiken in sich zu bergen. Sie sind möglicherweise auch nicht so teuer. Die Forschungen konzentrieren sich darauf, Langzeitwirkungen mit intramuskulären Injektionen alle drei oder alle sechs Monate zu erzielen oder mit einer implantierten Kapsel, die das Hormon mit konstanter Geschwindigkeit möglicherweise bis 25 oder 30 Jahre lang abgibt.

Die „Pille danach" besteht in einer erheblichen Dosis von Östrogen wenige Tage nach dem Koitus. Auf diese Weise wird zwar eine Schwangerschaft verhindert, aber die Frau fühlt sich einen oder zwei Tage lang einigermaßen krank. Diese „Pille danach" ist daher nicht für den regelmäßigen Gebrauch geeignet. Die Methode wird weiterhin getestet.

Die neueste Entwicklung hat zur Entdeckung der Prostaglandine geführt, einer Gruppe von hormonähnlichen Substanzen, die den Fettsäuren verwandt sind und regelmäßig in vielen Säugetiergeweben gefunden werden. Sie scheinen für viele medizinische Zwecke geeignet zu sein, einer davon ist die Geburtenkontrolle. Intravenöse Injektion von Prostaglandinen induziert eine Menstruation, damit wird eine Schwangerschaftsunterbrechung eingeleitet. In vielen Ländern wird in dieser Richtung weitergeforscht, indem intravenöse, orale und vaginale Anwendungen untersucht werden. Wenn eine dieser Methoden erfolgreich ist, so dürften die Prostaglandine eine sichere, selbst anzuwendende Methode der Geburtenkontrolle werden. Einige kurzzeitige Nebeneffekte sind bisher beschrieben worden, doch es besteht erhebliche Hoffnung, daß weitere Forschung diese Nebeneffekte beseitigen kann. Natürlich kann niemand etwas über Langzeiteffekte sagen, und es dürfte noch Jahre dauern, bis die Prostaglandine allgemein zur Benutzung zur Verfügung stehen.

Versuche, die Pille für den Mann zu finden, sind bisher noch immer bemerkenswert wenig erfolgreich gewesen. Bisher scheint hier nur die Sterilisierung oder eine in der Entwicklung befindliche zeitweise Sterilisierung Erfolg zu versprechen.

Im Licht der Bevölkerungsentwicklung der Erde ist es klar, daß die Forschung über die Geburtenkontrolle des Menschen viel zu lange vernachlässigt worden ist. Wir haben eine Fülle von möglichen Wegen. Aber wir sind noch heute weit entfernt von einem idealen Verhütungsmittel, das gleichzeitig billig, einfach zu benutzen und effektiv ist, keine Nebeneffekte aufweist, und das man nicht vergessen kann. In den Vereinigten Staaten muß ein Mittel mindestens 8—10 Jahre lang klinisch erprobt werden, ehe es für den Allgemeingebrauch freigegeben wird. Da Verhütungsmittel im Gegensatz zu anderen Medikamenten für einen regelmäßigen und langjährigen Gebrauch gedacht sind, muß das Testen hier besonders sorgfältig erfolgen. So ist es keine Frage, daß es sehr viel Zeit und gewaltige finanzielle Mittel erfordern wird. Wenn keine staatlichen Hilfen kommen, dürften neue Mittel der Geburtenregelung in ihrer Weiterentwicklung verzögert werden. Angesichts des gewaltigen Bedarfs an einfachen, billigen und effektiven Mitteln der Geburtenkontrolle sollten die Industrieländer größtes Interesse haben, diese Entwicklungen weiterzutreiben.

Familienplanung

Was wird heute getan, um die menschliche Bevölkerung zu limitieren? Wie können die derzeitigen Anstrengungen zu einer echten Bevölkerungskontrolle umfunktioniert werden? Bisher gibt es nur Familienplanungsprogramme, die das Ziel haben, die Zahl der Menschen zu limitieren. Jedoch ist traditionell eine Familienplanung an den Notwendigkeiten der Individuen und Familien orientiert, nicht an den Notwendigkeiten der Gesellschaft. Familienplanung und Bevölkerungskontrolle sind daher nicht synonym.

Familienplanung in den Industrieländern. In den Vereinigten Staaten und in Europa begannen die Geburtsraten schon lange vor der Errichtung der ersten Kliniken zur Geburtenkontrolle vor dem ersten Weltkrieg zu sinken. Dann begann eine Bewegung für eine aufgeschlossene Elternschaft, vor allen Dingen in den Vereinigten Staaten. Sie spielte eine bedeutende Rolle bei der Popularisierung von Gedanken über die Geburtenkontrolle und stellte der Öffentlichkeit eine Fülle von Informationen über Verhütungsmittel zur Verfügung. Die Kliniken erreichten nur einen Bruchteil der Bevölkerung, aber durch die Popularisierung wurden eine Reihe von restriktiven Gesetzen gegen die Geburtenkontrolle abgeschafft. Die Familienplanung erfuhr von medizinischer und religiöser Seite Unterstützung, und es entstand ein soziales Klima, in dem Information über Geburtenkontrolle frei publiziert werden konnte.

Im Jahre 1965 zeigte sich, daß etwa 85% der verheirateten Frauen in Nordamerika irgendeine Methode der Geburtenkontrolle angewandt hatten. Die meisten bevorzugten effektive Methoden wie die Pille. Diese 85% bedeuten in Wirklichkeit wohl 100%, da die restlichen 15% aussagten, sie würden Verhütungsmaßnahmen anwenden, sobald ihre Familien komplett wären. Katholische Frauen benutzten Verhütungsmethoden in gleichem Maße wie nicht-katholische.

In vielen europäischen Staaten ist die Pille heute noch nicht allgemein erhältlich. Nur in England und Skandinavien gelten etwa die gleichen Verhältnisse wie in den Vereinigten Staaten. In Frankreich, Belgien und den Niederlanden kann Information über Verhütungsmaßnahmen nicht ohne weiteres verteilt werden. Illegal ist Geburtenkontrolle noch immer in Irland, Spanien und Portugal. Auch hier hat jedoch eine Bewegung für eine Änderung eingesetzt. Italien hat die Pille für medizinische Zwecke genehmigt (offenbar um die hohe illegale Rate der Schwangerschaftsunterbrechung herabzudrücken). Die Sowjetunion und osteuropäische Länder verteilen Mittel zur Geburtenregulierung über ihre Kliniken, jedoch muß dort noch vielfach zur Schwangerschaftsunterbrechung gegriffen werden.

Familienplanung in den Entwicklungsländern. Als Antwort auf die Beunruhigung über die Bevölkerungsexplosion in den Entwicklungsländern während der 50er Jahre haben private und staatliche Organisationen in den Vereinigten Staaten und in anderen Ländern begonnen, sich in die Familienplanung und in die Bevölkerungsforschung der Entwicklungsländer einzuschalten. In den 60er Jahren entstanden in den Entwicklungsländern eine Fülle von Familienplanungsprogrammen, die von diesen Organisationen unterstützt wurden. Bis heute sind dies die einzigen Programme, die in den Entwicklungsländern einem weiteren Bevölkerungswachstum entgegenwirken sollen. Nur in der Volksrepublik China und in wenigen anderen Ländern sind stärkere Anstrengungen unternommen worden.

Untersuchungen in den Entwicklungsländern zeigen, daß dort kaum etwas über Geburtenkontrolle bekannt ist. Das gilt vor allen Dingen für ländliche Gegenden und die weniger gebildeten Bevölkerungsschichten. Noch weniger wird eine Geburtenregulierung praktiziert. Eine der Hauptschwierigkeiten besteht darin, daß die Menschen in den Entwicklungsländern im allgemeinen viele Kinder möchten. Die folgende Tabelle gibt einige Zahlen über die gewünschten Familiengrößen in den Entwicklungsländern und in den Industrienationen.

Familienplanungsprogramme in den Entwicklungsländern werden gewöhnlich von unabhängigen Kliniken oder in Zusammenarbeit mit für die Gesundheit von Frauen und Kindern verantwortlichen Stellen durchgeführt. In einigen Ländern werden fahrbare Einheiten eingesetzt, um auch entfernte Dörfer zu erreichen. Diese Programme versuchen, so viele Klienten wie möglich zu bekommen, sie stellen entsprechend ausgebildete Mitarbeiter ein und benutzen jede nur irgendwie denkbare Form der Verbreitung und Propagierung dieser Ideen. In der Hauptsache wird der Schwerpunkt auf die Verhinderung ungewünschter Geburten gelegt. Familienplanungsprogramme bieten in der Regel eine Vielzahl von Methoden der Geburtenkontrolle an, wobei Sterilisation manchmal eine wesentliche Rolle spielt (Indien und Pakistan). Dazu kommt Ehe- und Elternberatung sowie Beratung darüber, wie groß der Abstand zwischen den Geburten sein sollte.

Tabelle 16. Gewünschte Familiengröße verglichen mit der Geburtenrate. (Quelle: Daten aus Studies in Family Planning, No. 7, Population Council, 1965. Geburtenrate aus World Population Data Sheet, Population Reference Bureau)

Land	Jahr	mittlere gewünschte Kinderzahl	% die mehr Kinder wünschen		Geburtenrate
			4 oder mehr	5 oder mehr	
Österreich	1960	2,0	4		15,2
CSSR	1959	2,3			15,8
Großbritannien	1960	2,8	23		16,2
Frankreich	1960	2,8	17		16,7
Japan	1961	2,8	22	8	19,0
Italien	1960	3,1	18		16,8
Norwegen	1960	3,1	25		16,6
USA	1960	3,3	40	15	17,3
Kolumbien	1963	3,5			44,0
Türkei	1963	3,5	42	25	40,0
Taiwan	1962–1963	3,9	62	22	28,0
Thailand	1964	3,8	54	26	43,0
Pakistan	1960	3,9	65	26	51,0
Chile	1959	4,1	58	26	28,0
Canada	1960	4,2	70		17,5
Indien	1952–1960	3,7–4,7	57–63	25–34	42,0
Süd-Korea	1962	4,4	77	44	31,0
Ghana	1963	5,3	88	56	47,0

Von allen Entwicklungsländern hatte nur Indien bereits 1960 ein Familienplanungsprogramm. Seit 1965 ist dieses Programm in Indien beschleunigt worden, und heute werden wesentlich stärkere Mittel eingesetzt als dies sonst üblich ist. Neue Kliniken und mobile Einheiten werden gleichzeitig eingesetzt, zusammen mit einer sehr aktiven Kampagne zugunsten kleiner Familien. Pessare und Vasektomie sind die am häufigsten benutzten Methoden, obwohl Sterilisation der Frau und die Pille ebenfalls zur Verfügung stehen. Männer, die sich zur Sterilisation bereitfinden, erhalten eine Belohnung.

Mit dieser Politik ist Indien in einige Probleme geraten, besonders in den ländlichen Gebieten. Abgesehen von der ungeheueren Schwierigkeit, Familienplanung in jedes Dorf zu bringen, traf das Programm in manchen Gegenden auf erheblichen Widerstand, der sich in Unruhen und der Zerstörung von Lagern und mobilen Einheiten der die Kampagne durchführenden Stellen äußerte. Dieser Widerstand resultierte teilweise aus der Existenz von drei aktiven medizinischen Traditionen in Indien neben der westlichen Medizin. Da das Familienplanungsprogramm nur durch die westliche Medizin unterstützt wird, ergibt sich notwendigerweise eine Opposition der anderen Medizinschulen. Ein Widerstand kommt außerdem von religiösen und ethischen Minoritäten, die Familienplanung als Diskriminierung ansehen. Die Opposition zeigte sich in einem Nachlassen der Bereitwilligkeit zur Vasektomie und zur Annahme von kontrazeptiven Mitteln.

Im Jahre 1972 hatten etwa 28 Entwicklungsländer offizielle Programme zur Geburtenbegrenzung entwickelt und unterstützten Familienplanungsprogramme. Weitere 26 Länder unterstützten Familienplanungsprogramme zumindest in einem geringen Maße. Die älteren Programme haben inzwischen erhebliche Fortschritte erzielt, indem sie nunmehr einen sehr großen Teil der Bevölkerung erreichen. Dennoch zeigen die Statistiken, daß im Vergleich zu den gesetzten Kurzzeitzielen ein erstaunlich geringer Fortschritt gemacht wird (Tab. 16).

Taiwan und Südkorea haben seit Anlaufen ihres Programmes ihre Geburtsraten erheblich senken können. Allerdings hatten die Geburtsraten in beiden Ländern bereits zu sinken begonnen, bevor diese Pläne begannen. Wieviel der gegenwärtigen Senkung auf die Programme zurückzuführen ist, läßt sich kaum entscheiden. Taiwan kann vielleicht 1973 das Planziel der Geburtenrate erreichen, obwohl das Planziel der Wachstumsrate noch weit entfernt ist. Südkorea hat das gesteckte Ziel 1971 nicht erreicht. Diese beiden Länder haben uns einen Maßstab für die mögliche Effektivität der Familienplanung gegeben, obwohl beide mit wesentlichen Vorteilen gegenüber den meisten Entwicklungsländern begannen. Taiwan, und zu einem geringeren Grad auch Korea, sind für asiatische Verhältnisse in erheblichem Maße verstädtert, es gibt kaum Analphabeten, beide Länder beginnen zu industrialisieren, und ihre Regierungen standen den Programmen aufgeschlossen gegenüber.

Hongkong und Singapur betrachten ihr Familienplanungsprogramm ebenfalls als erfolgreich, obwohl keine der beiden Städte die Planziele auch nur annähernd erreicht hat. Beide sind Inseln, beide sind Städte. Es gibt kaum Analphabeten und die medizinische Fürsorge ist ausgezeichnet. Die Notwendigkeit, die Bevölkerung zu limitieren, ist auf den Inseln für jedermann erkennbar. Unter diesen spezifischen Bedingungen sind Erfolge leichter zu erzielen.

Die Motivation gegenüber den Geburtsraten

Zweifellos ist der wichtigste Einzelfaktor bei der Fortpflanzungsrate eines Landes die Motivation des Menschen hinsichtlich einer Regulierung der Familiengröße. Die Stärke des Verlangens nach einer kleinen Familie ist der kritische Punkt. Wenn ein Ehepaar entschlossen ist, nicht mehr als zwei Kinder zu haben, hat es im allgemeinen auch nicht mehr, gleichgültig ob Hilfe für eine Geburtenkontrolle erreichbar ist oder nicht. Umgekehrt ist die Praxis der Geburtenkontrolle bei mangelnder Motivation eine Sache, die man immer wieder vor sich herschiebt, obwohl die Motivation oft mit der Zahl der Kinder in der Familie wächst.

Die übermächtige Bedeutung der Motivation wird durch das Beispiel Europa, speziell durch das Beispiel der katholischen Länder deutlich. Der Kontinent als ganzer hat die geringste Geburtenrate gegenüber jedem vergleichbaren Gebiet in der ganzen Welt. Das gilt im allgemeinen bereits für die letzten zwei Generationen. Die Bevölkerung Europas wächst um weniger als 1% pro Jahr (0,8%); nur Albanien, Rumänien und Island haben Wachstumsraten von 1,2% oder mehr. Darüber hinaus sind die Geburtenraten in den Ländern, wo Verhütungsmittel und Informationen verboten oder beschränkt sind, genauso niedrig wie in den Nachbarländern, wo Information und Verhütungsmittel allgemein erhältlich sind.

Untersuchungen in verschiedenen Ländern mit verschiedenem Entwicklungsstand und verschiedener Bevölkerungsdichte demonstrieren, daß die Menschen im allgemeinen so viele Kinder haben, wie sie haben wollen. Selbst wenn es überhaupt keine unerwünschten Kinder gäbe, würde das Bevölkerungswachstum eines Landes ohne Änderung der Motivation kaum eingeschränkt werden können. Die mittlere Anzahl der Kinder, die eine europäische Familie sich wünscht, schwankt zwischen 2 und 3,3. In den Vereinigten Staaten lag der Wert bei 3,3 in den 60er Jahren und fiel auf 2,3 im Jahre 1971. Im Gegensatz dazu liegt die gewünschte Familiengröße in den meisten Entwicklungsländern zwischen 3,5 und 5,5 Kindern. In den Vereinigten Staaten begleitete ein deutliches Absinken der Geburtenrate die Abnahme in der gewünschten Familiengröße (Tab. 16).

Derzeit würde in den Industrieländern ein Durchschnitt von 2,2 Kindern pro Ehepaar ausreichen, um die Bevölkerung stabil zu halten. Ganz offensichtlich läßt sich das Bevölkerungswachstum, vor allen Dingen in den Entwicklungsländern, nicht durch die Verhinderung unerwünschter Kinder stoppen — obwohl das sicherlich der erste Schritt ist.

Eine große Zahl sozio-ökonomischer Faktoren beeinflußt die Wünsche der Individuen und der Gesellschaft hinsichtlich der Kinderzahl. Von diesen Faktoren spielen das Bildungsniveau, das Niveau der Verstädterung, der soziale Status der Frau, die Möglichkeit einer Beschäftigung für die Frau außerhalb des Hauses und die Kosten für jedes Kind eine bedeutende Rolle. Je stärker einer dieser Faktoren, um so niedriger wird im allgemeinen die Fruchtbarkeit sein. Andere Faktoren, wie etwa das Durchschnittsalter bei der Heirat (besonders bei Frauen), die Haltung gegenüber unehelichen Kindern und langes Stillen können ebenfalls direkt die Fortpflanzungsrate senken.

Die Programme zur Familienplanung haben im allgemeinen nur wenige Anstrengungen unternommen, um diese Faktoren zu beeinflussen. Die meisten von ihnen versuchen lediglich, die Menschen zu beeinflussen, indem sie die wirtschaftlichen und gesundheitlichen Vorteile kleiner Familien für Eltern und Kinder betonen. Staatliche Beamte, Wirtschaftsberater und viele Bevölkerungswissenschaftler nehmen an, daß eine wirtschaftliche Entwicklung automatisch zu Bedingungen führen wird, in denen das Verlangen nach weniger Kindern übermächtig wird. Familienplanung ist daher besonders dort eingesetzt worden, wo ein extrem hohes Bevölkerungswachstum die wirtschaftliche Entwicklung behinderte. Dies ist eine Bewegung in der richtigen Richtung, doch dieses große Vertrauen in die Möglichkeiten der industriellen Entwicklung und seine Folgen für die Bevölkerungsentwicklung läßt die Regierungen zu leicht in dem Glauben, daß damit alle Probleme gelöst seien (andererseits glauben viele Beamte an die Illusion, daß eine Familienplanung allein automatisch alle Probleme löst).

Eine wirtschaftliche Entwicklung würde bestenfalls die Wachstumsraten der Entwicklungsländer denen der Industrienationen anpassen. Man kann nicht erwarten, daß damit Bevölkerungsprobleme gelöst werden. In den meisten Entwicklungsländern können darüberhinaus der Mangel an natürlichen Hilfsquellen und die Überbevölkerung zusammenwirken, so daß die Bedingungen für ein Absinken der Wachstumsrate der Bevölkerung überhaupt nicht auftreten. Bestenfalls ist also das Warten auf einen Bevölkerungsknick bei wirtschaftlicher Entwicklung eine unzureichende Lösung, schlimmstenfalls ist es möglicherweise gar keine Lösung.

Wenn eine sehr starke Familienplanung unmittelbar nach dem zweiten Weltkrieg begonnen hätte, als in den Entwicklungsländern ärztliche Programme und wirtschaftliche Entwicklung eingeführt wurden, wäre die Bevölkerungssituation heute leichter zu behandeln. Dennoch hätten wir auch dann Bevölkerungsprobleme. Selbst wenn heute überall die stärksten uns möglich erscheinenden Bevölkerungskontrollmaßnahmen wirken würden, könnte unser Bevölkerungswachstum für eine entmutigend lange Zeit nicht genügend verlangsamt werden.

Bevölkerungswachstum und Bevölkerungspolitik in den Vereinigten Staaten

Eine Reihe von Menschen scheint der Ansicht zu sein, daß überhaupt keine Fortpflanzung erfolgen sollte, damit endlich das Bevölkerungswachstum aufhört. Tatsächlich würde in den Vereinigten Staaten die Geburtenrate nur von $17,3\%_0$ auf $13\%_0$ abgesenkt werden müssen, um eine ausgeglichene Geburten- und Sterberate zu erhalten. Das gilt, obwohl die derzeitige Sterberate nur $9,3\%_0$ beträgt. So niedrige Geburtenraten würden nämlich innerhalb weniger Dekaden die Alterszusammensetzung der Bevölkerung deutlich ändern. Das mittlere Alter der Bevölkerung würde vom jetzigen Stand — 28 Jahre — auf etwa 37 Jahre steigen, und damit würde die Todesrate deutlich ansteigen.

Wenn die gewünschte Familiengröße in Nordamerika auf 2,2 abgesenkt werden könnte und keine weitere Einwanderung stattfände, so könnte in 70 Jahren ein Null-Wachstum der Bevölkerung der Vereinigten Staaten erreicht sein. Wenn amerikanische Familien dazu gebracht werden könnten, weniger als 2,2 Kinder im Durchschnitt zu haben, so würde die Wachstumsrate noch schneller absinken und ein Null-Wachstum könnte noch schneller erreicht werden.

Der Wirtschaftler Stephen Enke hat ein hypothetisches Modell entwickelt, wie dieses Ziel erreicht werden könnte. In diesem Modell haben 50% der verheirateten Frauen zwei Kinder, was als optimal angesehen werden könnte. Etwa 10% hätten nur ein Kind und 5% hätten keine Kinder. 30% hätten 3 Kinder und weitere 5% mehr als 3, im Durchschnitt sogar 5. Eine solche Verteilung erlaubt eine geringe Anzahl großer Familien. Die große Majorität hätte jedoch nur 1, 2 oder 3 Kinder. Ein anderes hypothetisches Modell mit dem selben Resultat hätte größere Anteile kinderloser Ehepaare und Familien mit mehr als 3 Kindern.

Nun ist es schwer zu entscheiden, welchen Anteil ungewünschte Kinder am Bevölkerungswachstum der USA haben. Alle Hinweise deuten darauf hin, daß dieser Anteil seit den frühen 60er Jahren sehr zurückgegangen ist, besonders unter den ärmeren Bevölkerungsteilen, die erst jetzt zu Verhütungsmitteln bzw. in einigen Bundesstaaten der USA auch zur Schwangerschaftsunterbrechung greifen können. Diese Möglichkeiten können jedoch noch wesentlich besser ausgebaut und unerwünschte Schwangerschaften somit noch weiter abgesenkt werden. Eine vollständige Elimination unerwünschter Schwangerschaften ist auch dann sicher nicht möglich. Aus diesem Grunde muß die Einstellung der Bevölkerung zu kleinen Familien sehr gefördert werden.

In den Jahren 1965 bis 1971 durchgeführte Untersuchungen zeigten eine wachsende Aufmerksamkeit der amerikanischen Öffentlichkeit für das Bevölkerungsproblem. Eine abrupte Verringerung der erwünschten Familiengröße erfolgte 1971. Entsprechend sank die Geburtenrate. Eine solide Interpretation ist nach so kurzer Zeit noch nicht möglich. Ob es sich hier nur um den kurzzeitigen Effekt einer Propaganda oder um den Beginn eines vernünftigen Trends handelt, und auf welche Faktoren diese Tatsache im einzelnen zurückgeführt werden kann, kann nur die Zeit lehren. Wenn für spätere Heiraten wirtschaftliche oder kriegsbedingte Ursachen als die wesentlichen Gründe angesehen werden müssen, dürfte der Abfall der Geburtenrate nur von kurzer Dauer sein. Wenn auf der anderen Seite diese Senkung ein Umdenken in der Bevölkerung signalisiert, so dürfte das Bevölkerungswachstum bald verlangsamt werden. Bei der derzeitigen Bevölkerungspyramide der Vereinigten Staaten wird es jedoch etwa 70 Jahre dauern, um das Bevölkerungswachstum bis zu einem Ende zu bringen — es sei denn, man kann die Familiengröße auf weniger als 2 Kinder reduzieren.

Unter dem Eindruck eines wachsenden Bewußtseins der amerikanischen Bevölkerung und der damit verbundenen geringeren Kinderzahlen arbeitete das Bevölkerungsbüro der USA neue Projektionen hinsichtlich der Bevölkerungsentwicklung aus. Eine dieser Schätzung geht davon aus, daß die Einwanderungsrate in der gegenwärtigen Höhe bestehen bleibt (400 000 pro Jahr). Die andere nimmt keinerlei weitere Einwanderung an. Dieser letzteren Schätzung zufolge würde die Bevölkerung der USA im Jahre 2000 nur etwa 250 Millionen betragen und sich im Jahre 2037 bei ungefähr 276 Millionen stabilisieren. Bei der erstgenannten Projektion würde die Bevölkerung der USA im Jahre 2000 276 Millionen betragen, im Jahre 2020 300 Millionen und von dort aus noch weiter wachsen. Frühere Projektionen für das Jahr 2000 gingen von höheren Kinderzahlen aus und lagen zwischen 280 und 420 Millionen. Im einzelnen sind die Ergebnisse in Abb. 36 dargestellt.

Das Wachstum der Emanzipationsbewegung der Frau in den Vereinigten Staaten seit 1965 kann ebenfalls einen wesentlichen Einfluß auf die Geburtenrate gehabt haben. Junge Frauen haben heute mehr Interesse an einer beruflichen Karriere und an einem Verdienst, der dem Mann ebenbürtig ist. Sie haben weniger Interesse daran, nur Hausfrau zu sein. Diese Strömung ist zu einer starken Kraft zugunsten der Liberalisierung der Schwangerschaftsunterbrechung und der Einrichtung von preisgünstigen Kindergärten geworden. Viele junge Frauen sind erfrischend ehrlich hinsichtlich ihres geringen Interesses, früh und selbst Kinder zu haben. Das ist eine Haltung, die vor 15 Jahren absolut undenkbar gewesen wäre. Sollten derartige Haltungen sich ausbreiten, und könnten die politischen Ziele dieser Strömung durchgesetzt werden, so würde möglicherweise die Kinderzahl noch weiter herabgesetzt.

Im Herbst 1968 wurde eine Organisation „Null-Wachstum" gegründet. Das Ziel dieser Organisation ist, das Bevölkerungswachstum der USA zu stoppen und das gleiche auch für die ganze Welt anzustreben. Die Organisation hofft, dieses

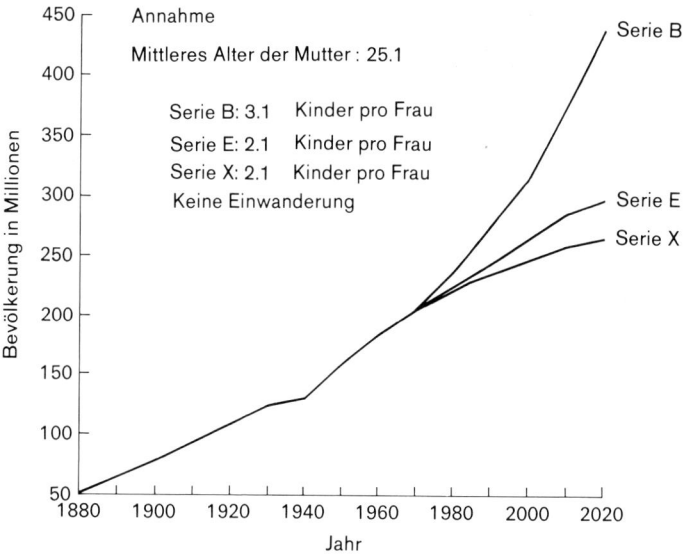

Abb. 36 Bevölkerungswachstum in den Vereinigten Staaten in Vergangenheit und Zukunft. (Aus U.S. Bureau of Census: Projections of the Population of the United States, by Age and Sex 1970 to 2020. Current Population Reports, Series P-25, Nr. 470, 1971)

Ziel durch Erziehung und Aufklärung zu erreichen. Dabei werden die Gefahren eines unkontrollierten Bevölkerungswachstums und seine Beziehungen zu der Vernichtung natürlicher Hilfsquellen, zur Zerstörung der Umwelt und zu verschiedenen sozialen Problemen in den Vordergrund gestellt. Zum zweiten versucht die Organisation, durch politische Einflußnahme die Entwicklung einer Politik zu fördern, die mit diesen Zielen Hand in Hand geht.

Die Tendenz einiger Bevölkerungswissenschaftler und Regierungsstellen, unser derzeitiges Bevölkerungsproblem als lediglich schlechte Verteilung abzuqualifizieren, hat Verwirrung in die Diskussion hineingetragen. Man behauptet, daß Umweltverschmutzung und Großstadtprobleme, wie Ruhelosigkeit und Verbrechen, das Resultat ungleicher Verteilung seien, daß bedrängte Großstädte überbevölkert seien, während andere Teile des Landes ihre Bevölkerung verlieren. Als Heilmittel wird die Gründung neuer Großstädte vorgeschlagen, um die 80 Millionen Menschen aufzunehmen, die voraussichtlich bis zum Jahre 2000 der Bevölkerung der Vereinigten Staaten hinzugerechnet werden müssen.

Natürlich ist es richtig, daß ein Verteilungsproblem in den Vereinigten Staaten vorliegt. Dennoch ist die ungleiche Verteilung der Bevölkerung ein anderes, wenn auch verwandtes Problem, als das des absoluten Wachstums, und es erfordert andere Maßnahmen zur Lösung. Dennoch wird das Verteilungsproblem immer schwieriger werden, je länger unser Wachstum anhält.

Dem Vorschlag, neue Städte zu gründen — was bedeuten würde, daß in jedem Monat bis zum Ende unseres Jahrhunderts eine Stadt von 250 000 Einwohnern gebaut werden müßte — stellen sich eine Reihe schwerer Hindernisse entgegen. Die Vereinigten Staaten würden vermutlich eine große Landfläche, die jetzt der Landwirtschaft dient, opfern müssen. Zwar könnte ungenutztes Land oder Weideland herangezogen werden, doch die meisten Menschen würden in solchen Gebieten nur ungern wohnen, zumal das Wasser dort knapp ist. Neue Städte würden keineswegs die Umweltverschmutzung reduzieren, sie würden vielmehr neue Aspekte zur Umweltzerstörung hinzufügen. Die Belastung unserer Umwelt würde nur besser werden, wenn ein besonders sorgfältiges Planen in den neuen Gemeinden für eine minimale Umweltbelastung sorgen würde. Die Kosten würden dabei enorm wachsen. Schließlich ist es zweifelhaft, ob solch eine Lösung unsere sozialen Probleme bessern könnte. Wahrscheinlich würde sie viele Probleme verschärfen. Diese möglichen Nachteile neuer Bevölkerungszentren müssen gegen die Schwierigkeiten, alte Städte wieder mit Leben zu erfüllen, abgewogen werden. Die beste Strategie ist vielleicht ein Kompromiß zwischen beiden Wegen.

Einige wenige Staaten und lokale Behörden haben die Möglichkeit erkannt, die lokale Bevölkerung zu limitieren, indem sie eine weitere Industrieentwicklung behinderten. Der Staat Delaware hat jede weitere Ansiedlung von Schwerindustrie an der Küste verboten, und andere Industrieanlagen unterliegen einer sehr genauen Prüfung, ehe sie errichtet werden können. Einer der Gründe für diese Restriktionen war neben der Umweltverschmutzung der weitere Anstieg der Bevölkerung, der durch solche Industrien verursacht würde. Der Umweltbeirat des Staates Colorado hat ein Limit für die Bevölkerungsgröße des Großraums von Denver vorgeschlagen. Die Stadt Los Angeles, bei der derzeit Pläne entwickelt werden, wie eine Endbevölkerung von 9,9 Millionen untergebracht werden kann, überlegt gegenwärtig, wie die Bevölkerung bei einer Größe von 4,1 Millionen eingefroren werden kann (die Bevölkerung betrug 1970 2,8 Millionen). Oregon und Florida haben ihre bisherige Politik der Industrieansiedlung gestoppt und restriktive Maßnahmen ergriffen.

In vielen anderen Gegenden werden die Entwicklungspläne überdacht oder geändert in dem Bestreben, das Wachstum zu limitieren. Da diese Pläne lediglich die Benutzung des Landes beschränken und keine Übernahme des Landes durch die öffentliche Hand beinhalten, steht den Landbesitzern keine Entschädigung zu.

So kann eine sozial unerwünschte Entwicklung gestoppt werden, ohne daß dem Steuerzahler Kosten entstehen. Der Trend zugunsten einer restriktiven Entwicklung dürfte sich erheblich verstärken, da immer mehr lokale Behörden sich der Folgen eines exzessiven Wachstums bewußt werden.

Bis 1970 gab es in den USA nur eine einzige Bevölkerungspolitik: Die Förderung der großen Familie durch Steuer und andere Gesetze und die Regulierung der Einwanderung. Dann verabschiedete der Kongreß das Gesetz über die Bevölkerungsforschung und das Gesetz über den Familienplanungsdienst. Ferner setzte er die Kommission zur Untersuchung des Bevölkerungswachstums und der Zukunft Amerikas ein. Schließlich verabschiedete er das Gesetz zur Sanierung von Städten und Wohnungen. Im Jahre 1972 wurde ein Zusatz der Verfassung genehmigt, der eine volle Gleichberechtigung der Frau sicherte.

Im Jahre 1970 wurde im Kongreß eine Resolution eingebracht, die zum Null-Wachstum der Bevölkerung aufrief: „Die Politik der Vereinigten Staaten ist es, zum frühest möglichen Zeitpunkt die notwendigen Maßnahmen zu entwickeln und zu fördern, welche auf freiwilliger Basis, im Einklang mit den Menschenrechten und im Einklang mit dem Bewußtsein des Individuums, die Bevölkerung der Vereinigten Staaten stabilisieren und auf diese Weise die Zukunft der Bürger dieser Nation und der gesamten Welt sichern werden".

Diese Resolution „starb" in den Ausschüssen, wurde jedoch jetzt wieder vorgelegt. Ferner wurden im Kongreß Gesetzesvorschläge eingebracht, um Steuererleichterungen für Familien mit mehr als 2 Kindern abzubauen und die Schwangerschaftsunterbrechung in den Vereinigten Staaten zu liberalisieren. Keiner dieser Entwürfe ist bisher sehr weit gediehen. Weitere Gesetze wurden eingebracht, die eine direkte oder indirekte Steuerung der Vermehrung der amerikanischen Bevölkerung zum Inhalt haben.

Das Familienplanungsgesetz aus dem Jahre 1970 stellte Informationsmaterial und Hilfsmittel für alle Frauen in den Vereinigten Staaten zur Verfügung, die sich diese nicht ohne weiteres leisten können. Darüber hinaus stellte es Mittel für entsprechende Forschungen zur Verfügung und errichtete ein staatliches Zentrum für Bevölkerung- und Familienplanung im Ministerium für Gesundheit und Ausbildung.

Präsident Nixon hat in seiner Amtszeit keine Führungsrolle übernommen — trotz einer Reihe von Versicherungen. Die zugewiesene Gelder für das Familienplanungsgesetz liegen wesentlich unter dem was gesetzlich möglich wäre. Im Frühjahr 1971 zog der Präsident eine frühere Anordnung zurück, der zufolge in Militärkrankenhäusern eine Schwangerschaftsunterbrechung durchgeführt werden konnte, und zwar ohne Rücksicht auf entgegenlautende Gesetze der Bundesländer.

Im Frühjahr 1972 legte die Kommission für das Bevölkerungswachstum und die Zukunft Amerikas seinen Abschlußbericht vor. Nach zwei Untersuchungsjahren kam die Kommission zu dem Ergebnis, daß von einem weiteren Bevölkerungswachstum keinerlei Vorteile zu erwarten seien, daß vielmehr große Nachteile daraus entstehen können. Die Kommission empfahl daher die Liberalisierung der Schwangerschaftsunterbrechung und vieler anderer Bestrebungen zur Bevölkerungskontrolle. Dringend wurde empfohlen, Verhütungsmittel jedem zur Verfügung zu stellen, auch jungen Menschen. Jede restriktive Anordnung von Krankenhäusern gegen freiwillige Sterilisierung müsse überprüft und die Aufklärung auf diesem Gebiet gefördert werden. Auch wurden Vorschläge hinsichtlich der Einwanderungspolitik, der Verteilung der Bevölkerung und der Landnutzung gemacht. Am wichtigsten ist vielleicht die folgende Feststellung:

„In der Erkenntnis, daß unsere Bevölkerung nicht unbegrenzt wachsen kann und in Anerkennung der Vorteile, die es mit sich bringt, wenn wir jetzt die Stabilisierung unserer Bevölkerung in Angriff nehmen, empfiehlt die Kommission der Nation die Stabilisierung der Bevölkerung zu begrüßen und zu planen".

Präsident Nixon verwarf die Empfehlungen der Kommission hinsichtlich der Schwangerschaftsunterbrechung und der Verhütungsmittel für alle. Zu den übrigen Punkten gab er keinen Kommentar. Wir hoffen, daß die übrigen Amerikaner ebenso wie die Bewohner anderer Staaten diesem Bericht ihre ungeteilte Aufmerksamkeit widmen, und daß die Empfehlungen weltweit angenommen werden.

Bevölkerungskontrolle

Bevölkerungskontrolle ist die geplante Regulation der Bevölkerungsgröße durch die Gesellschaft. Bis heute hat keine Nation die Reduktion seines Bevölkerungswachstums auf Null als Ziel anerkannt — geschweige denn die Reduktion seiner absoluten Bevölkerungsgröße. Stattdessen fördern die Regierungen in einigen Entwicklungsländern, besonders in Afrika, wo die Todesrate noch immer deutlich über der der Industrienationen liegt, eine hohe Geburtenrate in dem Glauben, daß ihre Länder mehr Menschen brauchen, um sich entwickeln zu können. Diese Länder haben natürlich kein offizielles Familienplanungsprogramm.

Bevor eine effektive Bevölkerungskontrolle erreicht werden kann, müssen die politischen Führer, die Wirtschaftler, die Planer und andere Mitglieder von Entscheidungsgremien überzeugt werden, daß dieses notwendig ist. Die meisten über die traditionelle Familienplanung hinausgehenden Maßnahmen, die effektiv sein könnten, sind niemals versucht worden, weil man sie für zu stark und für zu restriktiv hielt und weil sie unseren traditionellen Haltungen zuwiderliefen. In vielen Ländern werden solche Maßnahmen vermutlich niemals in Erwägung gezogen, solange massive Hungersnöte, ökologische Zusammenbrüche und politische Unruhen dies nicht erzwingen. In solchen Notsituationen dagegen werden wohl alle Maßnahmen, die ökonomisch und technisch wirksam sind, angewandt werden, ganz gleichgültig, ob ihre Anwendung politisch und sozial eigentlich überhaupt vertretbar ist.

Wir hätten schon vor langer Zeit mit der Diskussion, der Forschung und der Entwicklung aller möglichen Maßnahmen der Bevölkerungskontrolle beginnen sollen. Wir haben das nicht getan und haben nun fast keine Zeit mehr. Maßnahmen, die heute für die politischen Führer und die Öffentlichkeit völlig unannehmbar erscheinen, können in wenigen Jahren verglichen mit den Realitäten als das kleinere Übel erscheinen. Man erinnere sich daran, daß selbst eine Familienplanung, die sich aus humanitären und ökonomischen Gründen sehr leicht begründen läßt, vor 15 Jahren als absolut unannehmbar verdammt wurde.

Die meisten Einwände gegen eine Bevölkerungskontrolle werden also mit der Zeit und mit den sich ändernden Bedingungen von allein verschwinden. Vielversprechende Methoden der Geburtenkontrolle sind nun möglich und sollten weiter entwickelt werden, so daß sie zur Verfügung stehen, wenn sie benötigt werden. Großzügige Hilfe aus den Industrieländern könnte viele wirtschaftliche und personelle Probleme der Bevölkerungskontrollprogramme in den Entwicklungsländern überwinden. Die Effektivität kann natürlich erst abgeschätzt werden, nachdem die Methode ausprobiert worden ist. Die moralische Unannehmbarkeit wird sich von allein ändern. Der Kampf für eine wirtschaftliche Entwicklung in den Entwicklungsländern bringt eine mächtige soziale Unruhe mit sich, die vor allem die Gesellschafts- und Familienstruktur betrifft. Radikale Änderungen der Familienstruktur ergeben sich daher von allein, gleichgültig, ob eine Bevölkerungskontrolle institutionalisiert wurde oder nicht. So brauchen wir nicht darüber zu reden, daß eine Bevölkerungskontrolle vielleicht die sozialen oder familiären Strukturen ändern wird.

Maßnahmen für eine Bevölkerungskontrolle. Unter den empfohlenen Maßnahmen für eine Bevölkerungskontrolle sind Familienplanung, der Gebrauch von sozioökonomischen Druckmitteln und einer zwangsweisen Fruchtbarkeitskontrolle. Die größte Freiheit erlaubt die traditionelle Familienplanung, die jedem Ehepaar die Wahl der Familiengröße gestattet. Doch sollte Familienplanung allein nicht als Bevölkerungskontrolle angesehen werden, da sie keinerlei Gedanken einer optimalen Bevölkerungsgröße für die Gesellschaft einschließt. Auch schließt eine Familienplanung keine Beeinflussung der Ziele der Eltern ein. Obwohl das Bevölkerungswachstum durch eine Familienplanung drastisch verlangsamt werden kann, wo persönliche Motivationen geringe Geburtenraten und kleine Familien fördern, dürfte eine Familienplanung in anderen Gebieten doch noch zu viel zu großen Familien führen.

Freiwillige Sterilisierung und Schwangerschaftsunterbrechung können hier zusätzlich angeboten werden, wenn die Kosten dafür für jedermann tragbar sind. Solch eine Ausweitung des Familienplanungsprogramms wäre der erste Schritt in Richtung auf eine Bevölkerungskontrolle. Zwar nähern sich viele der Industrienationen auf rein freiwilliger Basis einem Null-Wachstum, doch in den Entwicklungsländern muß noch viel getan werden. Familienplanungsprogramme stellen Methoden der Empfängnisverhütung zur Verfügung, gleichzeitig verbreiten sie die Idee der Geburtenkontrolle. Diese Programme sollten so rasch und so intensiv wie möglich überall auf der Welt verbreitet werden, aber darüber hinaus so schnell wie möglich andere Programme institutionalisiert werden. Neben der rein freiwilligen Familienplanung werden unbedingt zusätzliche Maßnahmen erforderlich sein, um die Bevölkerungsexplosion zu stoppen.

Sozioökonomische Maßnahmen. Bevölkerungskontrolle durch sozioökonomische Mittel wird von vielen Seiten empfohlen. Vor allem der Bevölkerungswissenschaftler Kingsley Davis hat weitgehende Vorschläge entwickelt. Danach sollte zunächst die Einstellung und Motivation einzelner Ehepaare beeinflußt werden. Ein großzügiges Aufklärungsprogramm durch Schulen und Massenmedien sollte zusätzlich die Menschen von den Vorteilen kleiner Familien überzeugen — von den Vorteilen für sich selbst, für die Kinder und für die Gesellschaft. Informationen über Geburtenkontrolle müssen solche Aufklärungsbemühungen unterstützen. Diese Maßnahmen sollten in den Entwicklungsländern und Industrienationen sofort begonnen werden.

Wie der Steuerzahler genau weiß, benutzt die Regierung ökonomischen Druck, um Eheschließungen und Kinder zu fördern. Die Steuergesetze könnten geändert werden, indem sie Unverheiratete, mitarbeitende Ehefrauen und kleine Familien bevorzugen. Andere Steuermethoden könnten hohe Gebühren für Eheschließungen, Luxussteuern auf Babyartikel und Spielzeug beinhalten und Zuschüsse für Familien streichen. Eine andere Möglichkeit besteht darin, Zuschüsse nur für zwei Kinder pro Familie zu gewähren. Alle diese Vorschläge haben jedoch den Nachteil, daß sie die Kinder strafen (und damit auf die Dauer die Gesellschaft). Die gleiche Kritik kann auch für andere Steuerpläne geltend gemacht werden.

Ein etwas anderer Weg könnte drin bestehen, Zuschüsse für späte Eheschließungen zu gewähren; Zuschüsse könnten auch Ehepaare nach fünf kinderlosen Jahren oder Männer erhalten, die sich sterilisieren lassen, nachdem ihre Familie eine gewisse Größe erreicht hat. Lotterien, die nur für kinderlose Ehepaare Gewinne ausgeben, sind ebenfalls vorgeschlagen worden. Alle diese Maßnahmen haben den Nachteil, daß sie die ärmeren Bevölkerungskreise stärker betreffen als die reichen.

Ehepaare, die gerne Kinder hätten, sollten leichter fremde Kinder adoptieren können. Das kann auch ein Weg für Ehepaare sein, die definitiv einen Sohn oder eine Tochter haben wollen. Weitere Forschung hinsichtlich der Geschlechtsbestimmung sollte hier vorangetrieben werden. Auch sollte kein alternder Mensch auf Kinder angewiesen sein, die ihn im Alter unterstützen.

Es gibt unendlich viele Möglichkeiten im Bereich der Familienstruktur, der sexuellen Verhaltensweisen und im Status der Frau, die noch erforscht werden müßten. Alles, was die traditionelle Rolle der Frau als Hausfrau und Mutter schwächt, wird vermutlich die Geburtenrate senken. Alle Maßnahmen, die die Eheschließung und die Geburt des ersten Kindes in ein höheres Alter verschieben, wirken zugunsten einer Senkung der Geburtenrate.

Der soziale Druck für Mann und Frau, zu heiraten und Kinder zu bekommen, sollte beseitigt werden. Wenn die Gesellschaft von der Notwendigkeit geringer Geburtenraten überzeugt wäre, wäre das auf alten Junggesellen und kinderlosen Ehepaaren lastende Stigma sehr bald verschwunden. Auch weitergehende Maßnahmen sind vorgeschlagen worden. Hinter diesen Ideen steht die Beobachtung, daß die Menschen in Notzeiten freiwillig ihre Fortpflanzung kontrolliert haben. Das gilt etwa für die große Depression der 30er Jahre. Untersuchungen der Bevölkerungswissenschaftlerin Judith Blake und des Wirtschaftswissenschaftlers Alan Sweezy haben hier jedoch große Zweifel aufkommen lassen. Wenn ihre Ergebnisse korrekt sind, so können sehr repressive wirtschaftliche Maßnahmen sich nicht nur als ineffektiv, sondern sogar als sozial schädlich erweisen. Wir werden auch sehr viel mehr über die Determinanten der Fruchtbarkeitstrends wissen müssen.

Unfreiwillige Fruchtbarkeitskontrolle. Der dritte Weg zur Bevölkerungskontrolle ist der der unfreiwilligen Fruchtbarkeitskontrolle. Da die Gesellschaft möglicherweise in absehbarer Zeit einem Zusammenbruch zustrebt, verdienen auch die Vorschläge einer unfreiwilligen Kontrolle eine Beachtung. Einige dieser zwangsweisen Kontrollmöglichkeiten sind vielleicht weniger repressiv oder weniger diskriminierend als einige der sozioökonomischen Maßnahmen, die vorgeschlagen wurden.

In Indien wurde vorgeschlagen, alle Väter von drei oder mehr Kindern zu sterilisieren. Diese Idee ließ sich nicht durchsetzen — nicht nur aus moralischen Gründen, sondern weil schlicht nicht genügend medizinisch geschultes Personal zur Verfügung stand. Dennoch wird die indische Regierung früher oder später zu irgendeiner entsprechenden Methode kommen müssen, wenn ihr nicht Hungersnot, Krieg oder Krankheit das Problem aus den Händen nimmt. Für Aufklärungsprogramme und soziale Änderungen bleibt kaum Zeit, und die indische Bevölkerung ist für wirtschaftliche Maßnahmen (Strafen) einfach zu arm.

Andere Vorschläge zielen auf die zwangsweise Sterilisierung von Frauen nach zwei oder drei Kindern oder auf die zwangsweise Implantierung von Steroidkapseln zu Beginn der Pubertät, die nur mit offizieller Genehmigung entfernt werden dürfen — vielleicht kombiniert mit einer Babylizenz. Technisch im Augenblick nicht möglich, obwohl theoretisch denkbar, sind Überlegungen den Grundnahrungsmitteln oder dem Trinkwasser Sterilantien zuzufügen. Diese Möglichkeiten sind zweifellos am wenigsten akzeptabel, obwohl sie den großen Vorteil haben, daß sie viel leichter und viel wirtschaftlicher angewandt werden können und zu keinerlei Diskriminierung führen.

Zwangsweise Begrenzung der Familiengröße ist eine unerquickliche Idee. Aber die Alternativen können entsetzlich sein. Da diese Alternativen den Menschen von Jahr zu Jahr klarer werden, besteht durchaus die Möglichkeit, daß man nach einer derartigen Kontrolle verlangt. Viel besser wäre es unserer Meinung nach, unverzüglich mit milderen Methoden zu beginnen. Wenn das sofort und effektiv geschieht, wird die Notwendigkeit einer unfreiwilligen Kontrolle sich vielleicht vermeiden lassen.

Die Aussichten einer Bevölkerungskontrolle. Keine Form der Bevölkerungskontrolle, selbst die repressivste nicht, wird auf die Dauer Erfolg haben, wenn der einzelne Mensch nicht versteht, daß die Menschheit ihrer Zahl Grenzen setzen muß. Damit liegt der Schlüssel zur Bevölkerungskontrolle in der Einstellung zur Fortpflanzung. Hier liegt eine gigantische Aufgabe für die Aufklärungsarbeit, für eine Aufklärungsarbeit, die in der Prioritätsliste an oberster Stelle steht. Daher braucht der Mensch zum Überleben Bevölkerungsbegrenzungsprogramme, bis diese Einstellung sich durchgesetzt hat. Allein schon die Einrichtung solcher Programme kann die Menschen möglicherweise zur Einsicht in den Ernst des Bevölkerungsproblems bringen.

Die Mehrzahl der hier geschilderten Maßnahmen sind nie ausprobiert worden. Wir wissen nur, daß ihre Wirksamkeit möglicherweise groß sein kann. Die sozioökonomischen Vorschläge basieren auf unserer Kenntnis entsprechender Bedingungen, die in der Vergangenheit mit niedrigen Geburtenraten einhergingen. Wir müßten aber wissen, wie Haltung und Motivation durch verschiedene Lebensumstände beeinflußt werden; wir müßten auch wissen, welche Bedingungen und Einflüsse zu Änderungen dieser Haltung führen. Wie können wir einen armen Dorfbewohner in Pakistan oder einen Amerikaner der Mittelklasse überzeugen, daß die Anzahl seiner Kinder von vitaler Bedeutung, nicht nur für ihn und seine Familie, sondern für die gesamte Gesellschaft ist? Wie können wir dafür sorgen, daß jeder sich Gedanken macht?

Literatur

Behrman, S. J., Corsa, L. Jr., Freedman, R. (eds): Fertility and Family Planning: a World View. Ann Arbor: Univ. of Michigan Press 1969.

Blake, J.: Reproductive motivation and population policy. Bio Science, vol. 21, no. 5 215–220 (1971).

Ehrlich, P. R., Freedman, J.: Population, crowding, and human behavior, New Scientist, April, 10–14 (1971).

Hardin, G.: Birth Control. New York: Pegasus 1970.

Johnson, St.: Life Without Birth. Boston: Little, Brown & Co. 1970.

Population Council, New York, Studies in Family Planning. A monthly series.

Tietze, Ch., Lewit, S.: Abortion. Scientific American, vol. 220, no. 1 (1969).

United States Commission on Population Growth and the American Future. Opulation and the American Future. U.S. Govt. Printing Office 1972.

Westoff, L. A., Westoff, C. F.: From Now to Zero; Fertility Contraception and Abortion in America. Boston: Little Brown & Co. 1971.

Willing, M. K.: Beyond Conception: Our Children's Children. Boston: Gambit. Inc. 1971.

Kapitel 9
Änderung des menschlichen Verhaltens: Für unsere Umwelt und für unsere Mitmenschen

Im letzten Kapitel haben wir die Kontrolle des Bevölkerungswachstums erörtert — eines notwendigen Elementes bei der Lösung der Probleme der Menschheit. Doch Bevölkerungskontrolle allein genügt bei weitem nicht. Selbst wenn die Bevölkerungsgröße in diesem Augenblick auf der ganzen Welt stabilisiert werden könnte, würde die Menschheit sich noch immer einem gewaltigen Berg von Problemen gegenüber sehen — und viele dieser Probleme würden möglicherweise tödlich sein. Krieg, Rassismus, schlechte Verteilung des Einkommens und der natürlichen Hilfsquellen, Erschöpfung der natürlichen Hilfsquellen und Zerstörung der Umwelt können nicht durch eine Begrenzung der Bevölkerung allein beseitigt werden. Selbst 208 Millionen Amerikaner, die einfach so leben wie bisher, können in wenigen Jahrzehnten die reichsten und best erreichbaren Lagerstätten der nicht erneuerbaren Ressourcen dieser Welt vollständig erschöpfen und damit den lebenserhaltenden Systemen unserer Erde irreparable Schäden zufügen. Wenn wir eine blühende, humane und, von der Umwelt her gesehen, erträgliche Zivilisation haben wollen, so brauchen wir nicht nur eine Begrenzung der menschlichen Bevölkerung, sondern ebenso fundamentale Veränderungen in den sozialen und politischen Institutionen, die andere Aspekte des menschlichen Verhaltens beeinflussen.

Wirtschaft, Ressourcen und Umwelt

Der Wirtschaftswissenschaftler Kenneth Boulding hat das gegenwärtige Wirtschaftssystem der Vereinigten Staaten als „Cowboy-Wirtschaft" bezeichnet. Diese Methapher bezieht sich auf rücksichtsloses, nur auf Ausbeutung gerichtetes Denken, bei dem zwei Voraussetzungen als gegeben angesehen werden: Beliebig mehr Ressourcen warten nur ein kleines Stückchen entfernt auf mich, und die Natur hat unbegrenzte Fähigkeiten, Müll zu verarbeiten. Diese Voraussetzungen waren in den Tagen der ersten Besiedlung Nordamerikas gegeben. Damals hatte es Sinn, durch striktes Wirtschaftswachstum eine Verbesserung des Lebens der Menschen zu erreichen, ohne sich darum zu kümmern, welcher Art dieses Wachstum war und welche Abfälle dabei entstanden. Heute sind diese alten Voraussetzungen falsch. Nunmehr ist es klar, daß die physischen Ressourcen begrenzt sind, und daß die Menschheit die Kapazität der biologischen Umwelt global aufs äußerste strapaziert. Das blinde Wachstum einer Cowboy-Wirtschaft ist nicht länger tragbar, obwohl eine erstaunliche Anzahl von Wirtschaftlern noch immer daran glaubt.

Das allgemein akzeptierte Erfolgskriterium in einer Cowboy-Wirtschaft ist ein großer Umsatz. Der Umsatz bezieht sich auf die Rate, mit der Geld durch eine Wirtschaft hindurchfließt oder, wie man es auch sagen kann, auf die Geschwindigkeit, mit der natürliche Ressourcen in Gebrauchsgegenstände und Abfall verwandelt werden. Konventionell wird der Umsatz als das Bruttosozialprodukt angegeben — als die Summe der privaten und öffentlichen Ausgaben für Güter, Dienstleistungen und Investitionen. Ganz ohne Zweifel kann das Bruttosozialprodukt ein sehr nützlicher wirtschaftlicher Indikator sein, doch muß man auch wissen, was es nicht ist. Es ist kein Maß für den Grad der Freiheit oder für den Grad der Gesundheit der Menschen in einem Staat. Auch nicht dafür, ob die Güter gleichmäßig verteilt sind. Es ist kein Maß dafür, ob die Ressourcen blindlings erschöpft werden; es ist kein Maß für die Stabilität der Umwelt, von dem unser Leben abhängt. Es ist kein Maß für die Sicherheit vor einem Krieg. Alles in allem ist es kein Maß für die Lebensqualität, obwohl es sehr häufig in diesem Sinn mißbraucht wird.

Boulding hat eine rationale Alternative zu der am Bruttosozialprodukt orientierten Cowboy-Wirtschaft beschrieben, und er hat diese Alternative als Raumfahrer-Wirtschaft beschrieben — in Übereinstimmung mit der Tatsache, daß unsere Erde ja auch nur ein Raumschiff darstellt. In Übereinstimmung mit der Begrenztheit der Vorräte unseres Planeten an Ressourcen und der Zerbrechlichkeit der biologischen Prozesse, die unser Leben ermöglichen, basiert eine solche Wirtschaft auf einem Null-Wachstum der menschlichen Bevölkerung, auf einem Null-Wachstum der in Gebrauch befindlichen Menge von Rohstoffen und einem Null-Wachstum des menschlichen Einflusses auf seine biologische Umwelt. Die Raumfahrerwirtschaft braucht jedoch nicht eine stagnierende Wirtschaft zu sein. Der Einfallsreichtum des Menschen könnte ständig wirksam sein, um Wohlstand und Wohlergehen, die aus einer fixierten Menge von Ressourcen erzielt werden können, zu steigern.

Ganz im Gegensatz zu der Cowboy-Wirtschaft, die nur bei hohem Umsatz gedeiht, würde die Raumfahrer-Wirtschaft versuchen, den Umsatz zu minimieren, um einen stabilen Bestand an Gütern aufrechtzuerhalten. Eine gegebene Populationsgröße kann durch hohe Geburtsraten bei hohen Todesraten aufrechterhalten werden oder durch eine niedrige Geburtenrate bei niedriger Todesrate. Das erste würde hohen Umsatz, das zweite einen niedrigen Umsatz bedeuten: Wohl jeder würde zustimmen, daß die letztere Methode der ersten vorzuziehen ist. Wenn man von materiellen Gütern spricht, so ist die Geburtsrate der Produktionsrate gleichzusetzen, und die Todesrate ist die Rate, in der die Güter unbenutzbar werden. Ein gewisses Wohlstandsniveau, das man an dem Bestand an Gütern pro Person erkennt, kann durch sehr verschiedene Umsatzgeschwindigkeiten aufrechterhalten werden. Eine Gesellschaft mit einem Kühlschrank für jeweils drei Menschen kann dieses Niveau mit Kühlschränken aufrechterhalten, die alle zehn Jahre (hoher Umsatz) oder alle 40 Jahre (niedriger Umsatz) ersetzt werden müssen.

Könnten die Wünsche der Menschen nach materieller Bequemlichkeit und hoher Lebensqualität in einer Raumfahrer-Wirtschaft befriedigt werden? Es gibt gute Gründe für eine positive Antwort. Bei einer stabilen Bevölkerung können die Anstrengungen der Gesellschaft ausschließlich auf eine Verbesserung der Bedingungen gerichtet werden. Die Anstrengungen, für immer neue Menschen Wohn- und Arbeitsplätze sowie Nahrung zu schaffen, würden entfallen. Da man zudem alle Aufmerksamkeit auf die *Qualität* eines festen Bestandes von Gütern richtet, ist das viel eher ein direkter Weg zum Reichtum als beim Umsatzdenken der Cowboy-Wirtschaft. Die *Qualität* des Bestandes an Gütern ist nämlich ein besserer Maßstab für Reichtum als der Umsatz an Gütern. Die meisten Menschen würden eben lieber einen Rolls Royce besitzen als sich jedes Jahr einen Ford kaufen.

Wenn erst einmal ein bestimmtes Niveau an Grundleistungen und Grundgütern zur Verfügung steht, dann wird Lebensqualität in der Hauptsache durch Dienstleistungen bestimmt. Derartige Dienstleistungen umfassen Bildung, medizinische Fürsorge, Unterhaltung und Erholung, Feuerschutz, Polizei und Rechtsprechung. Alle diese Dienstleistungen bringen die Beanspruchung nicht erneuerbarer Ressourcen mit sich und belasten damit die Umwelt. Beispielsweise sind die Geschäftshäuser, die ja einen Großteil dieser Dienstleistungen zur Verfügung stellen, selbst die größten Verbraucher von Elektrizität für Beleuchtung, Heizung und Klimaanlagen. Hier kann und muß sehr viel verbessert werden. Beispielsweise kann durch Verbesserung des energiesparenden Kommunikationssystems ein Großteil der Energie-aufwendigen Geschäfts- und Dienstreisen eingespart werden.

Die verschiedenen Menschen bevorzugen verschiedene Landschaften zur Erholung, verschiedene Möglichkeiten der beruflichen Laufbahn, ein breites Spektrum an kulturellen Angeboten, an Erholungsmöglichkeiten, an zwischenmenschlichen Beziehungen und eine verschiedene Ausgestaltung ihrer Privatsphäre. Diese individuellen Wünsche sind ein sehr wichtiger Teil der individuellen Lebensqualität, selbst wenn sie nicht in Anspruch genommen werden: Wir sind glücklich, wenn wir wissen, daß wir auf dem Land leben könnten, selbst wenn wir es vorziehen, in einer Großstadt zu wohnen. Derartige individuelle Wünsche haben ihre Bedeutung auch dort, wo sie über die Wünsche der Mehrheit der Bevölkerung hinausgehen. Daß die Mehrheit der Bürger in der Stadt wohnen möchte, ist kein ausreichender Grund, alle bewohnbaren Gebiete des Planeten in Städte zu verwandeln. Das wäre eine Tyrannei der Mehrheit. Auch wer nicht Kanu fährt oder Golf spielt, sollte zugeben, daß eine Gesellschaft, die über natürliche Ströme und über Golfplätze verfügt, einer Gesellschaft ohne diese Dinge vorzuziehen ist. Die Vermutung ist sogar begründet, daß in der menschlichen Gesellschaft, ebenso wie in Ökosystemen, eine kleinräumige Diversität (Wahlmöglichkeit des Individuums) für großräumige Stabilität sorgt (Stabilität in der Gesellschaft).

Was die persönliche Lebensqualität betrifft, so ist die Raumfahrer-Wirtschaft einer Cowboy-Wirtschaft eindeutig vorzuziehen. Bevölkerungswachstum und die Überführung eines dauernd größer werdenden Teils der Biosphäre in umsatzsteigernde Anlagen zerstören die Welt jetzt und für alle Zukunft. Durch Stabilisierung der Bevölkerung und durch Reduzierung unserer die Umwelt zerstörenden Aktivitäten kann die Raumfahrer-Wirtschaft die Erhaltung persönlicher Wünsche garantieren. Dadurch, daß die Raumfahrerwirtschaft das Schwergewicht auf Dienstleistungen legt, könnte sie neue persönliche Wahlmöglichkeiten schaffen.

Die Wirtschaft des Übergangs. Wie kann die menschliche Gesellschaft den Übergang von der Cowboy-Wirtschaft zur Raumfahrer-Wirtschaft schaffen? Ein Problem, das sehr genau betrachtet werden muß, ist die Neuverteilung des Reichtums unter den Nationen. Anderenfalls würde die Mehrzahl der Menschen in einem Stadium größter Armut „eingefroren" werden. In reichen Ländern wie den Vereinigten Staaten könnte eine bescheidene Neuverteilung derartige Dinge erleichtern. Dann wäre es berechtigt, so rasch wie möglich den Übergang zur Raumfahrerwirtschaft zu beginnen. In den armen Ländern müßte eine wohlgeplante und vorsichtige Ausweitung der Produktion neben einem massiven Transfer von Gütern und technischer Hilfeleistung aus den reichen Ländern stattfinden, bevor man sich ernsthaft mit der Raumfahrer-Ökonomie befassen kann.

Im letzten Teil dieses Kapitels werden wir uns auf einige Aspekte dieses ökonomischen Übergangs in den Industrieländern, vor allen Dingen in den Vereinigten Staaten beschränken.

Das Automobil: Erster Kandidat für eine Änderung. Beim Übergang von der Cowboy- zur Raumfahrer-Ökonomie wird die Fertigungsindustrie gewaltigen Änderungen unterworfen sein. Die größte dieser Industrien in den Vereinigten Staaten ist die Automobilindustrie, und ihr Produkt ist ein dominierender Faktor bei der Erschöpfung der Rohstoffe und der Zerstörung der Umwelt. Diese Industrie stellt daher einen besonders geeigneten Fall für einen wirtschaftlichen Wandel dar.

Die Einführung eines jährlichen Modellwechsels durch General Motors im Jahre 1923 warf die meisten Konkurrenten bald aus dem Geschäft und reduzierte die Anzahl der amerikanischen Automobilfabriken von 88 im Jahre 1921 auf 10 im Jahre 1935. Heute bestehen nur noch 4, die wirtschaftliches Gewicht haben. Nur einige wenige Gesellschaften waren also in der Lage, sowohl Nachfrage als auch Qualität ihres Produktes in einer Weise zu manipulieren, daß das Ergebnis ein hoher Ausstoß von viel zu starken, viel zu großen, rasch veraltenden, empfindlichen und, vom Ingenieurstandpunkt aus betrachtet, dürftigen Automobilen war. Diese Eigenschaften des Autos zusammen mit seiner dominierenden Stellung im Verkehr sind für einen Großteil des Rohstoffbedarfs und der Umweltprobleme verantwortlich. Ein großer Teil unserer Luftverschmutzungsprobleme und unseres Bedarfs an Stahl, Blei, Glas, Gummi und anderen Materialien würde unverzüglich an Gewicht verlieren, wenn wir unsere gegenwärtigen Automobile durch kleine, schwache, aber langlebige Automobile ersetzen würden, die für ein Recycling geeignet wären. Um dies zu erreichen, könnte die Regierung der Vereinigten Staaten den Import ausländischer Wagen durch entsprechende Zollgesetzgebung stärker fördern, wenn diese Wagen unseren Umweltschutzvorschriften entsprechen. Die Abgase und diejenigen Komponenten der Luftverschmutzung, die auf Reifenabnutzung und auf Asbeststaub von den Bremsen beruhen, würden durch den Gebrauch von kleineren und leichteren Wagen wesentlich verringert. Das Recycling alter Automobile und das Bauen langlebigerer würde sowohl den Verbrauch als auch den Umwelteinfluß reduzieren. Es würde sogar die Umweltverschmutzung durch die Automobilindustrie senken. Nicht nur würde die Umweltverschmutzung geringer und Erdöl würde gespart, da kleine Autos auf den Straßen und in den Parkhäusern weniger Raum brauchten, würde der Verkehr effizienter, sicherer und angenehmer.

Natürlich würde eine derartige Automobilkontrolle einige unangenehme Konsequenzen haben. Zwischen 10 und 20% der Amerikaner leben direkt oder indirekt vom Automobil: seinem Bau, seinem Service, seinem Verkauf usw. Nicht alle diese Arbeitsplätze würden durch den Wechsel zu kleineren und haltbareren Automobilen beeinflußt werden. Viele jedoch würden betroffen sein. Wenn nicht eine sehr sorgfältige Planung vorliegt, kann ein solcher Umschwung zu Schwierigkeiten für die nationale Wirtschaft führen.

Die Wirtschaft eines Landes läßt sich im allgemeinen ziemlich problemlos an große Änderungen anpassen. Ohne wesentliche Planung stellte sich die Wirtschaft der Vereinigten Staaten in der Zeit von 1946 bis 1948 von der Kriegsproduktion auf Friedensproduktion um. Das betraf fast 50% der amerikanischen Industrie. Die Flexibilität unserer Industrie wird im allgemeinen drastisch unterschätzt.

In Amerika sollte eine Planungsbehörde auf Bundesebene sofort beginnen, die Grundlagen für einen solchen Wechsel in der Automobilindustrie zu legen. Solch eine Behörde könnte Teil einer größeren Institution sein, deren Aufgabe es ist, eine Politik zu entwickeln, die bei einem solchen Übergang zu einer stabilen und ökologisch gesunden Wirtschaft führt. Die Aufgabe ist enorm, aber sie ist notwendig und möglich. Kurzfristig gesehen müssen für verschiedenste Industrien alternative Tätigkeiten gefunden werden. Ein Teil der Produktionskapazität der Automobilfirmen könnte für andere Zwecke eingesetzt werden: Viele Amerikaner benötigen neue Häuser, die in Fertigbauweise hergestellt werden könnten, und viele Städte brauchen Massenverkehrsmittel. Viele Entwicklungsländer brauchen moderne Systeme für Nahrungsmittellagerung und Nahrungsmitteltransport. Die Automobilstadt Detroit mit ihrer Industrie ist sicher in der Lage, hier wichtige Beiträge zu leisten.

Die Reduzierung des Umsatzes. Die Strategie, Produktionskapazitäten aus der frivolen und sinnlosen Übernutzung von Rohstoffen herauszuführen und für Bedürfnisse der Gesellschaft einzusetzen, sollte auch kurzfristig einhergehen mit Bemühungen, den mit der Produktion verbundenen Umsatz an Rohstoffen zu minimieren. Der Wirtschaftswissenschaftler Herman Daly schlägt vor, Quoten für die Ausnutzung der natürlichen Hilfsquellen der Vereinigten Staaten festzusetzen. Damit würden für alle Rohstoffe Höchstgrenzen festgesetzt, die in den Vereinigten Staaten jährlich benutzt oder von ihnen importiert würden. Damit würde der Druck reduziert, den die amerikanische Nachfrage auf alle Rohstoffe dieses Planeten ausübt, gleichzeitig würde ein Recycling gefördert und die Umweltverschmutzung verringert. Bei knappen und teureren Rohstoffen würde mehr Wert auf die Haltbarkeit der Güter gelegt, auf ihre Möglichkeit des Recycling, und die Abfälle würden zum Teil wirtschaftlich nutzbar. Die Umweltzerstörung würde verringert, und die Vergiftung der Umwelt durch die Produktion reduziert. Im allgemeinen braucht man zum Recycling von Materialien weniger Energie als zum vollständigen Neuaufbau von den Grundstoffen her. Und die Festsetzung von Höchstmengen für fossile Brennstoffe und spaltbare Materialien würde den sparsamen Gebrauch dieser Energien fördern.

Die Begrenzung der Menge der vorhandenen Energie würde auch die Zahl und die Größe der Autos reduzieren, Massenverkehrsmittel fördern und entsprechende Entwicklungen im Flugzeugbau einsetzen lassen. Dieses Quantensystem müßte durch spezielle Steuern — z. B. auf Abfälle — ergänzt werden. Wesentlich ist jedoch, daß der Ansatzpunkt bei den Grundstoffen liegt und nicht beim Endprodukt der Produktion. Kontrollen brauchten nur an wesentlich weniger Stellen durchgeführt zu werden und könnten leichter institutionalisiert werden.

Eines der schwierigsten Probleme dürfte der Import sein. Höchstmengen müßten auch für importierte Rohmaterialien festgesetzt werden, sonst würde das Resultat lediglich den Druck von den Rohstoffen der Vereinigten Staaten auf die des Restes der Welt verschieben. Wenn lediglich die amerikanischen Produzenten mit strengen Quoten zu tun hätten, so würden sie vermutlich auf Importe überwechseln. Man müßte daher auch importierte Fertigteile besteuern, vielleicht auf der Basis ihres Gehaltes an nicht erneuerbaren Rohstoffen. Derartige Restriktionen sollten vor allen Dingen auf Importe von anderen Industrieländern gelegt werden, um bei ihnen eine ähnliche Gesetzgebung anzuregen. Bei manchen Gütern aus Entwicklungsländern könnte eine solche Restriktion jedoch wegfallen.

Volkswirte und andere Fachleute werden noch sehr viel Arbeit investieren müssen, um die Einzelheiten einer solchen Umstellung auszuarbeiten. Ein weiterer Schritt ist jedoch schon jetzt klar. Gleich und später muß die Werbung einer Kontrolle unterworfen werden. Die Werbung hat heute die Funktion, das Wachstum der Wirtschaft zu sichern, indem sie für häufig nutzlose, gefährliche und Umwelt-zerstörerische Produkte Bedürfnisse weckt. Ihre gefährlichsten Mißbräuche sollten unverzüglich durch den Gesetzgeber gestoppt werden. Beispielsweise sollte jede Werbung für einen erhöhten Energiebedarf verboten sein. Auch indirekte Werbung dieser Art — für Größe und Kraft eines Autos — sollte unmöglich gemacht werden. Ebenso sollte den Werbeleuten verboten werden, hohe Umsatzraten als Lebensqualität zu bezeichnen. Auf der anderen Seite könnte die Werbung angeregt werden, manche Trends, die für die Gesellschaft wesentlich sind, zu unterstützen. Selbst indirekt könnte sie kleine Familien in ein besseres Licht rükken und das Verantwortungsgefühl gegenüber unserer Umwelt fördern.

Das Problem der Arbeitslosigkeit. Die Umleitung der Produktion in nützliche Kanäle und die Reduzierung des Umsatzes werden eine wesentliche Umschulung, ja zeitweilig Arbeitslosigkeit der Arbeitnehmer zur Folge haben. Diese Probleme werden um so schwieriger sein, als schon jetzt in den Vereinigten Staaten Arbeitslosigkeit herrscht. Die 4—6%, die normalerweise angegeben werden, zeigen das Problem nicht deutlich. Diese Arbeitslosigkeit ist nämlich sehr ungleichmäßig verteilt. Rassische Minoritäten, junge Arbeiter und vor allen Dingen junge Arbeiter aus Minoritätengruppen leiden besonders stark.

Hinzu kommt, daß es eine versteckte Arbeitslosigkeit gibt. Viele Leute sind an Stellen beschäftigt, die entweder unnötig oder für die Gesellschaft schädlich sind oder beides. Jeder, der mit Verwaltungsstellen, Großindustrie, Universitäten, mit dem Militär oder irgendeiner großen Bürokratie vertraut ist, weiß, wieviele Leute dort einfach Papier weiterschieben. Wenn diese Leute zu denen hinzugezählt werden, die so unproduktive Arbeiten tun wie übergroße Autos und unnötiges Zubehör bauen, die eine gefährliche Werbung treiben, die Napalm oder Bombenflugzeuge herstellen, dann wird die Zahl der Arbeitslosen riesengroß. Natürlich würde dieses Problem besonders gravierend, wenn die Gesellschaft versuchen wollte, von heute auf morgen zu einer vernünftigen Wirtschaft überzugehen. Einige der alten Aktivitäten werden zunächst notwendig bleiben, während neue Wege ausgearbeitet werden. Aber die Zeit ist gekommen, wo wir uns eine umweltzerstörerische, weil auf gefährlicher oder sinnloser Tätigkeit beruhende, versteckte Arbeitslosigkeit genauso wenig leisten können wie eine echte Arbeitslosigkeit.

Der Übergang sollte durch flankierende Maßnahmen unterstützt werden, so etwa durch den Ausbau der Gesundheitsfürsorge und Erwachsenenbildung, durch die Schaffung energetisch effizienter Verkehrssysteme sowie von Industrien für Umweltschutz und Recycling, durch Umweltverbesserung mit Hilfe von Rekultivierungen zerstörter Industriegebiete, durch die Anlegung von Parks in Städten, die Entwicklung sauberer Techniken und die Entwicklung, Produktion und Verteilung besserer Empfängnisverhütungsmittel. Der Übergang dürfte nicht so schwer sein, weil schon jetzt infolge der Verringerung der Geburtenraten in den Vereinigten Staaten seit Beginn der 60er Jahre die Zahl der jungen Arbeiter deutlich abzusinken beginnt.

Auf lange Sicht kann es sein, daß eine Lösung des Problems der Arbeitsplätze eine Reduktion der Arbeitszeit verlangt. Ob dies nun durch Verringerung der Wochenstundenzahl oder durch Verlängerung des Urlaubs geschieht, ist eine zweitrangige Frage. Das Resultat wäre mehr Freizeit, die von Menschen mit besserer Bildung eher genutzt würde. Möglicherweise würde dabei das Einkommen reduziert, andererseits würden aber auch die Ausgaben geringer werden, wenn die materiellen Güter für eine lange Lebensdauer konstruiert würden. Wenn die Menschen vom hektischen Urlaubsgetriebe, wie es heute durch die Werbung hervorgerufen wird, wieder zur Muße kommen könnten, würde das psychische und physische Vorteile haben. Wenn wir ein stabiles wirtschaftliches System erreichen könnten, würde das Leben verglichen dem heutigen sehr viel anders und sehr viel menschlicher sein.

Das soziale System

Zahlreiche fundamentale Änderungen werden nötig sein, wenn eine stabile Bevölkerung und eine Wirtschaft ohne Wachstum erreicht werden sollen. Besonders betroffen würden die religiösen Organisationen und das Bildungssystem.

Das religiöse Element. Die Einstellung der Gesellschaft gegenüber Humanität und Umwelt ist zum großen Teil in religiöse Gefühle eingebettet. Während der industriellen Revolution meinte man, die Welt existiere nur zum Nutzen der Menschheit, um von den schlauesten und am härtesten arbeitenden Individuen bevölkert und ausgenützt zu werden. Die ungleiche Verteilung der Güter wurde damit gerechtfertigt, daß den Armen ja als Belohnung für ihre Armut ein lieblicher Himmel offenstand.

Heute wenden sich vor allen Dingen jüngere Geistliche mehr einem humanen Denken zu. Auch viele andere jüngere Menschen kehren dem orthodoxen Materialismus der industriellen Revolution den Rücken und betonen, daß sie lieber ein ärmeres Leben mit ihren Mitmenschen und mit ihrer Umwelt führen wollen, als über den Mitmenschen und über die Umwelt zu dominieren. Natürlich wird eine solche Änderung in der religiösen Haltung keineswegs ausreichen, um die gewünschten Änderungen in der Gesellschaft herbeizuführen. Die harten Realitäten der Überbevölkerung und der leicht zerstörbaren Umwelt müssen in konstruktive Aktion umgesetzt werden. Die Änderung in der Kulturphilosophie, zu der die Religion beitragen kann, muß von einer Revolution in der Bildung und Erziehung begleitet werden.

Auf dem Weg zu einem realistischen Bildungssystem. Um einen massiven Anstieg der Todesrate zu vermeiden, muß eine hochtechnisierte Gesellschaft hochtechnisiert bleiben. Sie muß jedoch ganz anders als unsere Gesellschaft von heute geführt werden. Unser Bildungssystem muß überdacht, auf den modernen Stand gebracht und mit den Massenmedien fest verbunden werden. Dieser kombinierte Bildungsapparat kann benutzt werden, um die Menschen über die Realitäten des Lebens auf diesem begrenzten und empfindlichen Planeten zu informieren und sie vorzubereiten auf eine informiertere und bessere Beteiligung an der Arbeit in ihrer Gesellschaft.

Lehrer würden in Amerika vermutlich sofort in genügender Zahl zur Verfügung stehen. Andere Resultate einer verstärkten Anstrengung für die Erziehung und Ausbildung würden erst später erwartet werden können. Selbst mit einem Sofortprogramm wird es Jahrzehnte dauern, bis eine allgemeine Veränderung erreicht ist. Bei der Sexualerziehung hindert eine Fülle von restriktiven Gesetzen die Ausführung wichtiger bereits existierender Programme. In anderen Fällen fehlt das Geld. Beispielsweise haben wir ein gefährliches Ungleichgewicht in der Biologie: Ökologen und Populationsbiologen stehen kaum zur Verfügung, während Vertreter anderer Sparten ziemlich reichlich vorhanden sind. Dennoch aber könnte, wenn die Mittel vorhanden wären, aufgrund der ausreichenden Zahl sonstiger Biologen sofort mit einem biologischen Ausbildungsprogramm wenigstens in Form von Grundkursen begonnen werden.

In den Sozialwissenschaften ist das Bild anders. Es gibt eine kleine Gruppe von Wirtschaftswissenschaftlern, die an der Realität orientiert ist. Im ganzen wird diese Disziplin nach wie vor von Leuten beherrscht, deren Denken am Umsatz orientiert ist. Es gibt kaum etwas, das für unsere Bürger wichtiger sein wird als die Kenntnis der Arbeitsweise eines wirtschaftlichen Systems und der Zusammenhänge dieses wirtschaftlichen Systems mit physikalischen und biologischen Tatsachen. Auch haben wir zu wenige politische Wissenschaftler, die bereit sind, die normale Tagesarbeit der Politiker unter die Lupe zu nehmen und ihre Verantwortung sowie die Verantwortung der Regierung für gegenwärtige Fehler der Öffentlichkeit mitzuteilen und mögliche Lösungen vorzuschlagen.

Eine Bewegung für die Wiederbelebung unseres Bildungssystems braucht die Zusammenarbeit genau derjenigen Elemente in der Gesellschaft, die durch eine solche Wiederbelebung betroffen würden: der kleinen Gruppe der Ultrareichen, die einen großen Teil der Macht in Händen haben, bis hin zu den Universitätsprofessoren, die mit ihrer doktrinären Verteidigung scharfer Grenzen zwischen den wissenschaftlichen Disziplinen die Lösung von Weltproblemen verhindern. Um unser Erziehungssystem drastisch zu ändern und die Massenmedien einzubeziehen, brauchen wir eine klare politische Entscheidung. Diese politische Entscheidung aber wird ohne geänderte Erziehung und Bildung kaum zu erreichen sein. Unsere Gesellschaft scheint in einem tödlichen Kreislauf befangen.

Das politische System

Wenn größere Entscheidungen der Gesellschaft diskutiert werden, so ist Politik das Gesprächsthema. Und wenn Lösungen für die Probleme der Humanökologie diskutiert werden, so führen alle Wege in die politische Arena. Die Gesellschaft wird Höchstquoten für die Ausbeutung ihrer natürlichen Hilfsquellen festzusetzen haben. Die Gesellschaft wird das gegenwärtige Werbesystem abzuschaffen haben. Die Gesellschaft wird zu entscheiden haben, ob sie eine erstklassige Bildung haben will. Die Gesellschaft hat zu entscheiden über Rassismus und Armut. Die Gesellschaft muß darüber entscheiden, wieviele Menschen in einem Staat leben sollen. Individuelle Anstrengungen können helfen, aber gelöst werden die Probleme nur dann, wenn die gesamte Nation sich auf einen neuen Weg begibt.

Wer für sich selbst entscheidet, ein kleines Auto zu fahren, macht einen kaum meßbaren Schritt in Richtung auf eine bessere Umwelt. Er begibt sich jedoch gleichzeitig in größere Gefahr: sein kleines Auto wird so lange großen Gefahren ausgesetzt sein, bis alle Leute kleine Autos fahren. Wer sich ferner für ein langlebiges Auto mit geringer Kompression entscheidet, das leicht zu recyclen ist, wird finden, daß dies unmöglich ist. Selbst ein Produzent, der so etwas herstellen möchte, könnte es nicht. Niemand würde die ungeheure Geldmenge bereitstellen, um das „Ökospezial" herstellen zu können. Nur wenn die Gesellschaft andere Autos verbietet, oder zu teuer werden läßt, werden die Mittel für solche nützlichen Dinge vorhanden sein.

Vielfach wird behauptet, daß politische Aktionen gegen festgefügte und reiche Gruppen in unserem politischen System zu nichts führen werden. Vielfach erschien die Situation hoffnungslos. Dennoch gibt es eine Reihe von Wegen, die für eine politische Reform offen sind. Die Massenmedien können hier eine Menge tun. Unabhängige Initiativgruppen — wie die „Gruppe Ökologie" oder der „Null-Wachstum-Club" — haben erfolgreiche Arbeit geleistet. Hier gibt es durchaus die Möglichkeit zur Beeinflussung der Öffentlichkeit und damit zur Änderung der Haltung vieler Politiker.

Die internationale Szene

Auf internationaler Ebene muß jede individuelle Aktion zur Verbesserung der Situation vergeblich bleiben. Selbst die Regierungen sind in ihrem Einfluß hier sehr beschränkt. Doch die Aufgaben sind enorm. Eine weltweite Bevölkerungsbegrenzung muß von flankierenden großen Maßnahmen begleitet sein, wenn das Unglück der Menschheit nicht größer sondern kleiner werden soll.

Besonders wichtig ist es, den großen Gegensatz zwischen den reichen und den armen Völkern nicht noch größer werden zu lassen. Der erste logische Schritt wäre die Änderung aller Wirtschaften in den Industrienationen, ob kapitalistisch oder kommunistisch, von der Cowboy-Ökonomie zur Raumfahrer-Ökonomie. Viele der entwickelten Staaten sind in Wirklichkeit überentwickelt. Sie haben den Prozeß der Industrialisierung zu weit getrieben. Sie haben verschwenderische Industrien aufgebaut, die in der Lage sind, über jeden Bedarf hinaus ihre Bürger mit allen möglichen unnötigen Gütern zu versorgen, und die dabei unverzichtbare biologische Systeme zerstören. Die Änderung der Wirtschaftsstruktur der Industrienationen zur Raumfahrer-Wirtschaft ist daher oft als *Abentwicklung* bezeichnet worden.

Während dieser Abentwicklung sollte die überschüssige Produktionskapazität der reichen Völker die Bedürfnisse der armen zu befriedigen suchen. Tatsächlich wird ein massiver direkter Transfer des Reichtums von den Industrienationen zu den Entwicklungsländern notwendig sein. Die Kluft ist inzwischen so groß, daß sie mit keinem herkömmlichen Plan verringert werden kann. Solch eine Übertragung des Reichtums kann nicht einfach durch Geldsendungen abgegolten werden, die doch nur in den Taschen einiger weniger Individuen landen. Sehr sorgfältige technische Hilfsprogramme, der Transfer spezifischer Güter für die spezifischen Bedürfnisse der Empfängerländer, Kapitalhilfen für vernünftige Wirtschaftsobjekte, die sich, wenn sie erst einmal begonnen haben, selbst erhalten können: das ist nötig. Am Anfang muß ganz offensichtlich eine bessere Ernährung stehen, um den Circulus viciosus von schlechter Ernährung, Apathie und geringer Produktivität zu durchbrechen. Wenn wir einen direkten massiven Transfer von Reichtum in die Entwicklungsländer vorschlagen, so weisen wir zugleich den Gedanken zurück, daß fortgesetztes Wachstum, so wie es jetzt funktioniert, des technischen und wirtschaftlichen Weltgefüges ein ausreichendes Mittel gegen die Armut ist. Dieser Gedanke läuft letzten Endes darauf hinaus, daß man den armen Ländern nur dann etwas geben kann, wenn bei uns die Überschüsse durch noch stärkeres Wachstum noch größer werden. Eine derartige Ansicht ist nichts als ein Konkursdenken, da es unsere Umwelt mit immer zunehmender Geschwindigkeit zerstört.

Die Notwendigkeit einer Neuverteilung der Ressourcen und des Reichtums wird von prominenten Bürgern im Westen wie in der Sowjetunion und natürlich auch in der dritten Welt anerkannt. Wissenschaftler wie Lord Snow in England und Andrei Sakharov in der UdSSR haben ganz ähnliche Vorschläge über diese Umverteilung gemacht. Sakharov, der Vater der russischen Wasserstoffbombe, formulierte seine Gedanken in einem Dokument mit dem Titel „Fortschritt, Koexistenz und intellektuelle Freiheit", welches allerdings niemals in der UdSSR publiziert wurde. Unter anderem schlägt er vor, die UdSSR solle nach Aufgabe ihrer Abkapslung zusammen mit anderen Nationen einen massiven Versuch unternehmen, die Entwicklungsländer zu retten. Dieser Versuch solle durch gemeinsame Anstrengungen der Industrienationen finanziert werden, die 15 Jahre lang etwa 20% ihres Bruttosozialprodukts für diesen Zweck zur Verfügung stellen sollten. Lord Snow, ein berühmter Arzt und Schriftsteller, unterstützt diesen Vorschlag von Sakharov. Er empfiehlt, daß die reichen Nationen für die Dauer von 10—15 Jahren etwa 20% ihres Bruttosozialprodukts der Bevölkerungskontrolle und der Entwicklung der armen Länder zuwenden sollten. Das Ausmaß der Anstrengungen und die Tatsache, daß diese Bemühungen deutlich zum Besten der Entwicklungsländer geschehen, könnte vermutlich die jetzt äußerst mißtrauischen Entwicklungsländer davon überzeugen, daß die Industrienationen tatsächlich etwas tun wollen. So könnte auch ein Teil der Spannungen zwischen den Entwicklungsländern und den reichen Ländern abgebaut werden. Auch Kriege würden auf diese Weise schwerer möglich.

Eine neue Definition der Entwicklung. Auf der Seite der Industrieländer wird eine großzügige Anstrengung nicht ausreichen, wenn sich nicht gleichzeitig grundlegende Änderungen in unserer Einstellung zur Entwicklung vollziehen. Wenn die Industrialisierung der ganzen Welt entsprechend dem derzeitigen Muster der Industrieländer weder möglich noch wünschenswert ist, so müssen neue Wertmaßstäbe gesetzt werden, mit denen der Zugang zu genügend Nahrung, Wohnung, Kleidung, Bildung und medizinischer Fürsorge für alle Menschen gesichert wird. Wenn wir unsere eigenen Fehler erkennen und korrigieren können, dann werden die Entwicklungsländer vielleicht erkennen, wie ihre neuen Zielvorstellungen lauten müssen: Entwicklung innerhalb der ökologischen Grenzen und mit besonderer Berücksichtigung der Qualität des Lebens.

Kurz gesagt: die Industrienationen sollen nicht einfach den unterentwickelten Ländern helfen, sie müssen sie vor allen Dingen vor den Fehlern bewahren, die die Industrienationen in der letzten Zeit gemacht haben. Man muß sich zu folgender Botschaft durchringen: „Durch unseren fundamentalen Irrtum, unseren Fortschritt auf dem Wachstum des Bruttosozialprodukts, also des Umsatzes basieren zu lassen, haben wir einen ungeheuren Industriekomplex und eine große geistige, moralische und aesthetische Armut geschaffen. Unsere Städte werden mit jedem Jahr lebensfeindlicher, unsere Luft kann nicht mehr geatmet werden, und unsere Menschen werden zunehmend mehr reglementiert. Wir benötigen viel zu viel von den Ressourcen dieser Welt, um unseren Lebensstil aufrechtzuerhalten. Wir sind nicht entwickelt, wir sind überentwickelt. Wir stellen nun fest, daß unsere derzeitigen Methoden des Verbrauchs und der Ausbeutung nicht weiter geführt werden können und dürfen. Während wir unsere Fehler zu korrigieren versuchen und unsere Entwicklung abbauen, werden wir versuchen, den Entwicklungsländern auf kluge Weise zu helfen, auf eine Weise, die nicht uns kopiert, sondern die Zukunft der Kultur sichert."

Was kluge Entwicklung in der Praxis bedeuten würde, unterscheidet sich von Gebiet zu Gebiet. Natürlich sollte eine ökologisch gesunde Landwirtschaft einer Industrialisierung vorgezogen werden. Im allgemeinen sollten Entwicklungsländer auch auf medizinischem Gebiet und bei der Bildung Unterstützung erhalten, technische Assistenz sollte ihnen bei der Bevölkerungskontrolle und bei der ökologischen Planung gegeben werden. Straßen, Elektrifizierung und Nachrichtensysteme werden wohl allgemein dringend benötigt, und das gleiche gilt für lokale Verbesserungen der Landwirtschaft. Überall sollte das Bemühen obenanstehen, mit den begrenzten natürlichen Hilfsquellen das Beste zu erreichen. Straßen können ohne die schweren Maschinen gebaut werden, die in den Industrieländern üblich sind. Vielmehr wären die einfachen Techniken, die wir vor kurzem noch benutzt haben, für die ungelernten Arbeiter der armen Länder viel effizienter. Das gleiche gilt für Elektrifizierung und Nachrichtenverbindungen. Busse sind vernünftiger als PKWs, die sich nur wenige leisten können. Traktoren mit geringer Leistung, die wirtschaftlich sind und langlebig, sollten für die Landwirtschaft bereitgestellt werden. Mehrere Landwirte könnten einen solchen Traktor gemeinsam besitzen. Die Landwirtschaft braucht nicht hochgradig mechanisiert zu sein, um effizient zu sein. Japan und Taiwan haben sehr effiziente landwirtschaftliche Systeme ohne Mechanisierung entwickelt. Der Volkswirt Bruce Johnston hat geschrieben, einfache preisgünstige landwirtschaftliche Geräte, die im Gebiet selber hergestellt und dort auch gewartet werden können, seien viel günstiger als schwere und komplizierte Maschinen. Nicht der geringste Vorteil eines solchen Systems wäre es, daß es Arbeitsplätze schaffen würde.

Die Bildung sollte sehr stark gefördert werden, jedoch nicht nach dem Muster der Industrienationen ausgerichtet sein. Vielmehr muß sie auf die lokalen Bedürfnisse zugeschnitten sein und nicht darauf, die lokale Kultur zu zerstören. Eine der großen Tragödien Südamerikas ist das dortige Universitätssystem. Dieses System produziert Philosophen, Dichter und Wissenschaftler westlichen Stils, nicht aber die Landwirtschaftsexperten, Ökologen und Hygieniker, die so verzweifelt benötigt werden. Bildung für Eskimos oder Buschleute sollte hervorragend gebildete Eskimos oder Buschleute zum Ziel haben und nicht Karikaturen von Amerikanern oder Russen.

Das oberste Ziel sollte nicht sein, jedes Land nach den heutigen wirtschaftlichen Grundsätzen autark zu machen. Wie wir in den Industrienationen versuchen, einige Gegenden als Zuschußgebiete zu erhalten, weil sie andere Werte für uns besitzen, so sollten in der Zukunft einige Teile der Erde als Zuschußgebiete erhalten bleiben; sie sollten ihre natürliche Schönheit, ihre biologische oder kulturelle Diversität, ihre nur wenig gestörten ökologischen Systeme behalten, damit die Biosphäre weiter funktionieren kann. Einige Staaten in den USA sind in der Hauptsache landwirtschaftlich ausgerichtet, andere sind sehr stark industrialisiert. Es gibt keinen Grund, warum die Entwicklungsländer anders entwickelt werden sollten. Einige können vielleicht eine große Industrie aufbauen, während andere vorzugsweise bei der landwirtschaftlichen Produktion bleiben werden. Solche verschiedenen wirtschaftlichen Einheiten könnten vielleicht locker miteinander verbunden werden, wie etwa die Staaten der Europäischen Gemeinschaft.

Wir haben die Komplexität der mit einer klugen Entwicklung verbundenen Probleme nur angedeutet. Was wirklich benötigt wird, ist nichts weniger als eine Änderung der menschlichen Gesellschaft. Wenn diese Programme irgendeine Aussicht auf Erfolg haben sollen, so wird die Menschheit schließlich und endlich beginnen müssen, unsere Erde als eine Einheit zu betrachten und alle menschlichen Probleme als Teil des gleichen Komplexes zu verstehen. In vielen Fällen werden nationale Interessen den Interessen der ganzen Welt untergeordnet werden müssen. Ein gewisses Maß an Unabhängigkeit wird der rationalen Kontrolle über die Ressourcen unseres Planeten und der Erhaltung der Qualität der Ozeane und der Atmosphäre geopfert werden müssen. Eine neue Generation von Menschen muß entstehen, die aus der Erkenntnis heraus handelt, daß das Eigeninteresse einer jeden Person unauflöslich mit den Interessen der gesamten Menschheit verbunden ist.

Literatur

Boulding, K. E.: Environment and Economics, in: Murdoch, W. W. (ed.): Environment. Stamford, Connecticut: Sinauer Associates 1971.

Daly, H.: Toward a Steady-State Economy. San Francisco: W. H. Freeman and Company 1973.

Goldsmith, E. (ed.): Blueprint for Survival. Boston: Houghton Mifflin 1972.

Heller, A. (ed.): The California Tomorrow Plan. Los Altos, California: William Kaufmann, Inc. 1972.

Illich, I.: Deschooling Society. New York: Harper and Row 1971.

Mishan, E.: Technology and Growth. The Price We Pay. New York: Praeger 1970.

Myrdal, G.: The Challenge of World Poverty. New York: Pantheon 1970.

Platt, J.: „What We Must Do". Science, Vol. 166, 1115—1121. 16 May. Reprinted in Holdren, J. P., Ehrlich, P. R. (eds.): Global Ecology. New York: Harcourt Brace Jovanovich 1971.

Kapitel 10
Synthese und Empfehlungen

Zusammenfassung

Die gegenwärtige Situation läßt sich wie folgt umreißen:

1. Unter Berücksichtigung unserer gegenwärtigen Technik und des Verhaltens der Menschen ist unser Planet sehr stark überbevölkert. Zwei bis drei Milliarden Menschen leben derzeit unter menschenunwürdigen Umständen. Die Meinung mancher Leute, daß viel mehr Menschen leicht und gut auf der Erde leben könnten, ist im höchsten Grade bedenklich. Erst wenn jedes menschliche Wesen genügend und abwechslungsreiche Nahrung hat, genügend Kleidung und Wohnung, gute medizinische Fürsorge, geeignete Bildungsmöglichkeiten, Freiheit von Krieg und Tyrannei, erst dann kann man darüber diskutieren, ob unser Raumschiff Erde mehr Menschen beherbergen kann.

2. Die große absolute Zahl der Menschen und die gegenwärtige Wachstumsrate der Weltbevölkerung sind die schwierigsten Hindernisse bei der Erfüllung der oben genannten Aufgaben.

3. Die Grenzen unserer Fähigkeit, mit konventionellen Maßnahmen Nahrung zu erzeugen, sind nahezu erreicht. Schon heute ist etwa die Hälfte der Menschheit unterernährt oder schlecht ernährt. Jedes Jahr verhungern etwa 10–20 Millionen Menschen.

4. Die Versuche, die Nahrungsmittelproduktion zu steigern, werden die Zerstörung unserer Umwelt beschleunigen, was wiederum ein Sinken der Nahrungsproduktivität unserer Umwelt zur Folge haben wird. Es ist nicht klar, ob unsere Umweltzerstörung schon jetzt so weit gegangen ist, daß sie grundsätzlich irreversibel ist. Es ist möglich, daß die Kapazität unseres Planeten, menschliche Wesen zu tragen, schon jetzt für alle Zeit zerstört ist.

5. Das derzeitige Bevölkerungswachstum erhöht die Wahrscheinlichkeit weltweiter Epidemien und thermonuklearer Kriege. Beides kann eine Lösung für das Bevölkerungsproblem bringen, beides kann die Zivilisation und den Menschen zum Erlöschen verdammen.

6. Wahrscheinlicher als das Erlöschen ist die Möglichkeit, daß der Mensch unter Bedingungen überlebt, die nicht mehr menschlich genannt werden können: Schlecht ernährt, von chronischen Krankheiten geplagt, physisch und geistig verarmt, umgeben von einer devastierten industriellen Zivilisation, die die Resultate ihrer eigenen biologischen und sozialen Missetaten nicht aufhalten konnte.

7. Es gibt keine einfachen Antworten und keine technischen Hilfsmittel für die komplexe Bevölkerungs-Nahrungs-Umweltkrise. Natürlich kann eine vernünftig

angewandte Technik beim Umweltschutz, bei der Nachrichtenvermittlung, bei der Fruchtbarkeitskontrolle wesentliche Hilfe leisten. Die unabdingbaren Lösungen setzen dramatische und schnelle Änderungen in der Haltung der Menschen voraus, besonders hinsichtlich ihrer Vermehrung, ihres wirtschaftlichen Wachstums, der Technik, der Umwelt und der Lösung von Konflikten.

Empfehlungen: Ein positives Programm

Unsere Schlüsse sind notwendigerweise ziemlich pessimistisch. Dennoch möchten wir Wert darauf legen, zu betonen, daß unseres Erachtens die Probleme gelöst werden können. Ob sie tatsächlich gelöst werden, ist eine andere Frage. Viele unserer Vorschläge werden unrealistisch erscheinen, und wir betrachten sie auch so. Aber nur idealistische und langfristige Programme erlauben irgendeine Hoffnung auf die Zukunft.

1. Eine Bevölkerungslimitierung ist absolut notwendig, wenn die Probleme gelöst werden sollen, denen wir uns gegenübersehen. Sie ist jedoch kein Allheilmittel. Selbst wenn das Bevölkerungswachstum sofort aufhören würde, würden alle anderen Probleme des Menschen — Armut, rassische Spannungen, großstädtische Krisen, Zerstörung der Umwelt, Krieg — bestehen bleiben. Auf der anderen Seite werden alle direkten Versuche, diese Probleme zu lösen, bei einem weiteren Wachstum der menschlichen Bevölkerung zum Scheitern verurteilt sein. Die Situation kann wie folgt zusammengefaßt werden: „Was immer Du erreichst, ist verloren ohne Bevölkerungskontrolle".

2. Politischer Druck muß auf die Regierungen der Industrienationen ausgeübt werden, um sie an ihre Verantwortung zu erinnern, das Bevölkerungswachstum in ihren Ländern zu stoppen. Wenn dieses Wachstum gestoppt ist, sollten die Regierungen die Geburtenzahl beeinflussen, so daß die Bevölkerung auf eine optimale Größe schrumpft und dort gehalten werden kann. Es ist notwendig, daß überall Initiativen entstehen, die unsere Politiker von der Notwendigkeit dieser Dinge überzeugen und die unsere Verwaltung zwingen, prompt zu reagieren. Das Programm sollte dort beginnen, wo Politiker es am besten verstehen: bei der Wahl.

3. Eine massive Kampagne muß begonnen werden, um in den Industriestaaten wieder eine Umwelt zu schaffen, die das Leben nicht zerstört, und um die Industriestaaten „abzuentwickeln" (de-develop). Abentwicklung bedeutet, daß unser Wirtschaftssystem mit den Realitäten der Ökologie und den natürlichen Hilfsquellen der Erde in Einklang gebracht wird. Natürliche Hilfsquellen und Energie müssen vor frivolen und verschwenderischen Eingriffen in den überentwickelten Ländern geschützt werden, damit die unabdingbaren Bedürfnisse in den unterentwickelten Ländern befriedigt werden können. Diese Anstrengung muß in der Hauptsache auf politischer Ebene erfolgen, besonders mit Bezug auf die Übernutzung unserer Ressourcen. Aber die Kampagne sollte Hand in Hand gehen mit Gesetzgebung und Boykotts gegen alle, die unsere Umwelt zerstören und vergiften. Die Notwendigkeit der Abentwicklung ist eine Herausforderung. Unsere Wirtschafts-

wissenschaftler müssen eine stabile Ökonomie entwickeln mit geringem Konsum und einer gleichmäßigen Verteilung des Reichtums. Eine Umverteilung des Reichtums zwischen den Nationen ist notwendig.

4. Dies gilt für alle Industriestaaten in Ost und West.

5. Eins ist bei jeder Lösung absolut notwendig: Alle Menschen müssen sich bewußt werden, daß wir die Besatzung eines begrenzten Raumschiffes sind. Immer haben die Dichter von Liebe, Schönheit, Freude und Reichtum gesprochen, und immer und überall haben „Realisten" Smog als ein Zeichen des Fortschritts gepriesen, haben Kriege geführt, der Liebe Grenzen gesetzt und dem Haß freien Lauf gelassen. Es ist eine der größten Ironien der Geschichte, daß die einzige Lösung für den „Realisten" an einer Stelle liegt, die wie der Traum eines Idealisten erscheint. Die Frage ist: Kann der selbsternannte Realist dazu gebracht werden, rechtzeitig die Realität zu erkennen?

Sachverzeichnis

P.v. Sengbusch
Einführung
in die Allgemeine Biologie
Hochschultext

221 Abbildungen und 64 Schemata
VI, 475 Seiten. 1974. DM 29,80; US $12.90
ISBN 3-540-06810-4

Dieser einführende Text basiert auf der Lehrkonzeption der Biologie als der Wissenschaft vom Leben schlechthin. Nicht mehr „klassische" Zoologie und Botanik stehen im Vordergrund, sondern Organisationskonzepte, Strukturen und Entscheidungsfunktionen der Natur, Regulationsprozesse u.a.m. Großer Wert wird auf die Planung von Experimenten und die Auswertung von Versuchsergebnissen gelegt. Die Konsequenzen biologischer Forschung für die menschliche Gesellschaft werden an Beispielen diskutiert.

Inhaltsübersicht: Organisationsebene: Zelle. — Organisationsebene: Vielzeller. — Organisationsebene: Gesellschaften. — Evolution.

Preisänderungen vorbehalten

Springer-Verlag
Berlin Heidelberg New York

Springer Heidelberger Taschenbücher

W.F. Angermeier: Kontrolle des Verhaltens. Das Lernen am Erfolg. 51 Abb. XII, 205 Seiten. 1972. Bd. 100
DM 16,80; US $6.90   ISBN 3-540-05689-0

Inhaltsübersicht: Grundbegriffe des operanten Verhaltens. – Verstärkungsschemen. – Besondere Aspekte des operanten Verhaltens. – Unterscheidung, Wahl und Generalisation. – Operante Verhaltensvariablen. – Operantes Verhalten in phylogenetischer Sicht. – Theorien des operanten Verhaltens. – Rückblick und Ausschau.

Humanbiologie. Ergebnisse und Aufgaben. Herausgeber: H. Autrum, U. Wolf. 33 Abb. IX, 202 Seiten. 1973. Bd. 121
DM 16,80; US $6.90   ISBN 3-540-06150-9

Zwölf der bekanntesten deutschsprachigen Wissenschaftler (Biologen, Mediziner, Humangenetiker u.a.) berichten in 14 Beiträgen über Ergebnisse und Aufgaben der Humanbiologie. Sie skizzieren damit das Bild einer modernen biologischen Anthropologie.

K.P. Hadeler: Mathematik für Biologen
52 Abb. IX, 232 Seiten. 1974. Bd. 129. DM 16,80; US $6.90
ISBN 3-540-06236-X

Das Buch behandelt die Grundlagen der Analysis, Algebra und Stochastik mit Bezug zu den Anwendungen in der Biologie sowie eine Reihe von mathematischen Modellen aus der Ökologie, Genetik, Neurophysiologie, Epidemietheorie etc. in abgeschlossenen Darstellungen.

E.O. Wilson, W.H. Bossert: Einführung in die Populationsbiologie. Übersetzt von K. de Sousa Ferreira. Bearbeitet von U. Jacobs. 42 Abb. 13 Tab. VIII, 168 Seiten. 1973 Bd. 133. DM 16,80; US $6.90

Diese elementare Einführung in die moderne Populationsbiologie wendet sich an diejenigen, die ein Biologie-Studium beginnen oder beginnen wollen. Sie setzt nur ein Minimum mathematischer Kenntnisse und biologischen Wissens voraus und ist gut zum Selbststudium geeignet.

Springer-Verlag
Berlin
Heidelberg
New York

H. Kummer: Sozialverhalten der Primaten
Übersetzerin: K. de Sousa Ferreira. 34 Abb. Etwa 150 Seiten 1975. Bd. 162. DM 19,80; US $8.20
ISBN 3-540-07126-1

Inhaltsübersicht: 'Kultur' und der begriffliche Rahmen der Biologie. – Eine Einführung in Primatengesellschaften. – Adaptive Funktionen der Primatengesellschaften – Methoden der Anpassung. – Wie flexibel ist das Merkmal? – Mensch und andere Primaten – ein Vergleich.

Preisänderungen vorbehalten